职业院校数控技术应用专业系列教材

公差与测量技术

主编　王　红
参编　陈毕双

机械工业出版社

本书根据高职院校、高级技工学校教学计划和教学大纲编写，主要内容包括：测量技术基础、极限配合及尺寸检测、几何公差及检测、公差原则、表面粗糙度及检测、圆锥公差配合及检测和螺纹联接的公差及检测。

本书可作为高等职业院校、技师学院、高级技工学校的数控应用专业及其他机械专业的基础课教材，也可作为相关人员的自学用书。

图书在版编目（CIP）数据

公差与测量技术/王红主编 . —北京：机械工业出版社，2012.4
（2025.7 重印）
职业院校数控技术应用专业系列教材
ISBN 978-7-111-37706-1

Ⅰ.①公… Ⅱ.①王… Ⅲ.①公差—配合—高等职业教育—教材
②技术测量—高等职业教育—教材 Ⅳ.①TG801

中国版本图书馆 CIP 数据核字（2012）第 044394 号

机械工业出版社（北京市百万庄大街 22 号 邮政编码 100037）
策划编辑：王英杰 王晓洁 责任编辑：王英杰 王晓洁 宋亚东
版式设计：霍永明 责任校对：张玉琴 张 征
封面设计：路恩中 责任印制：常天培
河北虎彩印刷有限公司印刷
2025 年 7 月第 1 版第 8 次印刷
184mm×260mm·12.5 印张·309 千字
标准书号：ISBN 978-7-111-37706-1
定价：39.80 元

电话服务　　　　　　　网络服务
客服电话：010 - 88361066　机 工 官 网：www.cmpbook.com
　　　　　010 - 88379833　机 工 官 博：weibo.com/cmp1952
　　　　　010 - 68326294　金 书 网：www.golden-book.com
封底无防伪标均为盗版　机工教育服务网：www.cmpedu.com

前　言

随着我国经济实力的不断提高，国际合作日益增多，近几年我国职业教育快速发展。《公差与测量技术》是数控及机械相关专业的一门必修专业基础课，起着从基础课到专业课的过渡作用，在生产实际中有着很强的实用性。为了适应职业院校相关专业的不断发展，满足广大读者学习和贯彻公差标准的要求，正确理解和掌握最近的国家标准规定，我们结合多年教学经验，根据高职院校数控及机械相关专业学生的特点，特编写了此书。

本书中涉及的标准和名词术语全部采用国家和行业的最新标准，反映了本行业的最新动态和技术发展方向。本书编写中遵循少而精的原则，力求做到通俗易懂，便于掌握。在内容上以实用、够用为度；在形式上将理论知识和技能融合到各个章节中。各章节以教学目标引入基本知识，并配有具体的实训项目，通过大量实例分析，使学生更容易理解和掌握，满足了理论和实践一体化教学的需要。每章结尾附有本章小结和思考与练习题，便于学生掌握重点及对所学内容进行总结和自测。

本书在编写过程中，得到了相关教育部门、高等职业院校和相关企业的大力支持，教材的编审人员也做了大量的工作，在此一并表示衷心的感谢！

由于编者水平有限，恳请广大读者能对书中的不足之处提出宝贵意见和建议。

编　者

目　　录

第一章 绪 论

> 教学目标：1. 理解互换性的概念，了解互换性在机械制造中的重要作用。
> 2. 了解几何量误差和公差的概念及制定公差标准的目的。
> 3. 明确本课程的性质和任务。

第一节 互 换 性

在现代化工业生产中常采用专业化协作生产，也就是分散制造和集中装配，这种方法可以提高劳动生产率，较好地保证产品质量并降低成本。实行专业化协作生产的前提是采用互换性原则。

1. 互换性的定义

所谓互换性是指制成的同一规格的一批零件或部件，不需作任何挑选、调整或辅助加工，就能进行装配，并能满足机械产品的使用性能要求的一种特性。用这种方法制造出的零部件称为具有完全互换性。在日常生活中，经常可以看到机器上的螺钉、家里用的白炽灯、自行车及钟表上的零部件等坏了都可以拿新的进行替换，说明这些零件具有互换性。

2. 互换性的分类

有些机器零件的精度要求较高，按完全互换性进行生产会导致加工困难、成本提高，甚至难以加工。在实际生产中，经常先将零件的尺寸公差（允许尺寸的变动量）放宽，在加工好装配前先进行尺寸测量，再将测得的尺寸大小进行分组，同组零件在尺寸精度范围内进行装配，以此保证零件的使用要求。这种方法的互换就称为分组法。此外，在实际生产中为保证零件精度和使用要求，在装配时对零件进行一些补充机械加工或钳工修配来保证其具备互换性的，称为修配法。对通过移动或更换某些零件来改变其位置和尺寸来达到所需精度的，称为调整法。

因此，互换性分为两大类，即完全互换性和不完全互换性，不完全互换性又可以分为分组法、修配法和调整法。无论哪一种互换性，均是根据实际生产需要，以产品精度、产品复杂程度、生产规模、设备条件以及技术水平等一系列因素决定的。完全互换多用于大量、成批生产的标准零件，如齿轮、滚动轴承、普通紧固螺纹制件等。这种生产方式效率高，也有利于各生产单位和部门之间的协作。不完全互换多用于生产批量小和要求精度高的零件，如一些重型机器也常采用修配法或调整法生产。

3. 互换性的作用

互换性在日常生活及生产中都有着重要作用。

1）在设计方面，可以最大限度地采用标准件、通用件和标准部件，大大简化了绘图和计算工作，缩短了设计周期，并有利于计算机辅助设计和产品的多样化。

2）在制造方面，有利于组织专业化生产，便于采用先进工艺和高效率的专用设备，有利于计算机辅助制造，以及实现加工过程和装配过程机械化、自动化。

3）在使用维修方面，可以减少机器使用和维修的时间并降低成本，提高机器的使用价值。

综上所述，互换性在提高产品质量、产品可靠性、产品竞争力及经济效益等诸多方面起着重大作用，也是现代化制造中普遍遵守的原则。

第二节　误差、公差、标准化及检测

1. 误差

工件加工时不可能做到工件的几何参数完全一致，总是存在着或多或少的差异，称这种差异称为误差。

零件的几何量误差是指零件在加工过程中，由于机床精度、计量器具精度、操作工人技术水平及生产环境等诸多因素的影响，使其加工后得到的实测几何参数与理想几何参数之间偏差的程度。几何量误差主要包含尺寸误差、形状误差、位置误差和表面微观形状误差（即表面粗糙度）等。研究加工误差的目的，就是要分析影响加工误差的各种因素及存在的规律，从而找出减小加工误差、提高加工精度的合理途径。

2. 公差

要使具有互换性的产品几何参数完全一致是不可能，也是不必要的。在此情况下，要使同种产品具有互换性，只能使其几何参数、功能参数充分近似。允许零件几何参数的变动量称为公差。它包括尺寸公差、形状公差、位置公差等。

只有将零件的误差控制在相应的公差内，才能成为合格件；否则为不合格件。只有合格的零件才能保证互换性的实现。可以看出，互换性要用公差来保证，而公差是为了控制误差。

3. 标准和标准化

现代化生产的特点是品种多、规模大、分工细和协作多。为使社会生产有序地进行，必须通过标准化使产品规格品种简化，使分散的、局部的生产环节相互协调和统一。

标准与标准化正是实施这种要求的主要途径和手段。

标准是对重复性事物和概念所作的统一规定，它是以科学、技术和实践经验的综合成果为基础，经有关方面协商一致，由主管机构批准，以特定形式发布，作为共同遵守的准则和依据。标准的范围极广，种类繁多，涉及人类生活的各个方面。本课程研究的公差标准、检测器具和方法标准，大多属于国家基础标准。

标准化是指标准的制定、发布和贯彻实施的全部活动过程，包括从调查标准化对象开始，经试验、分析和综合归纳，进而制定和贯彻标准，以后还要修订标准等。标准化是以标准的形式体现的，也是一个不断循环、不断提高的过程。

标准化是组织现代化生产的重要手段，是实现互换性的必要前提，是国家现代化水平的重要标志之一。它对人类进步和科学技术发展起着巨大的推动作用。

我国的标准化是在新中国成立后发展起来的。

1955 年我国成立了国家计量局。

1959 年由国家科委正式颁布了公差与配合国家标准 GB 459～174—59，统一了全国计量制度，正式确定采用米制作为我国基本计量制度。

1977 年颁布了我国计量管理条例。

1978 年我国正式参加国际标准化组织（简称 ISO），承担 ISO 技术委员会秘书处和标准化草案起草工作。

1979 年成立了国家标准总局，颁布了第二套公差与配合国家标准（GB 1800～1804—79）。

1984 年颁布了我国法定计量单位。

1985 年颁布了我国计量法。

1997 年开始颁布第三套极限与配合标准和其他新国标。

2009 年相继颁布了最新的系列国家标准。

4. 几何量的检测

加工完的零件是否满足公差要求，要通过对零件的几何量进行检测加以判断。只有几何量合格，才能保证零部件在几何量方面的互换性。

检测包含检验与测量。检验是确定零件的几何参数是否在规定的极限范围内，并作出合格性判断，而不必得出被测量的具体数值；测量是将被测量与作为计量单位的标准量进行比较，以确定被测量的具体数值的过程。

检测的核心是测量技术。检测不仅用来评定产品质量，而且用于分析产生不合格品的原因，及时调整生产，监督工艺过程，预防废品产生。检测是机械制造的"眼睛"。产品质量的提高，除设计和加工精度的提高外，往往更依赖于检测精度的提高。所以，合理地确定公差与正确地检测，是保证产品质量、实现互换性生产的两个必不可少的条件和手段。

检测的一般步骤是：

（1）确定被检测项目 认真审阅被测件图样及有关的技术资料，了解被测件的用途，熟悉各项技术要求，明确需要检测的项目。

（2）设计检测方案 根据检测项目的性质、具体要求、结构特点、批量大小、检测设备状况、检测环境及检测人员的能力等多种因素，设计一个能满足检测精度要求，且具有低成本、高效率的检测预案。

（3）选择检测器具 按照规范要求选择适当的检测器具，设计、制作专用的检测器具和辅助工具，并进行必要的误差分析。

（4）检测前准备 清理检测环境并检查是否满足检测要求，清洗标准器、被测件及辅助工具，对检测器具进行调整使之处于正常的工作状态。

（5）采集数据　安装被测件，按照设计预案采集测量数据并规范地作好原始记录。

（6）数据处理　对检测数据进行计算和处理，获得检测结果。

（7）填报检测结果　将检测结果填写在检测报告单及有关的原始记录中，并根据技术要求作出合格性的判定。

第三节　了解本课程

一、课程的性质和内容

本课程是高职院校、高级技工院校机械类各专业的一门重要的技术基础课，是联系其他技术基础课和专业课的纽带，更是从基础课学习过渡到专业课学习的桥梁。

本课程的主要内容包括：测量技术基础、极限配合及尺寸检测、几何公差及检测、公差原则、检测表面粗糙度、圆锥的公差配合及检测和螺纹联接的公差及检测。

二、课程的课题和要求

通过本课程的学习，获得机械类高技能人才必须具备的公差与检测方面的基础知识和技能，为学习专业课及生产实习打好基础，同时也为以后进行技术设计提供必要的知识基础。

课程要求

1）了解互换性相关知识。

2）掌握极限与配合方面的基本计算方法、查表方法及代号的标注和识读。

3）掌握测量技术的基本知识，会正确选择和使用常用计量器具及量仪检测工件尺寸、几何误差、表面粗糙度值等。

4）熟悉常用零件的公差标注含义及检测方法。

本章小结

本课程是一门技术性和实践性较强的技术基础课。在实际生产中，加工误差是不可避免的。公差控制误差的大小，公差是互换性的基础，互换性是生产的重要原则。标准化是一项重要的技术措施。技术测量是决定产品是否合格的关键。

思考与练习

一、填空题（将正确的答案填在横线上）

1. 互换性是指制成的＿＿＿＿＿的一批零件或部件，不需作任何＿＿＿＿＿、＿＿＿＿＿或＿＿＿＿＿，就能进行装配，并能满足机械产品的＿＿＿＿＿的一种特性。

2. 互换性可分为两大类，即＿＿＿＿＿和＿＿＿＿＿。

3. 零件的几何量误差主要包含＿＿＿＿＿、＿＿＿＿＿、＿＿＿＿＿和＿＿＿＿＿。

4. 制定和贯彻＿＿＿＿＿是实现互换性的基础，对零件的＿＿＿＿＿是保证互换性生产的重要手段。

二、判断题（判断正误，并在括号内填"√"或"×"）

1. 互换性要求零件具有一定的加工精度。 （　　）

2. 零件在加工过程中的误差是不可避免的。 （　　）

3. 具有互换性的零件应该是形状和尺寸完全相同的零件。 （　　）

4. 测量只是为了判定加工后的零件是否合格。 （　　）

三、简答题

1. 互换性原则对机械制造有何意义？

2. 具有互换性的零件的几何参数是否必须加工成完全一致？为什么？

第二章 测量技术基础

> **教学目标:** 1. 了解测量技术的基本概念,理解测量方法的分类。
> 　　　　　　 2. 了解计量器具的基本参数,掌握量块的使用方法。
> 　　　　　　 3. 了解误差产生的原因及基本的数据处理方法。

测量技术是一门具有自身专业体系、涵盖多种学科、理论性和实践性都非常强的前沿科学。熟知测量技术方面的基本知识,则是掌握测量技能,独立完成对机械产品几何参数测量的基础。

第一节 测量的基本知识

1. 测量与检验的概念

测量是指为了确定被测几何量的量值而进行的实验过程。其实质是将被测几何量与具有计量单位的标准量进行比较,从而获得两者差异的过程。

任何一个测量过程都必须有明确的被测对象和确定的计量单位,此外还要有如何进行比较和比较结果的精度问题,即测量方法和测量精度的问题。所以,一个完整的测量过程应包括被测对象、计量单位、测量方法和测量精度四个要素。

(1) 被测对象 本课程的被测对象主要是几何量,即长度、角度、形状、相对位置、表面粗糙度以及螺纹等零件的几何参数等。

(2) 计量单位 计量单位(简称单位)是以定量表示同种量的量值而约定采用的特定量。我国规定采用以国际单位制(SI)为基础的"法定计量单位制"。它是由一组选定的基本单位和由定义公式与比例因数确定的导出单位所组成的。如"米(m)"、"千克(kg)"、"秒(s)"、"安(A)"等为基本单位。机械工程中常用的长度单位有"毫米(mm)"、"微米(μm)"和"纳米(nm)",常用的角度单位是非国际单位制的单位"度(°)"、"分(′)"、"秒(″)"和国际单位制的辅助单位"弧度(rad)"、"球面度(sr)"。

我国采用的法定计量单位,长度的计量单位为 m,角度单位为 rad、(°)、(′)、(″)。

在机械制造的一般测量中,常用的长度计量单位是 mm;在精密测量中,常用的长度单位是 μm;在超精密测量中,常用的长度单位是 nm。$1mm = 10^{-3}m$,$1μm = 10^{-3}mm$,$1nm = 10^{-3}μm$。常用的角度计量单位是 rad、μrad 和 (°)、(′)、(″)。$1μrad = 10^{-6}rad$,$1° = 60′$,

$1' = 60''$。

（3）测量方法　测量方法是根据一定的测量原理，在实施测量过程中对测量原理的运用及其实际操作。广义地说，测量方法可以理解为测量原理、测量器具（或称为计量器具）和测量条件（环境和操作者）的总和。在实施测量过程中，应该根据被测对象的特点（如材料硬度、外形尺寸、生产批量、制造精度、测量目的等）和被测参数的定义来拟订测量方案、选择计量器具和规定测量条件，合理地获得可靠的测量结果。

（4）测量精度　测量精度是指测量结果与测量对象真实值的一致程度。不考虑测量精度而得到的测量结果是没有任何意义的。真值的定义是当某量能被完善地确定并能排除所有测量上的缺陷时，通过测量所得到的量值。由于测量会受到许多因素的影响，其过程总是不完善的，即任何测量都不可能没有误差。对于每一个测量值都应给出相应的测量误差范围，说明其可信度。

在测量过程中，还可以进一步将测量分为测量、测试、检验及计量。测量的特点是测量结果为具体数值，可以从数值上判断出测量对象是否合格。测试是指具有试验性质的测量，也可理解为试验和测量的全过程。检验的特点是只能确定被测对象是否在规定的极限范围内，即是否合格，而不一定得出被测对象的具体数值，因此检验也可理解为不要求知道具体值的测量。计量是指为实现测量单位的统一和量值准确可靠的测量的统称。

测量技术的基本要求是：在测量过程中，应保证计量单位的统一和量值的准确；应将测量误差控制在允许的范围内，以保证测量结果的精度；应正确地、经济合理地选择计量器具和测量方法，保证一定的测量条件。

2. 测量基准与尺寸传递

测量基准是复现和保存计量单位并具有规定计量单位特性的计量器具。

在几何量计量领域内，测量基准可分为长度基准和角度基准两类。

（1）长度基准与尺寸传递　为了进行长度的测量，必须建立统一可靠的长度单位基准。目前世界各国所使用的长度单位有米制和英制两种。1983 年第十七届国际计量大会规定："米"是光在真空中在 $1/299792458s$ 的时间间隔内行进路程的长度。

根据米的定义建立的长度基准，一般都不能在生产中直接用于对零件进行测量，必须把长度基准的量值准确地传递到生产中应用的计量器具和工件上去。因此，必须建立一套从长度的最高基准到被测工件的严密而完整的长度尺寸传递系统。以量块为媒介的长度量值传递系统应用较广，如图 2-1 所示。

（2）角度基准和角度量值传递系统　角度计量也属于长度计量范畴，但角度基准和长度基准有着本质的区别。因为一个整圆所对应的圆心角是定值（$2\pi rad$ 或 $360°$）。因此，角度单位不必再建立一个自然基准。但在实际应用中，为了稳定和测量的需要，仍然采用多面棱体（棱形块）作为角度量值的基准，如图 2-2 所示。利用高精度的自准直仪或测角仪对多面棱体进行测试，依据多面棱体本身角度的封闭性能，可以得到较高的测量精度。

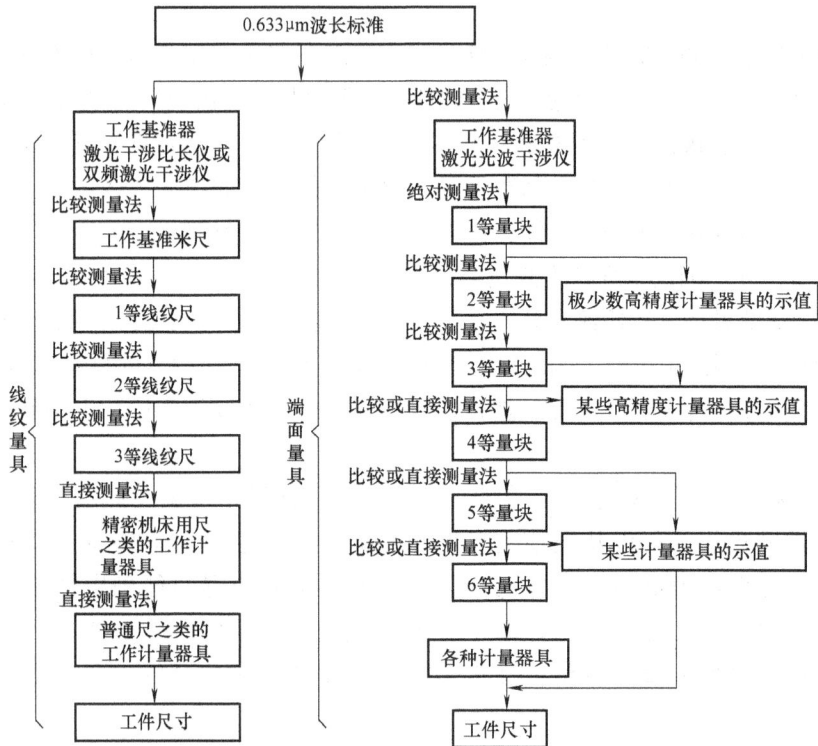

图 2-1　长度量值传递系统

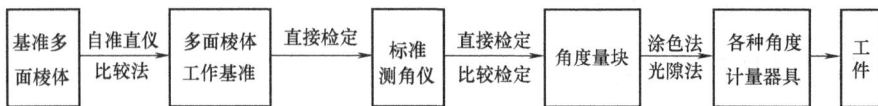

图 2-2　角度量值传递系统

第二节　量　　块

量块是没有刻度的平面平行端面量具，横截面为矩形。量块可以作为长度基准的传递媒介，可以用来检定和调整、校准计量器具，还可以用于测量工件精度、精密划线和调整设备等。

一、量块的结构

1. 量块的材料

量块是用特殊合金钢材料制成的，这种材料具有线膨胀率小、不易变形、硬度高、耐磨性好、有极好的抛光性和研合性等特点。

2. 量块的形状和尺寸

量块的形状通常为正六面体，有两个互相平行的测量面和四个非测量面，如图 2-3 所示。两个测量面的表面非常光滑平整且测量面间具有精确的尺寸，其余四个非测量面可作为标记面。

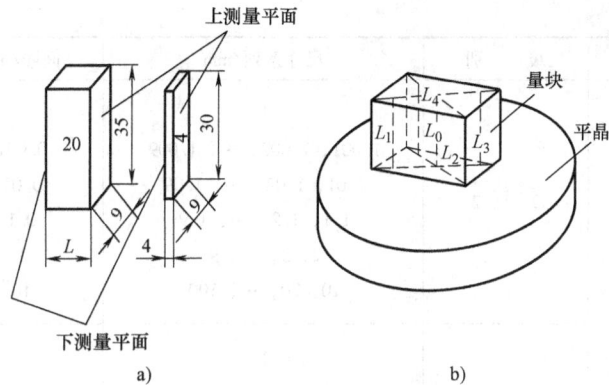

图 2-3 量块的形状及尺寸

二、量块的精度

根据量块长度的极限偏差和长度变动量允许值等精度指标,量块的制造精度分为 00、0、1、2、3 和 K 级 6 个级别,精度依次降低,其中 00 级的精度最高,3 级的精度最低,K 级为校准级。

根据量块中心长度的极限偏差和测量面的平面度公差等精度指标,量块的检定精度分为六等:1、2、3、4、5、6,精度依次降低,其中 1 等的精度最高,6 等的精度最低。

三、量块的应用

量块具有很好的研合性。研合性是指两量块的测量面互相接触,并在不大的压力下作一些切向相对滑动,就能够贴附在一起的性质。利用这一性质可以在一定范围内将多个尺寸不同的量块组合使用。为了能用较少的块数组合成所需要的尺寸,量块应按一定的尺寸系列成套生产供应。国家标准规定了 17 种系列的成套量块(见表 2-1)。

表 2-1 成套量块尺寸表

套　别	总 块 数	级　别	尺寸系列/mm	间隔/mm	块　数
1	91	00, 0, 1	0.5		1
			1		1
			1.001, 1.002, …, 1.009	0.001	9
			1.01, 1.02, …, 1.49	0.01	49
			1.5, 1.6, …, 1.9	0.1	5
			2.0, 2.5, …, 9.5	0.5	16
			10, 20, …, 100	10	10
2	83	00, 0, 1 2, (3)	0.5		1
			1		1
			1.005		1
			1.01, 1.02, …, 1.49	0.01	49
			1.5, 1.6, …, 1.9	0.1	5
			2.0, 2.5, …, 9.5	0.5	16
			10, 20, …, 100	10	10

（续）

套　别	总块数	级　别	尺寸系列/mm	间隔/mm	块　数
3	46	0，1，2	1		1
			1.001，1.002，…，1.009	0.001	9
			1.01，1.02，…，1.09	0.01	9
			1.1，1.2，…，1.9	0.1	9
			2，3，…，9	1	8
			10，20，…，100	10	10
4	38	0，1，2 (3)	1		1
			1.005		1
			1.01，1.02，…，1.09	0.01	9
			1.1，1.2，…，1.9	0.1	9
			2，3，…，9	1	8
			10，20，…，100	10	10

　　量块组合的原则：为了减少量块的组合误差，应尽量减少量块的组合块数，一般不超过四块；组合时，应根据所需尺寸的最后一位数值选第一块量块，每选一块量块，应至少减去尺寸的一位数。

　　例如，从 83 块一套的量块组中选取几块量块组成尺寸 38.985mm。选取步骤如下：

$$
\begin{array}{r}
38.985 \\
-\quad 1.005 \\
\hline
37.98 \\
-\quad 1.48 \\
\hline
36.5 \\
-\quad 6.5 \\
\hline
30
\end{array}
$$

　　第一块量块尺寸

　　第二块量块尺寸

　　第三块量块尺寸

第四块量块尺寸

即 38.985 = 1.005 + 1.48 + 6.5 + 30

四、量块的使用注意事项

量块在使用过程中应注意以下几点：

1）量块必须在使用有效期内，否则应及时送专业部门检定。

2）所选量块应先放入航空汽油中清洗，并用洁净绸布将其擦干，待量块温度与环境湿度相同后方可使用。

3）使用环境良好，防止各种腐蚀性物质对量块的损伤及因工作面上的灰尘而划伤工作面，影响其研合性。

4）轻拿、轻放量块，杜绝磕碰、跌落等情况的发生。

5）不得用手直接接触量块，以免造成汗液对量块的腐蚀及手温对测量精确度的影响。

6）使用完毕，应先用航空汽油清洗所用量块，并擦干后涂上防锈脂放入专用盒内妥善保管。

第三节　计量器具和测量方法

一、计量器具

（一）计量器具的种类

计量器具是指能用以直接或间接测出被测对象量值的技术装置。计量器具（测量器具）是量具、测量仪器及测量装置的总称。

1. 按用途分类

（1）标准计量器具　指测量时体现标准量的计量器具。通常用来校对和调整其他计量器具，或作为标准量与被测量进行比较。如量块、直角尺等。

（2）通用计量器具　指通用性大、可用来测量某一范围内各种尺寸（或其他几何量），并能获得具体读数值的计量器具。如游标卡尺、螺旋千分尺等。

（3）专用计量器具　指用于专门测量某种或某个特定几何量的计量器具。如光滑极限量规、螺纹环规等。

2. 按结构和工作原理分类

（1）机械式计量器具　指通过机械结构实现对被测量的感应、传递和放大的计量器具。如指示表、杠杆指示表及扭簧比较仪等。

（2）光学式计量器具　指用光学方法实现对被测量的转换和放大的计量器具。如立式光学计、测长仪、投影仪、干涉仪等。

（3）气动式计量器具　指靠压缩空气通过气动系统的状态（流量或压力）变化来实现对被测量的转换的计量器具。如水柱式气动量仪、浮标式气动量仪等。

（4）电动式计量器具　指将被测量通过传感器转变为电量，再经变换而获得读数的计量器具。如电感测微仪、电动轮廓仪等。

（5）光电式计量器具　指利用光学方法放大或瞄准，通过光电组件再转换为电量进行检测，以实现几何量的测量的计量器具。

（二）常用计量器具介绍

1. 游标类量具

游标类量具是利用游标读数原理制成的一种常用量具，它具有结构简单、使用方便、测量范围大等特点。常用的长度游标量具有游标卡尺、游标深度卡尺和游标高度卡尺等。

为了读数方便，有的游标卡尺上装有测微表头称为带表卡尺，有的装有电子数显系统，由液晶显示器显示测量值，称为数显卡尺，如图2-4所示。

2. 螺旋测微类量具

利用螺旋副的运动原理进行测量和读数的一种测微量具。

按用途可分为外径千分尺、内径千分尺、深度千分尺、螺纹千分尺、公法线千分尺等，图2-5所示为外径千分尺。

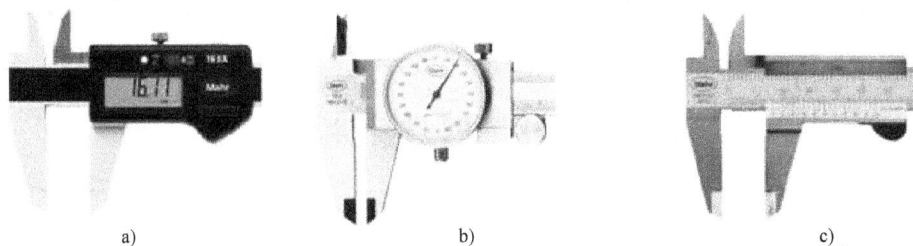

图 2-4　游标量具

a）数显卡尺　b）带表卡尺　c）游标卡尺

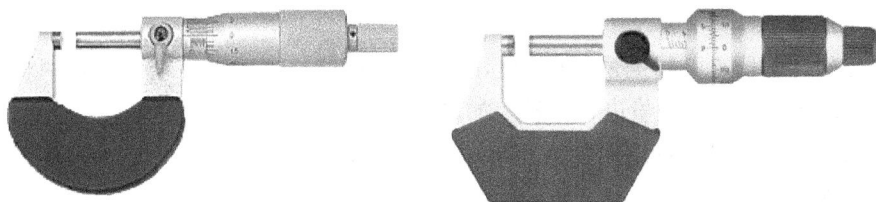

图 2-5　外径千分尺

3. 机械量仪

（1）指示表　指示表是应用最广的机械量仪，如图 2-6 所示。

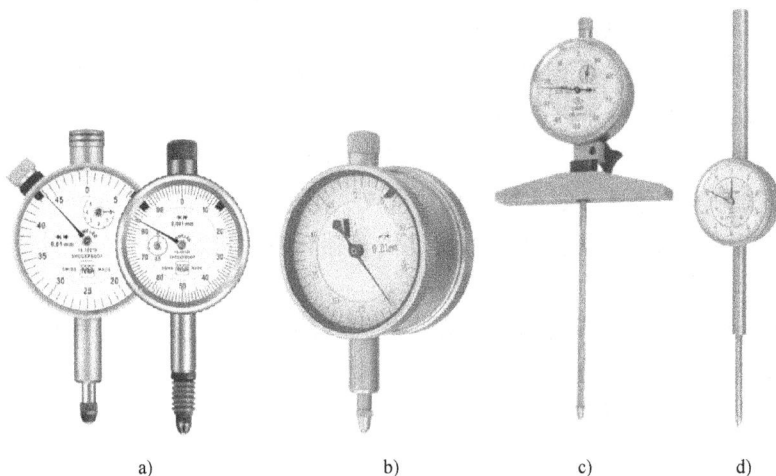

图 2-6　指示表

a）指示表　b）双面指示表　c）深度指示表　d）大量程指示表

（2）内径指示表　内径指示表是一种用相对测量法测量孔径的常用量仪，特别适合于测量深孔的孔径，如图 2-7 所示。

（3）杠杆指示表（图 2-8）。

（4）扭簧比较仪　扭簧比较仪是利用扭簧作为传动放大机构，将测杆的直线位移转变为指针的角位移，如图 2-9 所示。

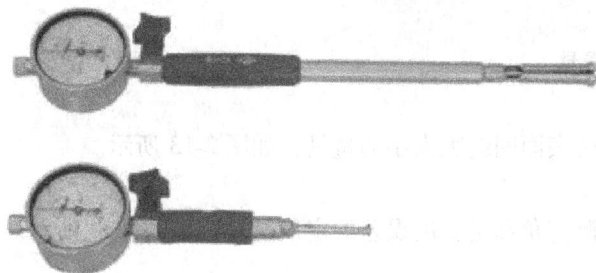

图 2-7 内径指示表（内径百分表和内径千分表）

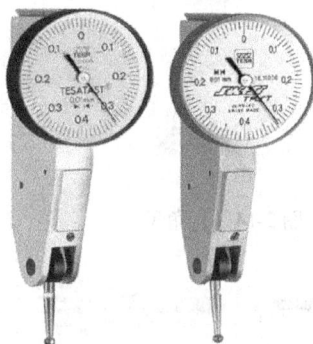

图 2-8 杠杆指示表

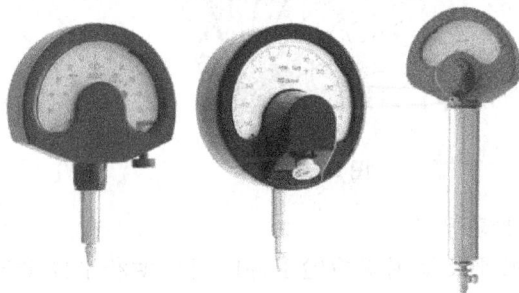

图 2-9 扭簧比较仪

4. 光学量仪

光学量仪是利用光学原理制成的量仪，在长度测量中应用比较广泛的有光学计、测长仪等。

（1）立式光学计 立式光学计是利用光学杠杆放大作用将测杆的直线位移转换为反射镜的偏转，使反射光线也发生偏转，从而得到标尺影像的一种光学量仪，如图 2-10 所示。

（2）万能测长仪 万能测长仪是一种精密量仪，它是光学系统和电气部分相结合的长度测量仪器，如图 2-11 所示。

5. 电动量仪

电感测微仪是一种常用的电动量仪。它是利用磁路中气隙的改变，引起电感量相应改变的一种能够测量微小尺寸变化的精密测量仪器，如图 2-12 所示。电感测微仪由主体和测头两部分组成，配上相应的测量装置（例如测量台架等），能够完成各种精密测量。

图 2-10 立式光学计

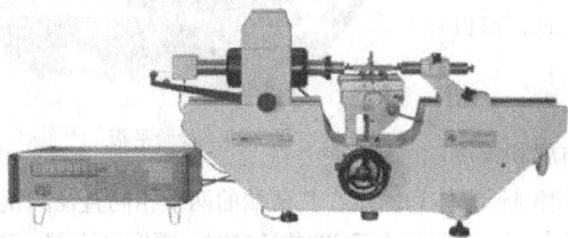

图 2-11 万能测长仪

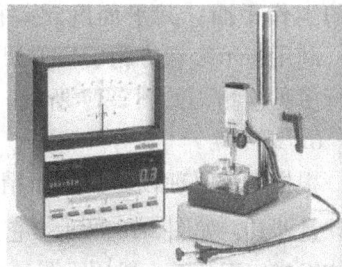

图 2-12 电感测微仪

（三）其他计量器具

1. 塞尺

塞尺是用于检验两表面间缝隙大小的量具，如图 2-13 所示。

2. 直角尺

直角尺是用来检测直角和垂直度误差的定值量具，如图 2-14 所示。

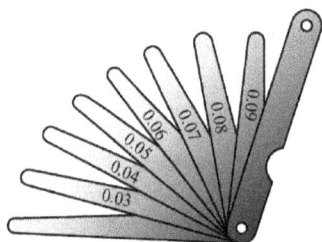

图 2-13   塞尺

图 2-14   直角尺

3. 检验平尺

检验平尺是用来检验工件的直线度和平面度的量具，如图 2-15 所示。

图 2-15   检验平尺

4. 水平仪

水平仪是用来测量被测平面相对水平面的微小角度的计量器具。如条式、框式和合像水平仪，如图 2-16 所示。

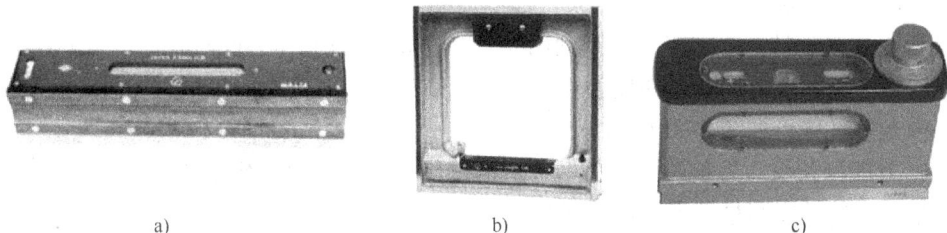

a)   b)   c)

图 2-16   水平仪

a）条式水平仪 b）框式水平仪 c）合像水平仪

5. 检验平板

检验平板一般用铸铁或花岗岩制成，有非常精确的工作平面，其平面度误差极小，在检验平板上，利用指示表和方箱、V 形架等辅助工具，可以进行多种检测，如图 2-17 所示。

6. 正弦规

根据正弦原理设计的用于精密测量角度和锥度

图 2-17   检验平板

的计量器具，如图 2-18 所示。它主要由一钢制长方体和固定在其两端的两个相同直径的钢圆柱体组成。正弦规一般用于测量小于 45° 的角度，在测量小于 30° 的角度时，精度可达 3″~5″。

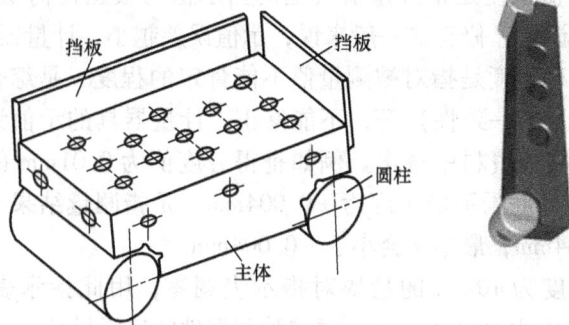

图 2-18 正弦规

7. 三坐标测量机

三坐标测量机一般都具有相互垂直的三个测量方向，水平纵向运动方向为 x 方向（又称 x 轴），水平横向运动方向为 y 方向（又称 y 轴），垂直运动方向为 z 方向（又称 z 轴）。

测量系统是坐标测量机的重要组成部分之一，它关系着坐标测量机的精度、成本和寿命。坐标测量机上使用的测量系统种类很多，按其性质可分为机械式、光学式和电气式。

三坐标测量机的测量步骤一般分为以下几步：

1）校准探针。

2）建立工件坐标系。

3）工件检测。

4）结果换算或形位误差评定。

（四）计量器具的技术参数指标

计量器具的技术参数指标既反映了计量器具的功能，也是选择和使用计量器具的依据。计量器具的技术参数指标如下。

（1）标尺间距　标尺间距是指计量器具的刻度尺或刻度盘上相邻两刻度线中心之间的距离。标尺间距太小会降低估读精度，太大会加大读数装置的轮廓尺寸，为便于读数，一般做成刻线间距为 0.75 ~ 2.5mm 的等距离。

（2）分度值　分度值是指计量器具的刻度尺或刻度盘上每一标尺间距所代表的量值。例如，千分尺的微分筒上的分度值有 0.001mm、0.002mm、0.005mm 等几种。对于一些数字显示式量仪，其分度值称为分辨率。一般来说，分度值越小，计量器具的精度就越高。

（3）示值范围　示值范围是指计量器具所指示的最小值（起始值）到最大值（终止值）的范围。示值范围以标在刻度尺或刻度盘上的单位表示，与被测几何量的单位无关。如机械式比较仪的示值范围为 −0.1 ~ 0.1mm（或 ±0.1mm）。

（4）测量范围　测量范围是指计量器具在允许的误差极限内，所能测出的最小值到最大值的范围。游标卡尺、千分尺等示值范围和测量范围相同，外径千分尺的测量范围有 0 ~ 25mm、25 ~ 50mm 等；机械式比较仪的测量范围为 0 ~ 180mm；立式光学仪的示值范围是 ±0.1mm，测量范围是 0 ~ 180mm。

（5）灵敏度　灵敏度是指计量器具对被测几何量微小变化的反应能力。一般来说，分度值越小，灵敏度就越高。

（6）示值误差　示值误差是指计量器具上的指示值与被测几何量真值之间的代数差，可用修正值（负的系统误差）修正。一般来说，示值误差越小，计量器具的精度就越高。

（7）不确定度　不确定度是指对被测量值不能肯定的程度，是综合指标，包括示值误差、回程误差（测量结果的一致性）等，不能修正。计量器具的示值误差和不确定度可从计量器具的使用说明或有关资料中查出。例如查得分度值为 0.01mm 的千分尺在车间条件下，测量 0 ~ 50mm 的尺寸时的不确定度为 ± 0.004mm，是指测量结果与被测量真值之间的差值最大不会大于 0.004mm，最小不会小于 – 0.004mm。

例 2-1　用标称长度为 10mm 的量块对指示表调零，用此指示表测量工件，读数为 15μm。若量块的实际长度为 10.0005mm，试求被测零件的实际尺寸。

解：

1）零件的示值误差（调零误差）：10mm – 10.0005mm = – 0.0005mm

2）修正值：+ 0.0005mm

3）工件的实际尺寸：10mm + 0.015mm + 0.0005mm = 10.0155mm

二、测量方法

测量方法是指获得测量值的方式。它可从不同角度进行分类。

（1）按实测几何量与被测几何量的关系分类　分为直接测量和间接测量。

1）直接测量：指直接从计量器具获得被测几何量的量值的测量方法。如用游标卡尺直接测量工件长度值 L，如图 2-19a 所示。

2）间接测量：指先测量出与被测几何量有已知函数关系的几何量，然后通过函数关系计算出被测几何量的测量方法。例如：欲测两孔的中心距 L，如图 2-19b 所示，需先测出 L_1 和 L_2，然后通过公式 $L = (L_1 + L_2)/2$，算出中心距值。

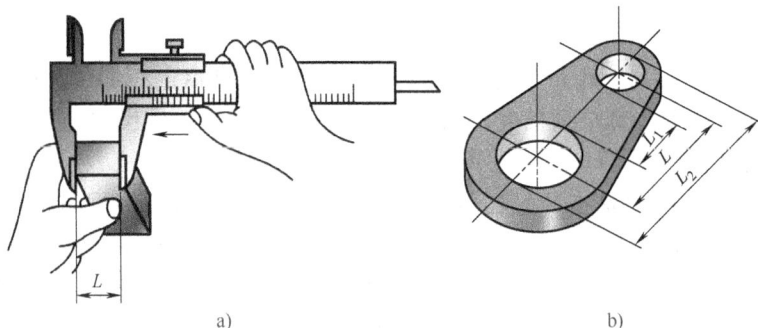

图 2-19　直接测量与间接测量举例

a）直接测量　b）间接测量

（2）按指示值是否为被测几何量的整个数值分类　分为绝对测量和相对测量。

1）绝对测量：指能够从计量器具上直接读出被测几何量的整个量值的测量方法。如用游标卡尺、千分尺测量轴径，轴径的大小可以直接读出。

2）相对测量：计量器具的指示值仅表示被测几何量相对已知标准量的偏差，而被测几何量的量值为计量器具的指示值与标准量的代数和的测量方法。如用机械式比较仪测量轴径，测量时先用量块调整比较仪的零位，然后对被测量进行测量。该比较仪指示出的示值为被测轴径相对于量块尺寸的偏差。

一般来说，相对测量的测量精度比绝对测量的测量精度高。

（3）按被测表面与计量器具的测头是否接触分类　分为接触测量和非接触测量。

1）接触测量：指计量器具在测量时测头与零件被测表面直接接触，即有测量力存在的测量方法。如用游标卡尺、千分尺、立式光学比较仪等测量轴径。为了保证接触的可靠性，测量力是必要的，但它可能使计量器具及被测件发生变形而产生测量误差，还可能造成零件被测表面质量的损坏。

2）非接触测量：指测量时计量器具的测头与零件被测表面不接触，即无测量力存在的测量方法。属于非接触测量的仪器主要是利用光、气、电、磁等作为感应元件与被测件表面联系，如用光切显微镜测量表面粗糙度、用气动量仪测量孔径等。

（4）按可同时测量的被测几何量的数量分类　分为单项测量和综合测量。

1）单项测量：指分别测量同一工件上的各单项几何量的测量方法。如分别测量螺纹的螺距、中径和牙型半角。

2）综合测量：指同时测量工件上几个相关几何量，以判断工件的综合结果是否合格的测量方法。例如用齿距仪测量齿轮的齿距累积误差，实际上反映的是齿轮的公法线长度变动和齿圈径向圆跳动两种误差的综合结果。

一般来说，单项测量结果便于工艺分析；综合测量适用于只要求判断合格与否，而不需要得到具体测量值的场合。此外，综合测量的效率比单项测量高。

（5）按测量在制造过程中所起的作用分类　分为主动测量和被动测量。

1）主动测量：在加工过程中进行的测量。其测量结果直接用来控制零件的加工过程，故能及时防止废品的发生，所以又称为积极测量。

2）被动测量：加工完成后进行的测量。其结果仅用于发现并剔除废品，所以被动测量又称消极测量。

（6）按被测工件在测量时所处状态分类　分为静态测量和动态测量。

1）静态测量：测量时被测件表面与计量器具的测头处于静止状态。例如：用外径千分尺测量轴径、用齿距仪测量齿轮齿距等。

2）动态测量：测量时被测零件表面与计量器具的测头处于相对运动状态，或测量过程是模拟零件在工作或加工时的运动状态，它能反映生产过程中被测参数的变化过程。例如：用激光干涉比长仪测量精密线纹尺、用电动轮廓仪测量表面粗糙度等。

第四节　测量误差和数据处理

一、测量误差

1. 测量误差的概念

在测量过程中，由于计量器具本身的误差以及测量方法和测量条件的限制，任何一次测量的测得值都不可能是被测几何量的真值，两者存在着差异。这种差异在数值上则表现为测量误差。测量误差有下列两种形式——绝对误差和相对误差。

（1）绝对误差　指被测几何量的测得值（即仪表的指示值）与其真值之差，即

$$\delta = x - x_0$$

式中　δ——绝对误差；

　　　x——被测几何量的测得值；

　　　x_0——被测几何量的真值。

由于测得值 x 可能大于或小于真值 x_0，所以绝对误差 δ 可能是正值也可能是负值。

对于不同的被测几何量，绝对误差 δ 就不能说明它们测量精度的高低。例如：用某量仪测量 10mm 的长度，绝对误差为 0.002mm；用另一台量仪测量 100mm 的长度，绝对误差为 0.01mm。这时，就不能用绝对误差的大小来判断测量精度的高低。因为后者的绝对误差虽然比前者大，但它相对于被测量的值却很小。为此，需要用相对误差来比较它们的测量精度。

（2）相对误差　指被测几何量的绝对误差（一般取绝对值）与其真值之比，即

$$\varepsilon = \frac{x - x_0}{x_0} \times 100\% = \frac{\delta}{x_0} \times 100\%$$

式中　ε——相对误差。

相对误差比绝对误差能更好地说明测量的精确程度。在上面的例子中，$\varepsilon_1 = \dfrac{0.002}{10} \times 100\% = 0.02\%$，$\varepsilon_2 = \dfrac{0.01}{100} \times 100\% = 0.01\%$。显然，后者的测量精度更高。

2. 测量误差的来源

在实际测量中，产生测量误差的因素很多，归纳起来主要有以下几个方面。

（1）计量器具误差　指计量器具本身在设计、制造和使用过程中造成的各项误差。如阿贝误差、量块制造与检定误差、光学系统的放大倍数误差等。其中基准件的误差是计量器具误差的主要来源。

（2）测量方法误差　指由于测量方法不完善所引起的误差，包括计算公式不精确，测量方法选择不当，测量过程中工件装夹和定位不合理等。例如：在间接测量法中因采用近似的函数关系原理而产生的误差或多个数据经过计算后的误差累积。

（3）测量环境误差　指测量时的环境条件（包括温度、湿度、气压、振动、灰尘及电磁场等）不符合标准条件所引起的误差。测量的环境条件中温度对测量结果影响最大。在测量长度尺寸时，标准的环境温度为 20℃。

（4）测量人员误差　指测量人员的操作技术和主观因素所引起的误差。例如：测量人员的视差、估读误差、调整误差等。

3. 测量误差的分类

按照测量误差的特点和性质，可以分为系统误差、随机误差和粗大误差三类。

（1）系统误差　系统误差是指在相同的测量条件下，对同一几何量进行多次重复测量时，误差的大小和正负均保持不变，或按一定的规律变化的测量误差。例如：计量器具刻度盘分度不准确，就会造成读数偏大或偏小，从而产生定值系统误差；量仪的分度盘与指针回转轴偏心所产生的示值误差则会产生变值系统误差。

系统误差越小，则测量结果的正确度越高。根据系统误差的性质和变化规律，系统误差可以用计算或实验对比的方法确定，用修正值从测量结果中予以消除。如经检定后得到的量

块中心长度的修正值。但是有些系统误差的变化规律复杂，不易确定，所以难以消除。如温度有规律变化造成的测量误差。

（2）随机误差 随机误差是指在一定测量条件下，多次测量同一量值时，其数值大小和正负以不可预定的方式变化的误差。随机误差是由测量过程中许多难以控制的偶然因素或不稳定的因素引起的。如：量仪传动机构的间隙、摩擦力的变化、测量力的不恒定和测量温度波动等引起的测量误差，都属于随机误差。

对于某一次具体测量，随机误差的大小和正负是无法预知的。但是，对同一被测对象进行连续多次重复测量时，所得到的一系列测量值的随机误差通常服从正态分布规律。

随机误差具有以下四个特点：

1）单峰性：绝对值小的随机误差出现的概率比绝对值大的随机误差出现的概率大。

2）对称性：绝对值相等、符号相反的随机误差出现的概率相等。

3）有界性：在一定的测量条件下，随机误差的绝对值不会超出一定界限。

4）抵偿性：在一定的测量条件下，多次重复进行测量，各次随机误差的代数和趋近于零。

（3）粗大误差 粗大误差是指明显超出规定条件下预期的误差。产生粗大误差是由某种非正常的原因造成的。如读数错误、温度的突然大幅度变动、记录错误等。在处理测量数据时，应该剔除粗大误差。

4. 测量精度

测量精度是指被测几何量的测量值与其真值的接近程度。测量误差越小，则测量精度就越高；测量误差越大，则测量精度就越低。

测量精度一般分为以下三种。

（1）正确度 正确度是指在规定的测量条件下，测量结果与真值的接近程度。它反映了测量结果中系统误差影响的程度。系统误差越小，则正确度越高。

（2）精密度 精密度是指在规定的测量条件下连续多次测量时，所得到的各测量结果彼此之间符合的程度。它反映了测量结果中随机误差的大小。随机误差越小，则精密度越高。

（3）准确度 准确度是指连续多次测量所得的测量值与真值的接近程度。它反映了测量结果中系统误差与随机误差综合影响的程度。系统误差和随机误差都越小，则准确度越高。

对于一次具体的测量，精密度高，正确度不一定高，反之亦然；但准确度高时，正确度和精密度必定都高，如图 2-20 所示。

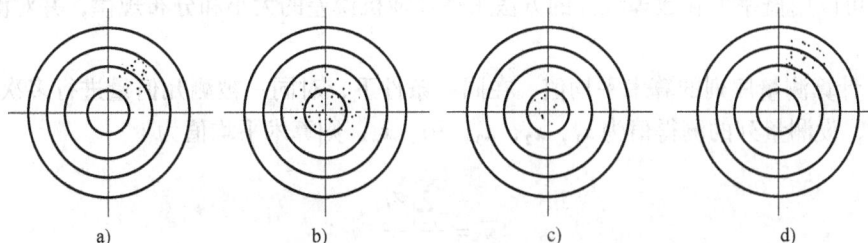

图 2-20 正确度、精密度和准确度示意图

a）精密度高正确度低 b）正确度高精密度低 c）准确度高精密度正确度都高 d）准确度低精密度正确度都低

二、测量结果的数据处理

对测量结果进行数据处理是为了找出被测量最可信的数值以及评定这一数值所包含的误差。

1. 系统误差的处理

系统误差会对测量结果产生较大的影响。因此，发现并消除系统误差是提高测量精度的一个重要方面。

（1）发现系统误差的方法　发现系统误差的方法有多种，直观的方法是"残差观察法"。残余误差（简称残差）是指各个测得值与该测量序列的算术平均值之差。这种方法是对被测几何量进行多次重复测量，得到一测量序列，再计算出各测量值的残差，列表或作出曲线图形，观察其变化规律。如果各残差大体上正负相等，没有明显的变化，可以判断不存在系统误差；如果各残差按近似的线性规律递增或递减，可以判断存在线性系统误差；如果各残差的大小和正负有规律地周期性变化，可以判断存在周期性系统误差；如果各残差按某种特定的规律变化，可以判断存在复杂变化的系统误差。

在应用残差观察法时，必须有足够多的重复测量次数，作出的图形才能显示出较明显的变化规律；如果测量次数较少，则会影响判断的可靠性。

（2）消除系统误差的方法　消除系统误差的方法主要有三种。

1）从误差根源上消除系统误差。在测量前，对测量过程中的各环节作仔细分析，将误差从产生根源上加以消除。例如：在测量开始和结束时校准仪器的示值零位；测量人员要正确读数等。

2）用加修正值的方法消除系统误差。测量前，先检定或计算出计量器具的系统误差，取该系统误差的相反值作为修正值；测量后，用代数法将修正值加到实际测得值上，就可以消除测量结果的系统误差。例如：量块的实际（组成）要素不等于标称尺寸，按标称尺寸使用，就需采用加修正值的方法避免该系统误差的产生。

3）用抵消法消除系统误差。如果所产生的系统误差大小相等、符号相反，则可以在对称位置上分别测量一次，然后取这两次测量的平均值作为测量结果，以消除定值系统误差。对于周期性变化的系统误差，一般采用每相隔半个周期测量一次，以相邻两次测量值的平均值作为测量结果。

2. 随机误差的处理

在测量过程中随机误差的出现是不可避免的，也是无法消除的。为了减小其对测量结果的影响，可以用概率论和数理统计的方法来估算随机误差的大小和分布规律，并对测量结果进行处理。

（1）计算测量序列的算术平均值　在同一条件下，对同一被测几何量进行多次（n 次）重复测量，设测量列的测得值为 x_1，x_2，x_3，$\cdots$，x_n，则算术平均值为

$$\bar{x} = \frac{\sum\limits_{i=1}^{n} x_i}{n}$$

式中　n——测量次数。

（2）计算残余误差　残余误差 ν_i 是指测量列的各个测得值 x_i 与该测量列的算术平均值

$\bar{x}$ 之差，简称残差

$$\nu_i = x_i - \bar{x}$$

（3）计算测量序列中单次测得值的标准偏差　标准偏差 σ 是对同一被测几何量进行 n 次测量所得值的分散程度的参数。常用来表示测量结果的不确定度，称为标准不确定度。

$$\sigma = \sqrt{\frac{\sum\limits_{i=1}^{n} \nu_i^2}{n-1}}$$

单次测量的测量结果表达式可以写为

$$x_{ei} = x_i \pm 3\sigma$$

（4）计算测量序列算术平均值的标准偏差　平均值决定曲线的位置，标准偏差 σ 决定曲线的形状，表明随机误差的分散程度。

测量序列算术平均值的标准偏差与测量列中单次测得值的标准偏差 σ 之间存在着如下的关系式

$$\sigma_{\bar{x}} = \frac{\sigma}{\sqrt{n}}$$

由式可知，测量次数越多，$\sigma_{\bar{x}}$ 就越小，测量的精密度就越高。当 σ 一定时，在 $n > 10$ 以后，$\sigma_{\bar{x}}$ 减小得已很缓慢，所以测量中一般取 15 次左右为宜。

测量序列算术平均值的测量极限误差通常表示为

$$\delta_{\lim(\bar{x})} = \pm 3\sigma_{\bar{x}}$$

多次测量所得的测量结果可表达为

$$x_e = \bar{x} \pm 3\sigma_{\bar{x}}$$

3. 粗大误差的处理

粗大误差的特点是数值比较大，对测量结果产生明显的歪曲，应从测量数据中将其剔除。在多次测量中（测量次数 >10），当测量误差服从正态分布规律时，如果某次残差的绝对值大于 3σ，则可以认为该次测量结果中含有粗大误差，应该予以剔除。

必须注意的是，拉依达法则不适用测量次数小于或等于 10 的情况。

例 2-2　对某一轴的直径进行 15 次等精度测量，按测量顺序将各测量值依次列于表 2-2 中，试求测量结果。

表 2-2　测量数据计算结果表

测量序号	测得值 x_i/mm	残差 ν_i/μm	残差的平方 ν_i^2/μm²
1	34.959	+2	4
2	34.955	−2	4
3	34.958	+1	1
4	34.957	0	0
5	34.958	+1	1
6	34.956	−1	1
7	34.957	0	0
8	34.958	+1	1

（续）

测量序号	测得值 x_i /mm	残差 ν_i /μm	残差的平方 ν_i^2 /μm²
9	34.955	−2	4
10	34.957	0	0
11	34.959	+2	4
12	34.955	−2	4
13	34.956	−1	1
14	34.957	0	0
15	34.958	+1	1
算术平均值 $\bar{x} = 34.957$mm		$\sum\limits_{i=1}^{15} \nu_i = 0$	$\sum\limits_{i=1}^{15} \nu_i^2 = 26$μm²

解：

根据题意可按下列步骤计算：

1）求测量序列的算术平均值

$$\bar{x} = \frac{\sum\limits_{i=1}^{n} x_i}{n} = 34.957\text{mm}$$

2）计算残差和判定系统误差。各残差的数值经过计算后列于表 2-2 中，按照残差观察法，这些残差的符号大体上正、负相同，没有周期性变化，因此可以认为测量序列中不存在系统误差。

3）计算测量序列中单次测得值的标准偏差

$$\sigma = \sqrt{\frac{\sum\limits_{i=1}^{n} \nu_i^2}{n-1}} = 1.3\text{μm}$$

4）判断粗大误差

$$3\sigma = 3 \times 1.3\text{μm} = 3.9\text{μm}$$

测量序列中没有绝对值大于 3.9μm 的残差，测量序列中不存在粗大误差。

5）计算测量序列算术平均值的标准偏差

$$\sigma_{\bar{x}} = \frac{\sigma}{\sqrt{n}} = \frac{1.3}{\sqrt{15}} \approx 0.35\text{μm}$$

6）计算测量序列算术平均值的测量极限误差

$$\delta_{\lim(\bar{x})} = \pm 3\sigma_{\bar{x}} = \pm 3 \times 0.35\text{μm} = \pm 1.05\text{μm}$$

7）确定测量结果

$$d_e = \bar{x} \pm 3\sigma_{\bar{x}} = (34.957 \pm 0.00105)\text{mm}$$

三、基本测量原则

在实际测量中，为尽可能减少测量误差应遵守以下基本测量原则。

（1）阿贝原则　即要求在测量过程中被测长度与基准长度应在同一直线上的原则。若被测长度与基准长度并排放置不在同一直线上，则由于制造误差的存在，在测量过程中移动方向的偏移，两长度之间出现夹角而产生误差。误差的大小与两长度之间夹角大小及其之间距离大小有关；距离越大，误差也越大。

（2）基准统一原则　即要求测量基准要与加工基准和使用基准统一。

（3）最短链原则　在间接测量中，测量结果与被测量存在着一定的函数关系，其间形成测量链的环节越多，被测结果的不确定度越大。因此，应尽可能减少测量的环节数，以保证测量精度，称之为最短链原则。当然，按此原则最好不采用间接测量，只有在不可能采用直接测量，或直接测量的精度不能保证时，才采用间接测量。以最少数目的量块组成所需尺寸的量块组，就是最短链原则的一种实际应用。

（4）最小变形原则　即尽可能减少计量器具与被测零件因实际温度偏离标准温度而产生的测量误差，以及因受力（重力和测量力）而产生变形而产生的测量误差。在测量过程中，控制测量温度及其变动、保证计量器具与被测零件有足够的等温时间、选用与被测零件线胀系数相近的计量器具、选用适当的测量力并保持其稳定、选择适当的支承点等，都是实现最小变形原则的有效措施。

第五节　计量器具的选择与维护保养

一、普通计量器具的选择

1. 测量的标准温度

国标规定测量的标准温度为 20℃。测量时如果工件与计量器具的线膨胀系数相同，只要计量器具与工件保持相同的温度，可以偏离 20℃。

2. 误收与误废

由于测量误差的存在，在验收工件时，对尺寸位于公差界限附近的工件会产生两种错误判断。在进行检测时，把超出公差界限的废品误判为合格品而接收称为误收；将接近公差界限的合格品误判为废品而给予报废称为误废。为保证验收质量，国标规定了验收极限、计量器具的测量不确定度允许值（u_1）和计量器具的选用原则。

3. 验收极限

验收极限是判断所检验工件尺寸合格与否的尺寸界限。国标规定验收极限可以按照下面两种方式之一确定。

（1）内缩的验收极限　验收极限从规定的最大实体尺寸（MMS）和最小实体尺寸（LMS）分别向工件公差带内移动一个安全裕度（A）来确定，如图 2-21 所示。A 值按照工件公差（T）的 1/10 确定。

1）此时，孔尺寸的验收极限如下：

上验收极限 = 最小实体限尺寸(LMS) − 安全裕度(A)

下验收极限 = 最大实体尺寸(MMS) + 安全裕度(A)

2）轴尺寸的验收极限如下：

上验收极限 = 最大实体尺寸(MMS) − 安全裕度(A)

下验收极限 = 最小实体尺寸(LMS) + 安全裕度(A)

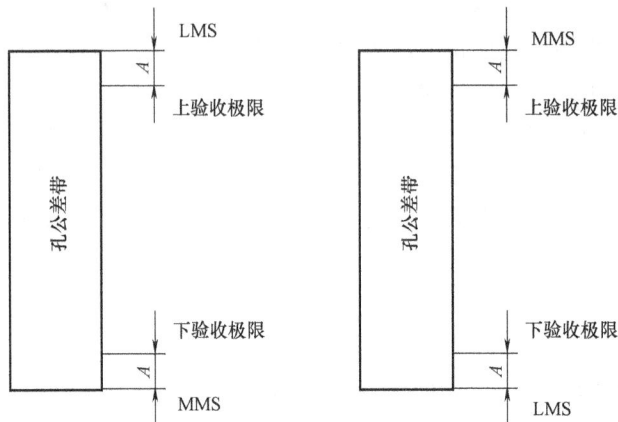

图 2-21　验收极限示意图

（2）不内缩的验收极限　验收极限等于规定的最大实体尺寸（MMS）和最小实体尺寸（LMS）。即 A 值等于零。

4. 计量器具的选择

计量器具的选择原则是：

1）应与被测工件的形状、位置、尺寸的大小及被测参数特性相适应，使所选计量器具的测量范围能满足工件的要求。

2）应考虑工件的尺寸公差，使所选计量器具的不确定度值既要保证测量精度要求，又要符合经济性要求。

在实际计量器具的选择中，按照计量器具所导致的测量不确定度（简称计量器具的测量不确定度）的允许值（u_1）选择计量器具。选择时，应使所选用的计量器具的测量不确定度数值小于或等于选定的 u 值。

计量器具的测量不确定度允许值（u_1）按测量不确定度（u）与工件公差的比值分挡；对于 IT6 ~ IT11 的分为 I、II、III 三挡，一般情况下，优先选用 I 挡。其次 II 挡、III 挡；对于 IT12 ~ IT18 的分为 I、II 两挡。测量不确定度（u）的 I、II、III 三挡分别为工件公差的 1/10、1/6、1/4。计量器具的测量不确定度允许值（u_1）约为测量不确定度（u）的 0.9 倍。

二、计量器具的维护保养

1）计量器具应处于清洁（不用时盖上防尘布或罩）、安全（避免碰撞、振动、潮湿等）的环境。

2）对量具、量仪的精密金属工作表面（如量块、仪器工作台、顶尖等）使用后都必须先用汽油擦洗干净后均匀涂上防锈油。

3）对于光学仪器的光学元件必须避免磕碰，擦拭镜面必须使用干净的鹿皮等，避免划伤。

4）在接通量仪电源时，要特别注意仪器要求的电压等。

本章小结

 对零件的测量是机械制造中不可缺少的步骤。测量是以确定被测对象量值为目的的全部过程，检验是确定被测几何量是否在规定的极限范围之内。完整的测量过程包括测量对象、计量单位、测量方法和测量精度四个方面。被测对象主要是几何量，我国的法定计量单位是米，量块是应用最广泛的长度传递系统媒介。测量方法和计量器具都有着不同的分类方法，适合于不同的被测对象。由于存在着测量误差，测量有精度高低之分。掌握合适的测量方法、选择正确的计量器具，并对测量结果作科学的数据处理才能得到正确的测量结果。

思考与练习

一、填空题（将正确的答案填在横线上）

1. 量块是没有_____的平行端面量具，利用量块的_____性，就可将_____尺寸的量块组合成所需的各种尺寸。

2. 使用量块时，为了减少量块的_____误差，应尽量减少使用的块数，一般要求不超过_____块。选用量块时，应根据所需组合的尺寸，从_____开始选择。

3. 测量方法的分类，按测量时实测的几何量与被测几何量的关系分为_____测量和_____测量；按指示值是否为被测几何量的整个数值分为_____测量和_____测量；按可同时测量的被测几何量的数量分为_____测量和_____测量。

4. 单项测量和综合测量：一般来说，_____结果便于工艺分析；_____适用于只要求判断合格与否的场合。

5. 在实际测量中，对于同一被测量往往可以采用多种测量方法。为减小测量不确定度，应尽可能遵守_____、_____、_____和_____的基本测量原则。

6. 测量精度是指_____。测量误差越小，则测量精度就越_____；测量误差越大，则测量精度就越_____。

二、判断题（判断正误，并在括号内填"√"或"×"）

1. 量块是一种精密量具，因而可以单独利用它直接测量精度要求较高的工件尺寸。（   ）

2. 为提高测量的准确性，应尽量选用高等级量块作为基准进行测量。（   ）

3. 使用的量块数越多，组合出的尺寸越准确。（   ）

4. 使用相同精度的计量器具，采用直接测量法比采用间接测量法精度高。（   ）

5. 根据测量方法分类的定义可知：绝对测量一般也同时为直接测量；相对测量一般也同时为间接测量。（   ）

6. 直接测量必为绝对测量。（   ）

7. 为减少测量误差，一般不采用间接测量。（   ）

8. 用游标卡尺测量两孔的中心距属于相对测量法。（   ）

三、选择题（将下面题目中所有正确的论述选择出来）

1. 量块是一种精密量具，应用较为广泛，但它不能用于_____。

    A. 评定表面粗糙度   B. 检定和校准其他量具、量仪

C. 调整量具和量仪的零位　　　　　　　　D. 用于精密机床的调整、精密划线等

2. 关于量块的特性，下列说法中正确的是_____。

　　A. 量块是没有刻度的平行端面量具，是专用于某一特定尺寸的，因此它属于量规

　　B. 利用量块的研合性，可用不同尺寸的量块组合成所需的各种尺寸

　　C. 在实际生产中，量块是单独使用的

　　D. 量块的制造精度为五级，其中 0 级最高，3 级最低

3. 关于量块的使用，下列说法中错误的是_____。

　　A. 要防止腐蚀气体侵蚀量块，不能用手接触测量面，否则会影响量块的组合精度

　　B. 组合前，应先根据工件尺寸选择好量块，一般不超过 4~5 块

　　C. 量块选好后，在组合前要用麂皮软绸将其各面擦净，用推压的方法逐块研合

　　D. 使用后为了保护测量面不碰伤，应将量块结合在一起存放

4. 下列论述中正确的有_____。

　　A. 量块即为长度基准　　　　　　　　　B. 可以用量块作为长度尺寸传递的载体

　　C. 用 1 级量块可以 3 等量块使用

　　D. 测量精度主要决定于计量器具的精度，因此计量器具的精度越高越好

5. 关于间接测量法，下列说法错误的是_____。

　　A. 测量的是与被测尺寸有一定函数关系的其他尺寸

　　B. 计量器具的测量装置不直接和被测工件表面接触

　　C. 必须通过计算获得被测尺寸的量值　　D. 用于不便直接测量的场合

6. 关于相对测量法，下列说法中正确的是_____。

　　A. 相对测量的精度一般比较低　　　　　B. 相对测量时只需用量仪就可测量

　　C. 计量器具的测量装置不直接和被测工件表面接触

　　D. 采用相对测量法计量器具所读取的是被测几何量与标准量的偏差

7. 用游标卡尺测量工件的轴颈尺寸属于_____。

　　A. 直接测量、绝对测量　　　　　　　　B. 直接测量、相对测量

　　C. 间接测量、绝对测量　　　　　　　　D. 间接测量、相对测量

8. 下列各项中，不属于测量方法误差的是_____。

　　A. 计算公式不准确　　　　　　　　　　B. 操作者看错读数

　　C. 测量方法选择不当　　　　　　　　　D. 工件安装定位不准确

9. 从高测量精度的目的出发，应选用的测量方法有_____。

　　A. 直接测量　　　B. 间接测量　　　　C. 绝对测量　　　　D. 相对测量

　　E. 非接触测量。

10. 下列测量中属于间接测量的有_____。

　　A. 用千分尺测外径　　　　　　　　　　B. 用光学比较仪测外径

　　C. 用内径指示表测内径　　　　　　　　D. 用游标卡尺测量两孔中心距

　　E. 用高度卡尺及内径指示表测量孔的中心高度

11. 下列测量中属于相对测量的有_____。

　　A. 用千分尺测外径　　　　　　　　　　B. 用光学比较仪测外径

　　C. 用内径指示表测内径　　　　　　　　D. 用内径千分尺测量内径

　　E. 用游标卡尺测外径

四、综合题

1. 试用 83 块一套的量块组合出尺寸 51.985mm 和 27.355mm。

2. 简述量块的用途。

第三章　极限配合及尺寸检测

教学目标： 1. 理解孔和轴的概念。

2. 理解和掌握尺寸要素、公称尺寸、实际（组成）要素、极限尺寸的概念及其关系。

3. 理解和掌握偏差、公差的概念及与极限尺寸的关系。

4. 理解和掌握尺寸公差带及其画法。

5. 理解配合、间隙、过盈的概念及相关计算。

6. 理解标准公差和基本偏差，掌握标准公差数值表和基本偏差数值表的查表方法。

7. 理解尺寸公差带代号，掌握极限偏差的查表方法。

8. 理解基准制，配合代号。

9. 了解公差带与配合的选用原则和方法。

10. 掌握游标卡尺和千分尺测量零件。

本章主要介绍 GB/T 1800—2009、GB/T 1801—2009《产品几何技术规范（GPS）　极限与配合》国家标准的基本概念、主要内容及应用，如图 3-1 所示。

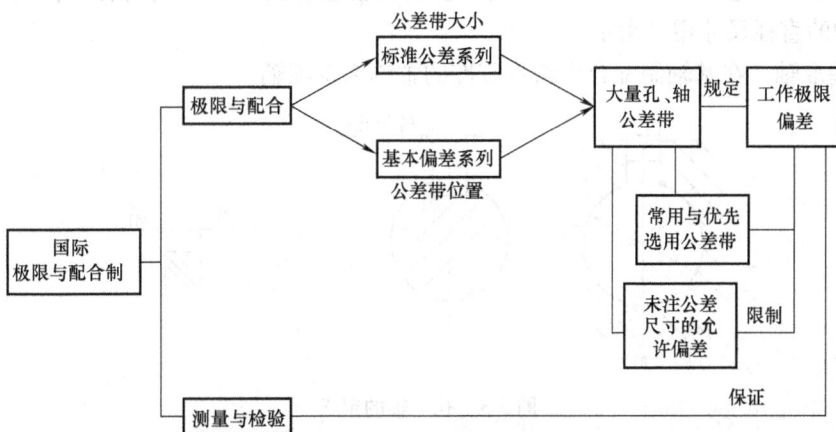

图 3-1　极限与配合国标内容

为满足互换性的要求，零件的几何参数必须保持在一定的加工精度范围内。对零件加工精度的要求，通常是由设计者按照国家相关标准，根据零件的功能要求标注在零件图样上，如图 3-2 所示。

图中所示的孔 $\phi30^{+0.033}_{0}$、轴 $\phi30^{+0.020}_{-0.041}$ 分别表示了孔和轴的尺寸精度要求。

互换性要求尺寸的一致性，但并不是要求零件都精确地制造成一个指定的尺寸，而应是要求在一个合理的范围之内，该范围既要保证相互尺寸之间形成一定的关系，以满足不同的使用要求，又要在加工时经济合理。

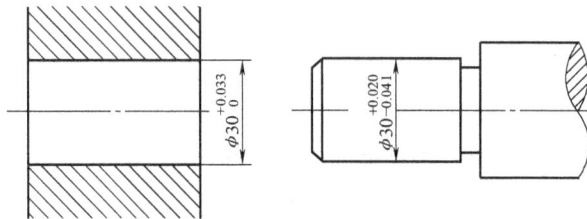

图 3-2　孔和轴的尺寸标注

第一节　孔、轴及尺寸

一、孔、轴的术语和定义

在尺寸极限与配合中，通常所讲的孔与轴都具有广义性。

（1）孔　孔指工件的圆柱形内尺寸要素，也包括非圆柱形的内尺寸要素（由两平行平面或切面形成的包容面），如图 3-3a 所示。孔为包容面（尺寸之间无材料），在加工过程中，孔尺寸越加工越大。孔的直径尺寸用 D 表示。

（2）基准孔　在基孔制配合中选作基准的孔称为基准孔。

（3）轴　轴指工件的圆柱形外尺寸要素，也包括非圆柱形的外尺寸要素（由两平行平面或切面形成的被包容面），如图 3-3b 所示。轴是被包容面（尺寸之间有材料），尺寸越加工越小，轴的直径尺寸用 d 表示。

（4）基准轴　在基轴制配合中选作基准的轴称为基准轴。

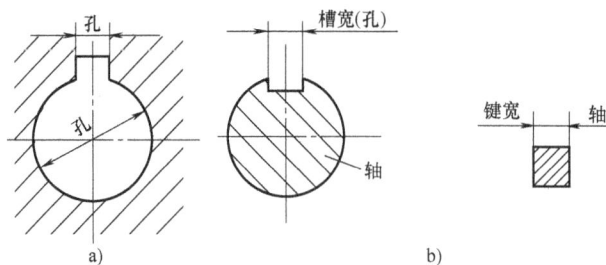

图 3-3　孔、轴的定义

二、尺寸的术语和定义

1. 尺寸

尺寸通常是指以特定单位表示线性尺寸值的数值。国家标准规定在技术图样上所标注的线性尺寸均以 mm 为单位（常省略）。如直径 $\phi40$、半径 $R20$，宽度 12，高度 120，中心距 60 等。

2. 公称尺寸（D、d）

由图样规范确定的理想形状要素的尺寸称为公称尺寸。孔和轴的公称尺寸公别用 D 和 d 表示。公称尺寸可以是一个整数或一个小数值。

3. 实际（组成）要素

由接近实际（组成）要素所限定的工件实际表面的组成要素部分称为实际（组成）要素。

4. 提取组成要素

按规定方法，由实际（组成）要素提取有限数目的点所形成的实际（组成）要素的近似替代称为提取组成要素。

5. 拟合组成要素

按规定方法，由提取组成要素形成的并具有理想形状的组成要素称为拟合组成要素。

6. 提取组成要素的局部尺寸（D_a、d_a）

通过实际测量得到的尺寸称为实际（组成）要素尺寸。一切提取组成要素上两对应点之间的距离统称提取组成要素的局部尺寸，简称提取要素的局部尺寸，孔和轴的提取要素的局部尺寸分别用 D_a 和 d_a 表示。由于工件存在测量误差，提取要素的局部尺寸并非是被测尺寸的真值。同时由于工件存在形状误差，所以同一个表面不同部位的提取要素的局部尺寸也不相等。

7. 极限尺寸（D_{max}、D_{min}、d_{max}、d_{min}）

尺寸要素允许的尺寸的两个极端称为极限尺寸。提取组成要素的局部尺寸应位于其中，也可达到极限尺寸。极限尺寸以公称尺寸为基数来确定。尺寸要素允许的最大尺寸称为上极限尺寸，尺寸要素允许的最小尺寸称为下极限尺寸。孔和轴的上、下极限尺寸分别用 D_{max}、d_{max} 和 D_{min}、d_{min} 表示，如图 3-4 所示。

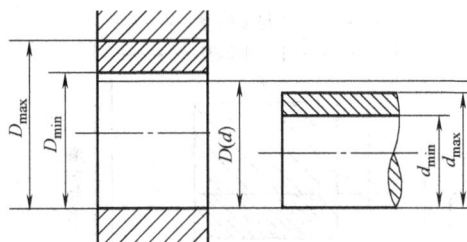

图 3-4　极限尺寸

极限尺寸是用来限制加工零件的尺寸变动范围的。零件实际（组成）要素在两个极限尺寸之间则为合格，因此，可以表示为

$$D_{max} \geq D_a \geq D_{min}, \quad d_{max} \geq d_a \geq d_{min}$$

例 3-1　求孔 $\phi 30^{+0.033}_{0}$ mm、轴 $\phi 30^{-0.020}_{-0.041}$ mm 的公称尺寸和极限尺寸，车削某孔和轴，测得的孔尺寸为 30.01mm，测得的轴尺寸为 30mm，问该孔和轴尺寸是否合格？

解：

（1）$D = 30$mm　　　$d = 30$mm

（2）$D_{max} = 30.033$mm

$D_{min} = 30$mm

$$d_{max} = 29.980mm$$
$$d_{min} = 29.959mm$$

（3）孔的合格条件为 $D_{max} \geqslant D_a \geqslant D_{min}$，轴的合格条件为 $d_{max} \geqslant d_a \geqslant d_{min}$。

1）由于 30.033mm > 30.01mm > 30mm，所以该孔合格。

2）由于 29.980mm < 30mm，所以该轴不合格。

第二节　偏差和公差

一、偏差的相关概念

1. 偏差

某一尺寸减其公称尺寸所得的代数差称为尺寸偏差，简称偏差。偏差可分为实际偏差和极限偏差。由于实际（组成）要素和极限尺寸可能大于、等于或小于公称尺寸，所以偏差可能为正值、负值或零，在书写偏差值时必须带有正负号。

2. 极限偏差

极限偏差分为上极限偏差和下极限偏差。上极限尺寸减其公称尺寸所得的代数差称为上极限偏差，下极限尺寸减其公称尺寸所得的代数差称为下极限偏差。孔的上、下极限偏差代号用大写字母 ES 和 EI 表示，轴的上、下极限偏差代号用小写字母 es 和 ei 表示，如图 3-5 所示。

1）孔的上、下极限偏差

$$ES = D_{max} - D \quad EI = D_{min} - D$$

2）轴的上、下极限偏差

$$es = d_{max} - d \quad ei = d_{min} - d$$

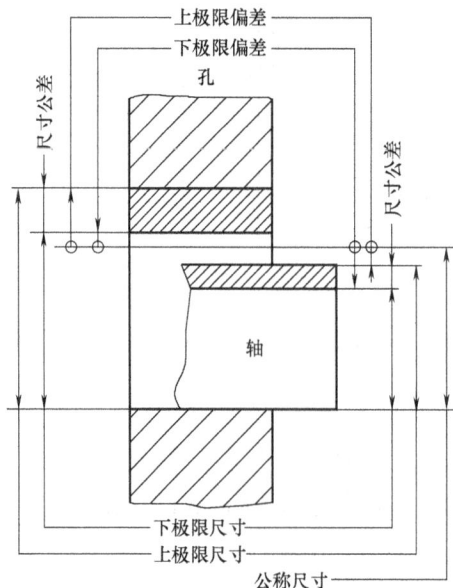

图 3-5　尺寸、偏差与公差

3. 基本偏差

两个极限偏差中靠近公称尺寸的那个偏差称为基本偏差。它可以是上极限偏差,也可以是下极限偏差。

二、极限偏差的标注形式

1. 极限偏差的基本形式

$\phi 50^{+0.042}_{+0.017}$

含义:公称尺寸 $D = \phi 50\text{mm}$

上极限偏差 $ES = +0.042\text{mm}$

下极限偏差 $EI = +0.017\text{mm}$

上极限偏差和下极限偏差都为正值。即表示上极限尺寸和下极限尺寸都大于公称尺寸。

2. 极限偏差的其他形式

(1) $\phi 50^{-0.025}_{-0.050}$

含义:公称尺寸 $D = \phi 50\text{mm}$

上极限偏差 $ES = -0.025\text{mm}$

下极限偏差 $EI = -0.050\text{mm}$

上极限偏差和下极限偏差都为负值。即表示上极限尺寸和下极限尺寸都小于公称尺寸。

注意:上极限偏差和下极限偏差的小数点位置要对齐,小数点后的位数是相同的。

(2) $\phi 50^{+0.025}_{0}$

含义:公称尺寸 $D = \phi 50\text{mm}$

上极限偏差 $ES = +0.025\text{mm}$

下极限偏差 $EI = 0$

下极限偏差为零值,上极限偏差为正值。即表示上极限尺寸大于公称尺寸,下极限尺寸等于公称尺寸。

注意:零偏差不能省略,"0"的位置应与上极限偏差或下极限偏差的小数点前的个位数对齐。

(3) $\phi 50^{0}_{-0.025}$

含义:公称尺寸 $D = \phi 50\text{mm}$

上极限偏差 $ES = 0$

下极限偏差 $EI = -0.025\text{mm}$

上极限偏差为零值,下极限偏差为负值。即表示上极限尺寸等于公称尺寸,下极限尺寸小于公称尺寸。

注意:零偏差不能省略,"0"的位置应与上极限偏差或下极限偏差的小数点前的个位数对齐。

(4) $\phi 50^{+0.015}_{-0.010}$

含义:公称尺寸 $D = \phi 50\text{mm}$

上极限偏差 $ES = +0.015\text{mm}$

下极限偏差 $EI = -0.010\text{mm}$

上极限偏差为正值，下极限偏差为负值。即表示上极限尺寸大于公称尺寸，下极限尺寸小于公称尺寸。

注意："＋"号和"－"号要标上。

（5）$\phi 50 \pm 0.023$

含义：公称尺寸 $D = \phi 50\text{mm}$

　　　上极限偏差 $ES = +0.023\text{mm}$

　　　下极限偏差 $EI = -0.023\text{mm}$

上极限偏差和下极限偏差数字相等而符号相反，即表示上极限尺寸大于公称尺寸，下极限尺寸小于公称尺寸。

注意：上、下极限偏差数值相等而符号相反时，偏差值只需要注写一次，并应在偏差值与公称尺寸之间标注"±"符号。

三、公差的相关概念

1. 尺寸公差（T）

允许尺寸的变动量称为尺寸公差，简称公差。公差是用以限制误差的。工件的误差在公差范围内即为合格；反之，则不合格。孔和轴的公差分别用 T_h 和 T_s 表示。尺寸公差等于上极限尺寸减下极限尺寸之差，或上极限偏差减下极限偏差之差。尺寸公差是一个没有符号的绝对值，如图 3-5 所示。

孔的公差：　　　　　　$T_h = |D_{max} - D_{min}| = |ES - EI|$

轴的公差：　　　　　　$T_s = |d_{max} - d_{min}| = |es - ei|$

必须注意，公差与极限偏差是两种不同的概念。偏差是从零线起开始计算的，是指相对于公称尺寸的偏离量，从数值上看，偏差可分为正值、负值或零；而公差是允许尺寸的变动量，代表加工精度的要求，由于加工误差不可避免，故公差值不能为零。极限偏差用于限制实际偏差，代表公差带的位置，影响配合的松紧程度；而公差用于限制尺寸误差，代表公差带的大小，影响配合精度。

总之，公差与极限偏差既有区别，又有联系。公差表示对一批工件尺寸允许的变化范围，是工件尺寸精度指标；极限偏差表示工件尺寸允许变动的极限值，是判断工件尺寸是否合格的依据。

2. 标准公差

在极限与配合的相关国家标准中所规定的任一公差，即大小已经标准化的公差值，称为标准公差。

四、尺寸公差带

由代表上极限偏差和下极限偏差或上极限尺寸和下极限尺寸的两条直线所限定的一个区域，称为尺寸公差带。用图所表示的尺寸公差带，称为尺寸公差带图，如图 3-6 所示。通常，孔的公差带用斜线表示，轴的公差带用相反的斜线表示。

在公差带图中，确定极限偏差的一条基准直线称为零线。零线表示公称尺寸，是偏差的起始线，零线上方表示正偏差；零线下方表示负偏差，如图 3-6 所示。公差带图中的公称尺寸的单位为 mm，偏差和公差的单位通常为 μm。

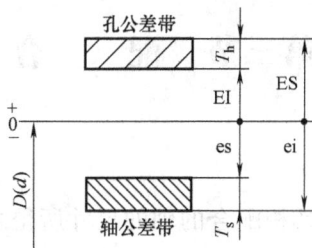

图 3-6 公差带图

公差带包括公差带大小和公差带位置两个要素。公差带的大小由公差值确定，位置取决于某一个极限偏差值。大小相同而位置不同的公差带，它们对工件的精度要求相同，而对尺寸大小的要求不同。因此，必须既给定公差数值以确定公差带大小，又要给定一个极限偏差以确定公差带位置，才能完整地描述公差带，表达对工件尺寸的设计要求。

公差带的表示用基本偏差的字母和公差等级的数字表示。例如：H7 表示孔的公差带，H 表示孔的基本偏差代号，7 表示孔的公差等级；而 h7 则表示轴的公差带，h 表示轴的基本偏差代号，7 表示轴的公差等级。

例 3-2 已知一对公称尺寸为 50mm 的孔与轴，孔的上极限尺寸 $D_{max} = 50.03\text{mm}$，下极限尺寸 $D_{min} = 50\text{mm}$，轴的上极限尺寸 $d_{max} = 49.99\text{mm}$，下极限尺寸 $d_{min} = 49.971\text{mm}$，求孔与轴的极限偏差及公差，并画出尺寸公差带图。

解：

孔的极限偏差：

$$\text{ES} = D_{max} - D = 50.03\text{mm} - 50\text{mm} = +0.030\text{mm} = +30\mu\text{m}$$

$$\text{EI} = D_{min} - D = 50\text{mm} - 50\text{mm} = 0$$

轴的极限偏差：

$$\text{es} = d_{max} - d = 49.99\text{mm} - 50\text{mm} = -0.010\text{mm} = -10\mu\text{m}$$

$$\text{ei} = d_{min} - d = 49.971\text{mm} - 50\text{mm} = 0.029\text{mm} = -29\mu\text{m}$$

孔的公差：

$$T_h = |D_{max} - D_{min}| = |50.03\text{mm} - 50\text{mm}| = 0.030\text{mm} = 30\mu\text{m}$$

轴的公差：

$$T_s = |d_{max} - d_{min}| = |49.99\text{mm} - 49.971\text{mm}| = 0.019\text{mm} = 19\mu\text{m}$$

画出的尺寸公差带图如图 3-7 所示。

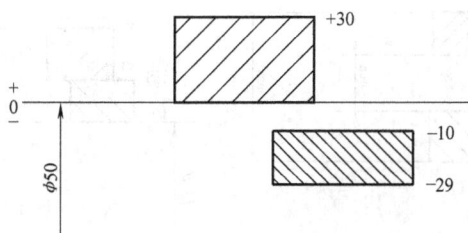

图 3-7 例题 3-2 的尺寸公差带图

第三节　配　合

一、配合的相关概念

（1）间隙　孔的尺寸减去与其相配合的轴的尺寸所得之差为正时称为间隙，用符号 X 表示。

（2）过盈　孔的尺寸减去与其相配合的轴的尺寸所得之差为负时称为过盈，用符号 Y 表示。

（3）配合　公称尺寸相同的并且相互结合的孔和轴公差带之间的关系称为配合。

根据孔与轴公差带之间的关系，配合可分为间隙配合、过渡配合和过盈配合三类。

二、配合的种类

1. 间隙配合

具有间隙（包括最小间隙等于零）的配合称为间隙配合。此时，孔的公差带在轴的公差带之上，如图 3-8 所示。

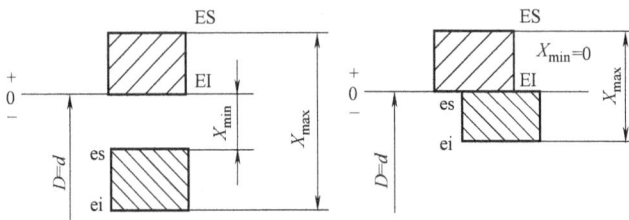

图 3-8　间隙配合公差带图

（1）最大间隙（X_{max}）　孔的上极限尺寸减去轴的下极限尺寸所得的代数差。表达式为

$$X_{max} = D_{max} - d_{min} = ES - ei$$

（2）最小间隙（X_{min}）　孔的下极限尺寸减去轴的上极限尺寸所得的代数差。表达式为

$$X_{min} = D_{min} - d_{max} = EI - es$$

2. 过盈配合

具有过盈（包括最小过盈等于零）的配合称为过盈配合。此时，孔的公差带在轴的公差带之下，如图 3-9 所示。

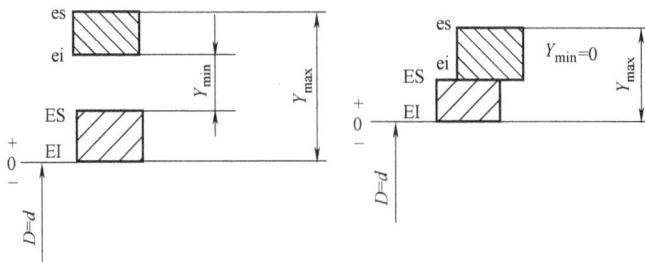

图 3-9　过盈配合公差带图

（1）最大过盈（Y_{max}） 孔的下极限尺寸减去轴的上极限尺寸所得的代数差。表达式为

$$Y_{max} = D_{min} - d_{max} = EI - es$$

（2）最小过盈（Y_{min}） 孔的上极限尺寸减去轴的下极限尺寸所得的代数差。表达式为

$$Y_{min} = D_{max} - d_{min} = ES - ei$$

3. 过渡配合

可能具有间隙或过盈的配合称为过渡过配合。孔的公差带和轴的公差带相互交叠，可能具有间隙或过盈，但间隙或过盈都不大，如图 3-10 所示。

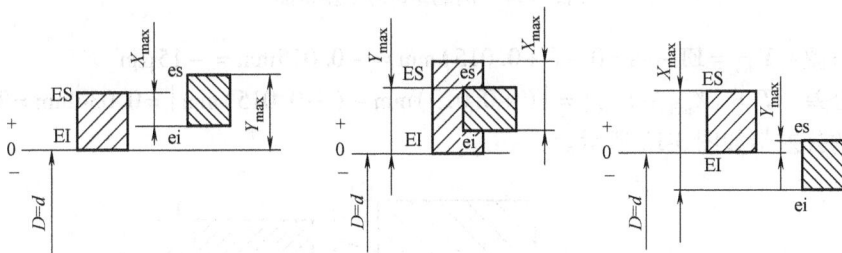

图 3-10 过渡配合公差带图

过渡配合的性质用最大间隙 X_{max} 和最大过盈 Y_{max} 表示。

4. 配合公差（T_f）

组成配合的孔与轴公差之和为配合公差。它用 T_f 表示，是一个没有符号的绝对值。配合公差是允许间隙或过盈的变动量。

对间隙配合，配合公差等于最大间隙与最小间隙之差的绝对值；对过盈配合，配合公差等于最大过盈与最小过盈之差的绝对值；对过渡配合，配合公差等于最大间隙与最大过盈之差的绝对值。表达式为

间隙配合： $\qquad T_f = |X_{max} - X_{min}| = T_h + T_s$

过盈配合： $\qquad T_f = |Y_{max} - Y_{min}| = T_h + T_s$

过渡配合： $\qquad T_f = |X_{max} - Y_{max}| = T_h + T_s$

配合件的装配精度与零件的加工精度有关，若要提高加工精度，使装配后间隙或过盈的变化范围小，则应减小零件的公差，即需要提高零件的加工精度。

例 3-3 计算 $\phi 25^{+0.033}_{0}$ mm 孔与 $\phi 25^{-0.020}_{-0.033}$ mm 轴配合的极限间隙及配合公差，并画出公差带图。

解：

极限间隙 $\quad X_{max} = ES - ei = +0.033\text{mm} - (-0.033)\text{mm} = +0.066\text{mm} = +66\mu m$

$\qquad\qquad X_{min} = EI - es = 0 - (-0.020)\text{mm} = +0.020\text{mm} = +20\mu m$

配合公差 $\quad T_f = |X_{max} - X_{min}| = |(+0.066)\text{mm} - (+0.020)\text{mm}| = 0.046\text{mm} = 46\mu m$

画出的公差带图如图 3-11 所示。

例 3-4 计算 $\phi 30^{+0.021}_{0}$ mm 的孔与 $\phi 30^{+0.015}_{+0.002}$ mm 的轴配合的最大间隙、最大过盈及配合公差，并画出公差带图。

解：

最大间隙 $\quad X_{max} = ES - ei = (+0.021)\text{mm} - (+0.002)\text{mm} = +0.019\text{mm} = +19\mu m$

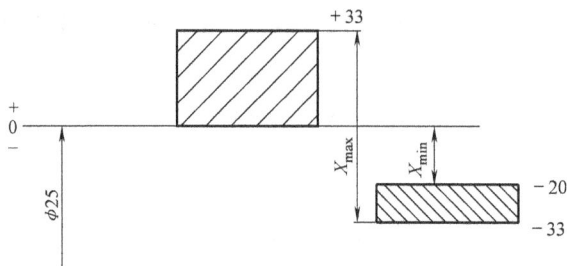

图 3-11　例题 3-3 的公差带图

最大过盈　$Y_{max} = EI - es = 0 - (+0.015)\text{mm} = -0.015\text{mm} = -15\mu\text{m}$

配合公差　$T_f = |X_{max} - Y_{max}| = |(+0.019)\text{mm} - (-0.015)\text{mm}| = 0.034\text{mm} = 34\mu\text{m}$

画出的公差带如图 3-12 所示。

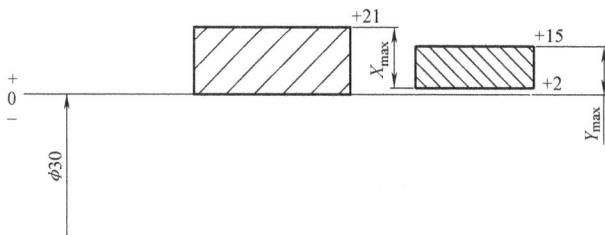

图 3-12　例题 3-4 的公差带图

例 3-5　某配合的公称尺寸为 $\phi70\text{mm}$，孔的公差 $T_h = 30\mu\text{m}$，轴的下极限偏差 ei = $+11\mu\text{m}$，孔与轴的配合公差 $T_f = 49\mu\text{m}$，最大间隙 $X_{max} = 19\mu\text{m}$，试画出孔和轴的公差带图，并说明配合类别。

解：

由公式 $T_f = T_h + T_s$ 得 $T_s = T_f - T_h = 49\mu\text{m} - 30\mu\text{m} = 19\mu\text{m}$

由公式 $T_s = es - ei$ 得到轴的上极限偏差 es = ei + T_s = $+11\mu\text{m} + 19\mu\text{m} = +30\mu\text{m}$

即轴的尺寸为 $\phi70^{+0.030}_{+0.011}\text{mm}$。

由公式 $X_{max} = ES - ei$ 得到孔的下极限偏差 ES = X_{max} + ei = $19\mu\text{m} + (+11)\mu\text{m} = +30\mu\text{m}$

由公式 $T_h = ES - EI$ 得到孔的下极限偏差 EI = ES - T_h = $+30\mu\text{m} - 30\mu\text{m} = 0$

即孔尺寸为 $\phi70^{+0.030}_{0}\text{mm}$。

孔与轴的尺寸公差带图如图 3-13 所示。

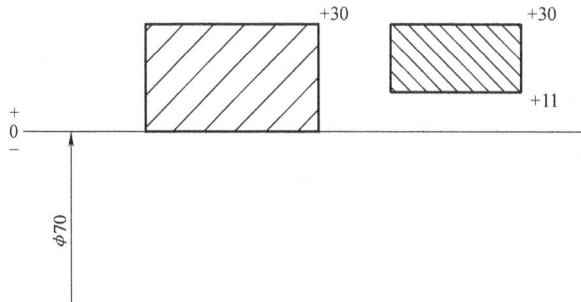

图 3-13　例题 3-5 的公差带图

第四节 标准公差与基本偏差

如果没有对满足同一使用要求的孔、轴尺寸公差带的大小和位置作出统一规定，会造成生产过程带来混乱，也不便于产品的使用和维修。所以需对孔、轴尺寸公差带的大小和位置进行标准化。下面介绍 GB/T 1800.1—2009 和 GB/T 1800.2—2009 国家标准的主要内容。

一、标准公差系列

标准公差用来确定公差带大小，由"标准公差等级"和"公称尺寸"确定。

1. 标准公差等级

标准公差等级代号用符号 IT（ISO Tolerance）和公差等级数字表示，如 IT8。当其与代表基本偏差的字母一起组成公差带时，省略 IT 字母，如 H8。

标准公差等级分 IT01，IT0，IT1，IT2，…，IT18 共 20 级。从 IT01 至 IT18 等级精度依次降低，而相应的标准公差数值依次增大。

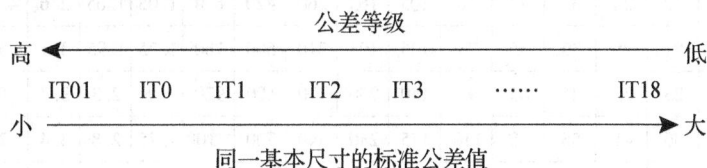

```
                        公差等级
高 ◄──────────────────────────────────► 低
    IT01   IT0   IT1   IT2   IT3   ……   IT18
小 ──────────────────────────────────► 大
            同一基本尺寸的标准公差值
```

对于同一公差等级，虽然公差值随着公称尺寸的不同而变化，但它们具有相同的精度等级。同一公差等级、同一尺寸分段内各公称尺寸的标准公差数值是相同的。

2. 标准公差数值

为了减少标准公差的数目、统一公差值、简化公差表格，以便于实际应用，国家标准对公称尺寸进行了分段，对同一尺寸段内的所有公称尺寸，在相同公差等级情况下，规定相同的标准公差。

在生产实际中，不同公差等级范围内对公差数值的影响因素较为复杂，为方便使用，经过大量的实验、实践并通过统计分析，总结出了标准公差数值表。

公称尺寸不大于 3150mm 的标准公差数值表见表 3-1。

表 3-1 公称尺寸不大于 3150mm 的标准公差数值表

公称尺寸/mm		标准公差等级																	
		IT1	IT2	IT3	IT4	IT5	IT6	IT7	IT8	IT9	IT10	IT11	IT12	IT13	IT14	IT15	IT16	IT17	IT18
大于	至	μm											mm						
—	3	0.8	1.2	2	3	4	6	10	14	25	40	60	0.1	0.14	0.25	0.4	0.6	1	1.4
3	6	1	1.5	2.5	4	5	8	12	18	30	48	75	0.12	0.18	0.3	0.48	0.75	1.2	1.8
6	10	1	1.5	2.5	4	6	9	15	22	36	58	90	0.15	0.22	0.36	0.58	0.9	1.5	2.2
10	18	1.2	2	3	5	8	11	18	27	43	70	110	0.18	0.27	0.43	0.7	1.1	1.8	2.7
18	30	1.5	2.5	4	6	9	13	21	33	52	84	130	0.21	0.33	0.52	0.84	1.3	2.1	3.3
30	50	1.5	2.5	4	7	11	16	25	39	62	100	160	0.25	0.39	0.62	1	1.6	2.5	3.9
50	80	2	3	5	8	13	19	30	46	74	120	190	0.3	0.46	0.74	1.2	1.9	3	4.6

（续）

公称尺寸/mm		标准公差等级																		
		IT1	IT2	IT3	IT4	IT5	IT6	IT7	IT8	IT9	IT10	IT11	IT12	IT13	IT14	IT15	IT16	IT17	IT18
大于	至	μm											mm						
80	120	2.5	4	6	10	15	22	35	54	87	140	220	0.35	0.54	0.87	1.4	2.2	3.5	5.4
120	180	3.5	5	8	12	18	25	40	63	100	160	250	0.4	0.63	1	1.6	2.5	4	6.3
180	250	4.5	7	10	14	20	29	46	72	115	185	290	0.46	0.72	1.15	1.85	2.9	4.6	7.2
250	315	6	8	12	16	23	32	52	81	130	210	320	0.52	0.81	1.3	2.1	3.2	5.2	8.1
315	400	7	9	13	18	25	36	57	89	140	230	360	0.57	0.89	1.4	2.3	3.6	5.7	8.9
400	500	8	10	15	20	27	40	63	97	155	250	400	0.63	0.97	1.55	2.5	4	6.3	9.7
500	630	9	11	16	22	32	44	70	110	175	280	440	0.7	1.1	1.75	2.8	4.4	7	11
630	800	10	13	18	25	36	50	80	125	200	320	500	0.8	1.25	2	3.2	5	8	12.5
800	1 000	11	15	21	28	40	56	90	140	230	360	560	0.9	1.4	2.3	3.6	5.6	9	14
1 000	1 250	13	18	24	33	47	66	105	165	260	420	660	1.05	1.65	2.6	4.2	6.6	10.5	16.5
1 250	1 600	15	21	29	39	55	78	125	195	310	500	780	1.25	1.95	3.1	5	7.8	12.5	19.5
1 600	2 000	18	25	35	46	65	92	150	230	370	600	920	1.5	2.3	3.7	6	9.2	15	23
2 000	2 500	22	30	41	55	78	110	175	280	440	700	1 100	1.75	2.8	4.4	7	11	17.5	28
2 500	3 150	26	36	50	68	96	135	210	330	540	860	1 350	2.1	3.3	5.4	8.6	13.5	21	33

注：1. 公称尺寸大于 500mm 的 IT1～IT5 的标准公差数值为试行的。

　　2. 公称尺寸小于或等于 1mm 时，无 IT14～IT18。

从表 3-1 中可看出：

1）同一公称尺寸，公差等级不同所对应的公差数值就不同，公差等级越高，对应的标准公差数值就越小。如公称尺寸为 50mm，公差等级为 IT7 时，查出的公差数值为 0.025mm，公差等级为 IT8 时，公差数值为 0.039mm。公差等级低的，标准公差数值大。

2）同一公差等级，公称尺寸不同所对应的公差数值也不同，但国标规定，公差等级相同，认为具有相同的精度，加工的难易程度也相同。标准公差数值与公称尺寸和公差等级有关，公差等级相同时，公称尺寸越大，公差值也越大。如公称尺寸为 50mm，公差等级为 IT7 时，查出的公差数值为 0.025mm；而公称尺寸为 100mm 的，公差等级仍为 IT7 的，其标准公差数值为 0.035mm。显然，公称尺寸越大，标准公差数值就越大。但由于都是 IT7 级，所以认为其制造的精度和加工的难易程度是相同的。判断零件的精度高低，是以公差等级为判断依据的。

二、基本偏差系列

基本偏差是用以确定公差带相对零线位置的那个极限偏差。当公差带在零线以上时，基本偏差是下极限偏差；公差带在零线以下时，基本偏差为上极限偏差，如图 3-14 所示。

设置基本偏差是为了将公差相对于零线的位置标准化，以满足各个不同配合性质的需要。

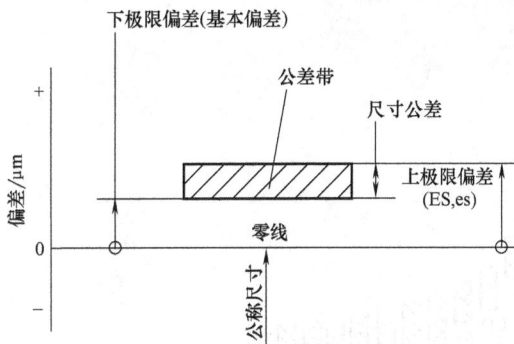

图 3-14 基本偏差示意图

1. 基本偏差的代号

国标对孔和轴公别规定了 28 种基本偏差，其代号用拉丁字母表示，大写表示孔，小写表示轴。28 种基本偏差代号由 26 个拉丁字母中去掉 5 个容易与其他含义混淆的字母 I、L、O、Q、W（i、l、o、q、w），再加上 7 个双写字母 CD（cd）、EF（ef）、FG（fg）、JS（js）、ZA（za）、ZB（zb）、ZC（zc）组成。这 28 种基本偏差代号反映 28 种公差带的位置，构成了基本偏差系列，如图 3-15 所示。

基本偏差系列图中，基本偏差是"开口"公差带，这是因为基本偏差能确定公差带的位置，而不能表示公差带的大小，另一端的界线将由公带的标准公差等级来决定。因此，任何一个公差带都用基本偏差代号和公差等级数字表示。如：孔公差带 H7，轴公差带 h6。

2. 基本偏差系列的特点

1）基本偏差中 H 的基本偏差为下极限偏差且等于零，h 的基本偏差为上极限偏差且等于零。H 代表基准孔，h 代表基准轴。

2）孔的基本偏差从 A 到 H 为下极限偏差 EI，从 J 到 ZC 为上极限偏差 ES。轴的基本偏差从 a 到 h 为上极限偏差 es，从 j 到 zc 为下极限偏差 ei。

3）JS 和 js 形成的公差带在各个公差等级中，完全对称于零线，上极限偏差 + IT/2 或下极限偏差 – IT/2 均可作为基本偏差。

4）J 和 j 的公差带与 JS 和 js 的公差带很相近，但其公差带不以零线对称，一般在基本偏差系列图中，将 J 和 j 分别与 JS 和 js 的基本偏差代号放在同一位置。

3. 轴和孔的基本偏差数值

1）基本偏差代号有大、小写之分，大写代号查孔的基本偏差数值表，小写代号查轴的基本偏差数值表。

2）查公称尺寸时，对于处于公称尺寸段界限位置上的公称尺寸该属于哪个尺寸段，不要弄错。

3）分清基本偏差是上极限偏差还是下极限偏差。

4）代号 j、k、J、K、M、N、P～ZC 的基本偏差数值与公差等级有关，查表时应根据基本偏差代号和公差等级查表中相应的列。

轴的基本偏差数值是以基孔制配合为基础，根据各种配合性质经过理论计算、实验和统计分析得到的，见表 3-2。

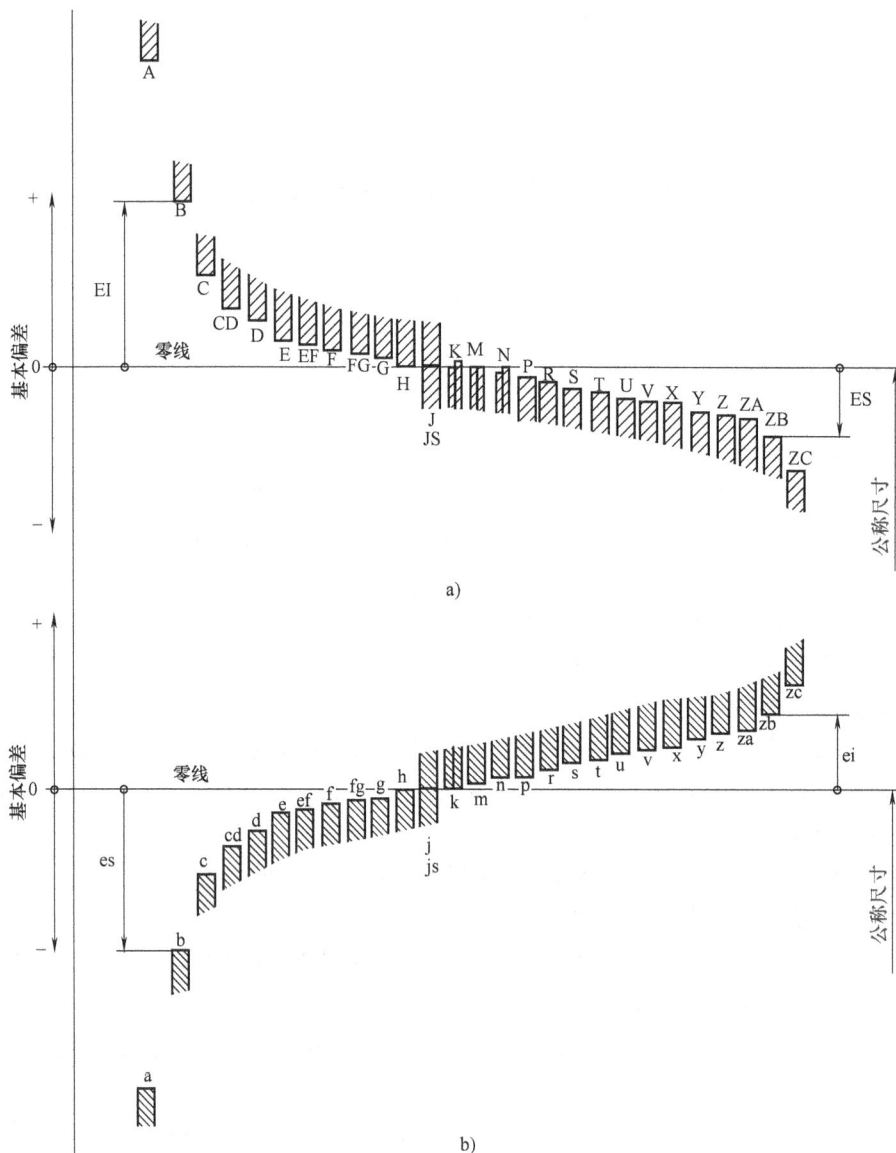

图 3-15　孔和轴的基本偏差系列

a) 孔　b) 轴

　　基本偏差 a 至 h 的轴与基准孔（H）组成间隙配合。其中 a、b、c 用于大间隙配合；d、e、f 主要用于旋转运动；g 主要用于滑动力和半液体摩擦，或用于定位配合；cd、ef、fg 适用于尺寸较小的旋转运动件，如钟表行业；h 与 H 形成最小间隙等于零的一种间隙配合，常用于定位配合。基本偏差 j 至 n 主要用于过渡配合，以保证配合时有较好的对中及定心，装拆也不困难。其中，j 只用于 IT5 至 IT8，主要用于与轴承相配合的孔和轴，其数据纯属经验数据。基本偏差 p 至 zc 与 H 相配合形成过盈配合。

　　孔的基本偏差是由轴的基本偏差换算得到的，见表 3-3。

（单位：μm）

表 3-2　轴的基本偏差数值（摘自 GB/T 1800.1—2009）

基本偏差数值（上极限偏差 es）　所有标准公差等级

公称尺寸/mm 大于	至	a	b	c	cd	d	e	ef	f	fg	g	h	js
—	3	-270	-140	-60	-34	-20	-14	-10	-6	-4	-2	0	
3	6	-270	-140	-70	-46	-30	-20	-14	-10	-6	-4	0	
6	10	-280	-150	-80	-56	-40	-25	-18	-13	-8	-5	0	
10	14	-290	-150	-95		-50	-32		-16		-6	0	
14	18											0	
18	24	-300	-160	-110		-65	-40		-20		-7	0	
24	30											0	
30	40	-310	-170	-120		-80	-50		-25		-9	0	
40	50	-320	-180	-130								0	
50	65	-340	-190	-140		-100	-60		-30		-10	0	
65	80	-360	-200	-150								0	
80	100	-380	-220	-170		-120	-72		-36		-12	0	
100	120	-410	-240	-180								0	
120	140	-460	-260	-200		-145	-85		-43		-14	0	
140	160	-520	-280	-210								0	
160	180	-580	-310	-230								0	
180	200	-660	-340	-240		-170	-100		-50		-15	0	
200	225	-740	-380	-260								0	
225	250	-820	-420	-280								0	
250	280	-920	-480	-300		-190	-110		-56		-17	0	
280	315	-1050	-540	-330								0	
315	355	-1200	-600	-360		-210	-125		-62		-18	0	
355	400	-1350	-680	-400								0	
400	450	-1500	-760	-440		-230	-135		-68		-20	0	
450	500	-1650	-840	-480								0	
500	560					-260	-145		-76		-22	0	
560	630											0	
630	710					-290	-160		-80		-24	0	
710	800											0	
800	900					-320	-170		-86		-26	0	
900	1000											0	
1000	1120					-350	-195		-98		-28	0	
1120	1250											0	
1250	1400					-390	-220		-110		-30	0	
1400	1600											0	
1600	1800					-430	-240		-120		-32	0	
1800	2000											0	
2000	2240					-480	-260		-130		-34	0	
2240	2500											0	
2500	2800					-520	-290		-145		-38	0	
2800	3150											0	

js：偏差 = $\pm \dfrac{IT_n}{2}$，式中 IT_n 是 IT 值数

（续）

公称尺寸/mm		基本偏差数值（下极限偏差 ei） 所有标准公差等级																		
		j			k		m	n	p	r	s	t	u	v	x	y	z	za	zb	zc
大于	至	IT5和IT6	IT7	IT8	IT4~IT7	≤IT3 >IT7														
—	3	-2	-4	-6	0	0	+2	+4	+6	+10	+14		+18		+20		+26	+32	+40	+60
3	6	-2	-4		+1	0	+4	+8	+12	+15	+19		+23		+28		+35	+42	+50	+80
6	10	-2	-5		+1	0	+6	+10	+15	+19	+23		+28		+34		+42	+52	+67	+97
10	14	-3	-6		+1	0	+7	+12	+18	+23	+28		+33		+40		+50	+64	+90	+130
14	18	-3	-6		+1	0	+7	+12	+18	+23	+28		+33	+39	+45		+60	+77	+108	+150
18	24	-4	-8		+2	0	+8	+15	+22	+28	+35		+41	+47	+54	+63	+73	+98	+136	+188
24	30	-4	-8		+2	0	+8	+15	+22	+28	+35	+41	+48	+55	+64	+75	+88	+118	+160	+218
30	40	-5	-10		+2	0	+9	+17	+26	+34	+43	+48	+60	+68	+80	+94	+112	+148	+200	+274
40	50	-5	-10		+2	0	+9	+17	+26	+34	+43	+54	+70	+81	+97	+114	+136	+180	+242	+325
50	65	-7	-12		+2	0	+11	+20	+32	+41	+53	+66	+87	+102	+122	+144	+172	+226	+300	+405
65	80	-7	-12		+2	0	+11	+20	+32	+43	+59	+75	+102	+120	+146	+174	+210	+274	+360	+480
80	100	-9	-15		+3	0	+13	+23	+37	+51	+71	+91	+124	+146	+178	+214	+258	+335	+445	+585
100	120	-9	-15		+3	0	+13	+23	+37	+54	+79	+104	+144	+172	+210	+254	+310	+400	+525	+690
120	140	-11	-18		+3	0	+15	+27	+43	+63	+92	+122	+170	+202	+248	+300	+365	+470	+620	+800
140	160	-11	-18		+3	0	+15	+27	+43	+65	+100	+134	+190	+228	+280	+340	+415	+535	+700	+900
160	180	-11	-18		+3	0	+15	+27	+43	+68	+108	+146	+210	+252	+310	+380	+465	+600	+780	+1000
180	200	-13	-21		+4	0	+17	+31	+50	+77	+122	+166	+236	+284	+350	+425	+520	+670	+880	+1150
200	225	-13	-21		+4	0	+17	+31	+50	+80	+130	+180	+258	+310	+385	+470	+575	+740	+960	+1250
225	250	-13	-21		+4	0	+17	+31	+50	+84	+140	+196	+284	+340	+425	+520	+640	+820	+1050	+1350
250	280	-16	-26		+4	0	+20	+34	+56	+94	+158	+218	+315	+385	+475	+580	+710	+920	+1200	+1550
280	315	-16	-26		+4	0	+20	+34	+56	+98	+170	+240	+350	+425	+525	+650	+790	+1000	+1300	+1700
315	355	-18	-28		+4	0	+21	+37	+62	+108	+190	+268	+390	+475	+590	+730	+900	+1150	+1500	+1900
355	400	-18	-28		+4	0	+21	+37	+62	+114	+208	+294	+435	+530	+660	+820	+1000	+1300	+1650	+2100
400	450	-20	-32		+5	0	+23	+40	+68	+126	+232	+330	+490	+595	+740	+920	+1100	+1450	+1850	+2400
450	500	-20	-32		+5	0	+23	+40	+68	+132	+252	+360	+540	+660	+820	+1000	+1250	+1600	+2100	+2600
500	560				0	0	+26	+44	+78	+150	+280	+400	+600							
560	630				0	0	+26	+44	+78	+155	+310	+450	+660							
630	710				0	0	+30	+50	+88	+175	+340	+500	+740							
710	800				0	0	+30	+50	+88	+185	+380	+560	+840							
800	900				0	0	+34	+56	+100	+210	+430	+620	+940							
900	1000				0	0	+34	+56	+100	+220	+470	+680	+1050							
1000	1120				0	0	+40	+66	+120	+250	+520	+780	+1150							
1120	1250				0	0	+40	+66	+120	+260	+580	+840	+1300							
1250	1400				0	0	+48	+78	+140	+300	+640	+960	+1450							
1400	1600				0	0	+48	+78	+140	+330	+720	+1050	+1600							
1600	1800				0	0	+58	+92	+170	+370	+820	+1200	+1850							
1800	2000				0	0	+58	+92	+170	+400	+920	+1350	+2000							
2000	2240				0	0	+68	+110	+195	+440	+1000	+1500	+2300							
2240	2500				0	0	+68	+110	+195	+460	+1100	+1650	+2500							
2500	2800				0	0	+76	+135	+240	+550	+1250	+1900	+2900							
2800	3150				0	0	+76	+135	+240	+580	+1400	+2100	+3200							

注：公称尺寸小于或等于 1mm 时，基本偏差 a 和 b 均不采用。公差带 js7~js11，若 IT_n 值数是奇数，则取偏差 $= \pm \dfrac{IT_n - 1}{2}$。

表 3-3　孔的基本偏差数值（摘自 GB/T 1800.1—2009）

（单位：μm）

公称尺寸/mm 大于	至	A	B	C	CD	D	E	EF	F	FG	G	H	JS	J IT6	J IT7	J IT8	K ≤IT8	K >IT8	M ≤IT8	M >IT8	N ≤IT8	N >IT8	P至ZC ≤IT7
—	3	+270	+140	+60	+34	+20	+14	+10	+6	+4	+2	0		+2	+4	+6	0	0	-2	-2	-4	-4	
3	6	+270	+140	+70	+46	+30	+20	+14	+10	+6	+4	0		+5	+6	+10	-1+Δ		-4+Δ	-4	-8+Δ	0	
6	10	+280	+150	+80	+56	+40	+25	+18	+13	+8	+5	0		+5	+8	+12	-1+Δ		-6+Δ	-6	-10+Δ	0	
10	14	+290	+150	+95		+50	+32		+16		+6	0		+6	+10	+15	-1+Δ		-7+Δ	-7	-12+Δ	0	
14	18	+290	+150	+95		+50	+32		+16		+6	0		+6	+10	+15	-1+Δ		-7+Δ	-7	-12+Δ	0	
18	24	+300	+160	+110		+65	+40		+20		+7	0		+8	+12	+20	-2+Δ		-8+Δ	-8	-15+Δ	0	
24	30	+300	+160	+110		+65	+40		+20		+7	0		+8	+12	+20	-2+Δ		-8+Δ	-8	-15+Δ	0	
30	40	+310	+170	+120		+80	+50		+25		+9	0	偏差 = ±$\dfrac{IT_n}{2}$，式中，IT_n 是 IT 值数	+10	+14	+24	-2+Δ		-9+Δ	-9	-17+Δ	0	在大于 IT7 的相应数值上增加一个 Δ 值
40	50	+320	+180	+130		+80	+50		+25		+9	0		+10	+14	+24	-2+Δ		-9+Δ	-9	-17+Δ	0	
50	65	+340	+190	+140		+100	+60		+30		+10	0		+13	+18	+28	-2+Δ		-11+Δ	-11	-20+Δ	0	
65	80	+360	+200	+150		+100	+60		+30		+10	0		+13	+18	+28	-2+Δ		-11+Δ	-11	-20+Δ	0	
80	100	+380	+220	+170		+120	+72		+36		+12	0		+16	+22	+34	-3+Δ		-13+Δ	-13	-23+Δ	0	
100	120	+410	+240	+180		+120	+72		+36		+12	0		+16	+22	+34	-3+Δ		-13+Δ	-13	-23+Δ	0	
120	140	+460	+260	+200		+145	+85		+43		+14	0		+18	+26	+41	-3+Δ		-15+Δ	-15	-27+Δ	0	
140	160	+520	+280	+210		+145	+85		+43		+14	0		+18	+26	+41	-3+Δ		-15+Δ	-15	-27+Δ	0	
160	180	+580	+310	+230		+145	+85		+43		+14	0		+18	+26	+41	-3+Δ		-15+Δ	-15	-27+Δ	0	
180	200	+660	+340	+240		+170	+100		+50		+15	0		+22	+30	+47	-4+Δ		-17+Δ	-17	-31+Δ	0	
200	225	+740	+380	+260		+170	+100		+50		+15	0		+22	+30	+47	-4+Δ		-17+Δ	-17	-31+Δ	0	
225	250	+820	+420	+280		+170	+100		+50		+15	0		+22	+30	+47	-4+Δ		-17+Δ	-17	-31+Δ	0	
250	280	+920	+480	+300		+190	+110		+56		+17	0		+25	+36	+55	-4+Δ		-20+Δ	-20	-34+Δ	0	
280	315	+1050	+540	+330		+190	+110		+56		+17	0		+25	+36	+55	-4+Δ		-20+Δ	-20	-34+Δ	0	
315	355	+1200	+600	+360		+210	+125		+62		+18	0		+29	+39	+60	-4+Δ		-21+Δ	-21	-37+Δ	0	
355	400	+1350	+680	+400		+210	+125		+62		+18	0		+29	+39	+60	-4+Δ		-21+Δ	-21	-37+Δ	0	
400	450	+1500	+760	+440		+230	+135		+68		+20	0		+33	+43	+66	-5+Δ		-23+Δ	-23	-40+Δ	0	
450	500	+1650	+840	+480		+230	+135		+68		+20	0		+33	+43	+66	-5+Δ		-23+Δ	-23	-40+Δ	0	
500	560					+260	+145		+76		+22	0					0		-26		-44		
560	630					+260	+145		+76		+22	0					0		-26		-44		
630	710					+290	+160		+80		+24	0					0		-30		-50		
710	800					+290	+160		+80		+24	0					0		-30		-50		
800	900					+320	+170		+86		+26	0					0		-34		-56		
900	1000					+320	+170		+86		+26	0					0		-34		-56		
1000	1120					+350	+195		+98		+28	0					0		-40		-66		
1120	1250					+350	+195		+98		+28	0					0		-40		-66		
1250	1400					+390	+220		+110		+30	0					0		-48		-78		
1400	1600					+390	+220		+110		+30	0					0		-48		-78		
1600	1800					+430	+240		+120		+32	0					0		-58		-92		
1800	2000					+430	+240		+120		+32	0					0		-58		-92		
2000	2240					+480	+260		+130		+34	0					0		-68		-110		
2240	2500					+480	+260		+130		+34	0					0		-68		-110		
2500	2800					+520	+290		+145		+38	0					0		-76		-135		
2800	3150					+520	+290		+145		+38	0					0		-76		-135		

基本偏差数值

（续）

公称尺寸/mm		基本偏差数值 上极限偏差 ES 标准公差等级大于 IT7												Δ值 标准公差等级					
大于	至	P	R	S	T	U	V	X	Y	Z	ZA	ZB	ZC	IT3	IT4	IT5	IT6	IT7	IT8
—	3	-6	-10	-14		-18		-20		-26	-32	-40	-60	0	0	0	0	0	0
3	6	-12	-15	-19		-23		-28		-35	-42	-50	-80	1	1.5	1	3	4	6
6	10	-15	-19	-23		-28		-34		-42	-52	-67	-97	1	1.5	2	3	6	7
10	14	-18	-23	-28		-33		-40		-50	-64	-90	-130	1	2	3	3	7	9
14	18						-39	-45		-60	-77	-108	-150						
18	24	-22	-28	-35	-41	-41	-47	-54	-63	-73	-98	-136	-188	1.5	2	3	4	8	12
24	30				-48	-48	-55	-64	-75	-88	-118	-160	-218						
30	40	-26	-34	-43	-54	-60	-68	-80	-94	-112	-148	-200	-274	1.5	3	4	5	9	14
40	50				-66	-70	-81	-97	-114	-136	-180	-242	-325						
50	65	-32	-41	-53	-75	-87	-102	-122	-144	-172	-226	-300	-405	2	3	5	6	11	16
65	80		-43	-59	-91	-102	-120	-146	-174	-210	-274	-360	-480						
80	100	-37	-51	-71	-104	-124	-146	-178	-214	-258	-335	-445	-585	2	4	5	7	13	19
100	120		-54	-79	-122	-144	-172	-210	-254	-310	-400	-525	-690						
120	140	-43	-63	-92	-134	-170	-202	-248	-300	-365	-470	-620	-800	3	4	6	7	15	23
140	160		-65	-100	-146	-190	-228	-280	-340	-415	-535	-700	-900						
160	180		-68	-108	-166	-210	-252	-310	-380	-465	-600	-780	-1000						
180	200	50	-77	-122	-180	-236	-284	-350	-425	-520	-670	-880	-1150	3	4	6	9	17	26
200	225		-80	-130	-196	-258	-310	-385	-470	-575	-740	-960	-1250						
225	250		-84	-140	-218	-284	-340	-425	-520	-640	-820	-1050	-1350						
250	280	56	-94	-158	-240	-315	-385	-475	-580	-710	-920	-1200	-1550	4	4	7	9	20	29
280	315		-98	-170	-268	-350	-425	-525	-650	-790	-1000	-1300	-1700						
315	355	-62	-108	-190	-294	-390	-475	-590	-730	-900	-1150	-1500	-1900	4	5	7	11	21	32
355	400		-114	-208	-330	-435	-530	-660	-820	-1000	-1300	-1650	-2100						
400	450	-68	-126	-232	-360	-490	-595	-740	-920	-1100	-1450	-1850	-2400	5	5	7	13	23	34
450	500		-132	-252	-400	-540	-660	-820	-1000	-1250	-1600	-2100	-2600						
500	560	-78	-150	-280	-400	-600													
560	630		-155	-310	-450	-660													
630	710	-88	-175	-340	-500	-740													
710	800		-185	-380	-560	-840													
800	900	-100	-210	-430	-620	-940													
900	1000		-220	-470	-680	-1050													
1000	1120	-120	-250	-520	-780	-1150													
1120	1250		-260	-580	-840	-1300													
1250	1400	-140	-300	-640	-960	-1450													
1400	1600		-330	-720	-1050	-1600													
1600	1800	-170	-370	-820	-1200	-1850													
1800	2000		-400	-920	-1350	-2000													
2000	2240	-195	-440	-1000	-1500	-2300													
2240	2500		-460	-1100	-1650	-2500													
2500	2800	-240	-550	-1250	-1900	-2900													
2800	3150		-580	-1400	-2100	-3200													

注：1. 公称尺寸小于或等于1mm时，基本偏差 A 和 B 及大于 IT8 的 N 均不采用。公差带 JS7 至 JS11，若 IT_n 值数是奇数，则取偏差 $=\pm\dfrac{IT_n-1}{2}$。

2. 对小于或等于 IT8 的 K、M、N 和小于或等于 IT7 的 P 至 ZC，所需 Δ 值从表内右侧选取。例如：18mm～30mm 段内 IT8 的 K7，$\Delta=8\mu m$，所以 $ES=-2+8=+6\mu m$；

4. 另一极限偏差的确定

另一个极限偏差的数值，可由极限偏差和标准公差的关系式计算得到。

轴： $es = ei + IT$ 或 $ei = es - IT$

孔： $ES = EI + IT$ 或 $EI = ES - IT$

孔、轴的极限偏差国标参见 GB/T 1800.2—2009《产品几何技术规范（GPS）极限与配合 第2部分：标准公差等级和孔、轴的极限偏差表》中的表2~表16、表17~表32。

三、极限与配合在图样上的标注

1. 公称尺寸与公差带代号表示

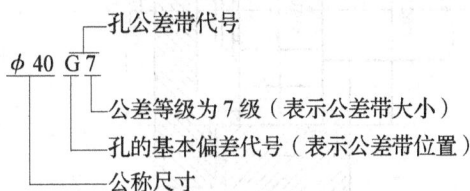

孔公差带代号

$\phi40$ G7

公差等级为7级（表示公差带大小）

孔的基本偏差代号（表示公差带位置）

公称尺寸

2. 公称尺寸与极限偏差表示

$\phi40^{+0.034}_{+0.009}$

3. 公称尺寸与公差带代号、极限偏差共同表示

$\phi40G7\left(^{+0.034}_{+0.009}\right)$

4. 在零件图上的标注方法

尺寸公差带在零件图上有以下三种标注方法：

1）在公称尺寸后标注所要求的公差带，如图3-16a所示。这种标注方法适用于大批量生产的产品零件。

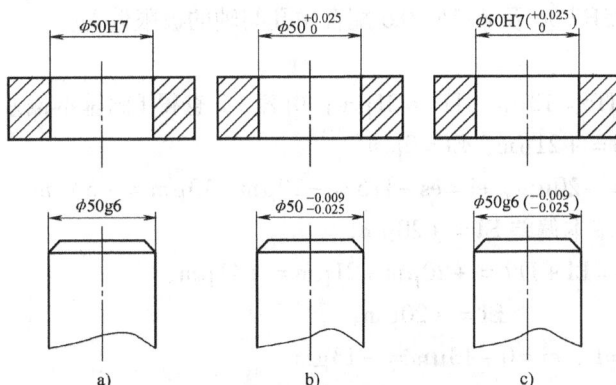

图3-16 孔、轴公差带在零件图上的标注方法

a）方法一 b）方法二 c）方法三

2）在公称尺寸后标注所要求的公差带对应的偏差值，如图3-16b所示。这种标注方法一般在单件或小批量生产的产品零件图样上采用，应用较广泛。

3）在公称尺寸后标注所要求的公差带和对应的偏差值，如图3-16c所示。这种标注方法适用于中、小批量生产的产品零件。

5. 在装配图上的标注方法

尺寸公差带在装配图上的标注方法是，在公称尺寸后标注孔、轴公带，如图 3-17 所示。国家标准规定孔、轴公差带写成分数形式，分子为孔公差带，分母为轴公差带。如：$\phi30H8/f7$ 或 $\phi30\dfrac{H8}{f7}$；$\phi62J7/f11$ 或 $\phi62\dfrac{J7}{f11}$。

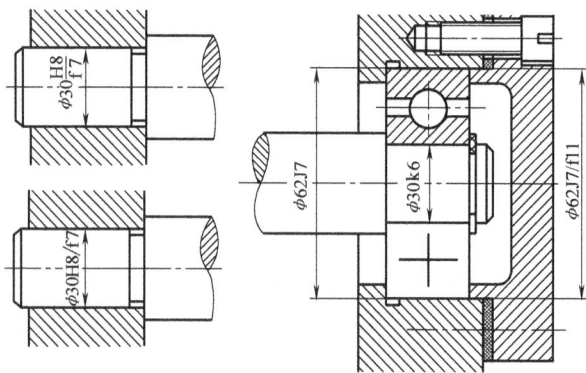

图 3-17　孔、轴公差带在装配图上的标注方法

例 3-6　根据标准公差数据表（见表 3-1）和轴的基本偏差数值表（见表 3-2），确定 $\phi50n7$ 的极限偏差。

解：

从表 3-2 查得轴的基本偏差 n 的下极限偏差为 $ei = +17\mu m$，从表 3-1 查得轴的标准公差 $IT7 = 25\mu m$。

则轴的另一个极限偏差上极限偏差为

$$es = ei + T_s = ei + IT7 = (+17+25)\mu m = +42\mu m$$

例 3-7　确定 $\phi25H7/f6$ 及 $\phi25F7/h6$ 配合中孔与轴的极限偏差。

解：

由表 3-1 查得，$IT6 = 13\mu m$，$IT7 = 21\mu m$；由表 3-2 查得 f 的基本偏差 $es = -20\mu m$

则　$\phi25H7$：$ES = +21\mu m$，$EI = 0\mu m$

　　$\phi25f6$：$es = -20\mu m$，$ei = es - IT6 = -20\mu m - 13\mu m = -33\mu m$

查表 3-3 得 F 的基本偏差 $EI = +20\mu m$，

故　$\phi25F7$：$ES = EI + IT7 = +20\mu m + 21\mu m = +41\mu m$，

$$EI = +20\mu m，$$

$\phi25h6$：$es = 0$，$ei = 0 - 13\mu m = -13\mu m$

第五节　极限与配合国家标准

一、配合制

配合制是以两个相配合的零件中的一个零件为基准件，并对其选定标准公差带，将其公差带位置固定，而改变另一个零件的公差带位置，从而形成各种配合的一种制度。简单的讲，即为同一极限制的孔和轴组成的一种配合制度。

国家标准规定了两种配合制——基孔制和基轴制。

1. 基孔制

基本偏差为一定的孔的公差带，与不同基本偏差的轴的公差带形成各种配合的一种制度称为基孔制。如图 3-18 所示，图中水平实线代表孔的基本偏差。虚线代表另一极限位置，表示孔与轴之间可能的不同组合与他们的公差等级有关。在基孔制中，孔为基准孔，其基本偏差用 H 表示。

2. 基轴制

基本偏差为一定的轴的公差带，与不同基本偏差的孔的公差带形成各种配合的一种制度称为基轴制。如图 3-19 所示，在基轴制配合中，轴为基准轴，其基本偏差用 h 表示。

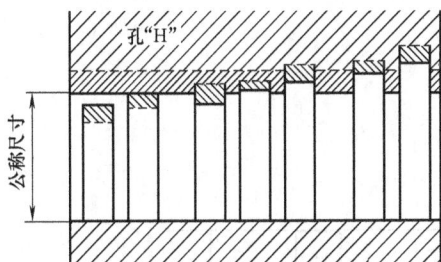

图 3-18　基孔制配合　　　　　图 3-19　基轴制配合

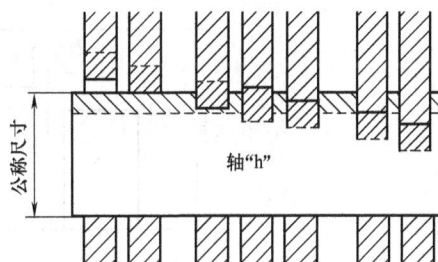

例 3-8　试用查表法确定 $\phi30H7/p6$ 和 $\phi30P7/h6$ 孔和轴的基本偏差，计算孔、轴的极限偏差及两种配合的最大过盈 Y_{max} 和最小过盈 Y_{min}，并画出公差带图。

解：

相配合的孔和轴的公称尺寸为 30mm。

（1）孔和轴的标准公差

查表 3-1 得 $IT7 = 21\mu m$，$IT6 = 13\mu m$。

（2）孔和轴的基本偏差

孔：查表 3-3 得 H 的基本偏差 $EI = 0\mu m$，P 的基本偏差

$$ES = -22\mu m + \Delta = (-22 + 8)\mu m = -14\mu m$$

轴：查表 3-2 得 h 的基本偏差 $es = 0\mu m$，p 的基本偏差 $ei = +22\mu m$。

（3）计算孔和轴的另一个极限偏差

孔：H7 的另一个极限偏差

$$ES = EI + IT7 = (0 + 21)\mu m = +21\mu m$$

P7 的另一个极限偏差

$$EI = ES - IT7 = (-14 - 21)\mu m = -35\mu m$$

轴：h6 的另一个极限偏差

$$ei = es - IT6 = (0 - 13)\mu m = -13\mu m$$

p6 的另一个极限偏差

$$es = ei + IT6 = (+22 + 13)\mu m = +35\mu m$$

（4）求最大过盈 Y_{max} 和最小过盈 Y_{min}

$\phi30H7/p6$：

$$Y_{max} = EI - es = (0 - 35)\,\mu m = -35\,\mu m$$

$$Y_{min} = ES - ei = (+21 - 22)\,\mu m = -1\,\mu m$$

$\phi30P7/h6$：

$$Y_{max} = EI - es = (-35 - 0)\,\mu m = -35\,\mu m$$

$$Y_{min} = ES - ei = [(-14) - (-13)]\,\mu m = -1\,\mu m$$

通过计算可知，两种配合采用的基准制不同，但配合所形成的极限过盈相同，所以其配合性质相同。

（5）画出公差带图

根据上述查表计算得到的公差带图，如图3-20所示。

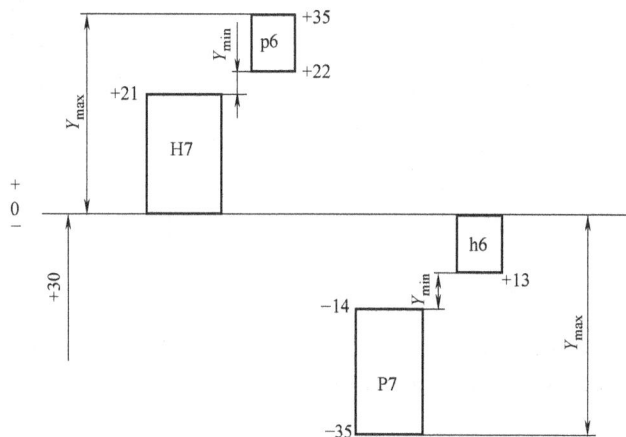

图 3-20　例题 3-8 的公差带图

二、国标推荐选用的孔、轴公差带与配合

国家标准规定的20个公差等级的标准公差和28个基本偏差原则上可组合成500多个轴和孔的公差带。这么多公差带如果都应用，显然是不经济的。为了简化标准和使用方便，以利于互换，并尽可能减少定值刀具、量具的品种和规格，国标规定了推荐选用的公差带与配合。

1. 公称尺寸至500mm的孔公差带

国标规定了一般、常用和优先孔用公差带共105种，图3-21所示方框内的43种为常用公差带，圆圈内的13种为优先公差带。

2. 公称尺寸大于500~3150mm的孔公差带

公称尺寸大于500~3150mm的孔公差带有31种，如图3-22所示。

3. 公称尺寸至500mm的轴公差带

国标规定了一般、常用和优先轴用公差带共116种，图中方框内的59种为常用公差带，圆圈内的13种为优先公差带，如图3-23所示。

```
                                    H1      JS1
                                    H2      JS2
                                    H3      JS3
                                    H4      JS4   K4   M4
                          G5    H5      JS5   K5   M5   N5   P5   R5   S5
               F6    G6   H6   J6    JS6   K6   M6   N6   P6   R6   S6   T6   U6   V6   X6   Y6   Z6
      D7   E7   F7   (G7)  (H7) J7    JS7  (K7)  M7  (N7) (P7)  R7  (S7)  T7  (U7)  V7   X7   Y7   Z7
   C8   D8   E8  (F8)  G8   (H8) J8    JS8   K8   M8   N8   P8   R8   S8   T8   U8   V8   X8   Y8   Z8
A9   B9   C9  (D9)  E9   F9      (H9)     JS9          N9   P9
A10  B10  C10  D10  E10          H10      JS10
A11  B11 (C11) D11               (H11)    JS11
A12  B12  C12                    H12      JS12
                                 H13      JS13
```

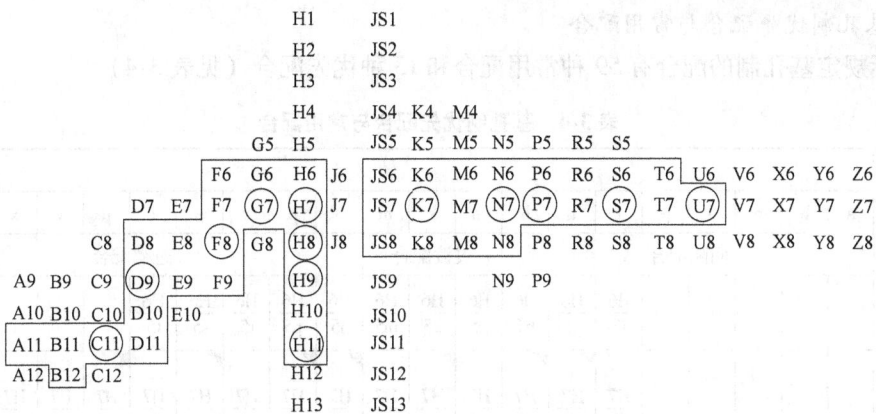

图 3-21　公称尺寸至 500mm 的孔公差带

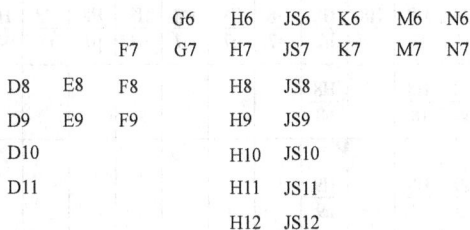

```
                              G6    H6   JS6   K6   M6   N6
                         F7   G7   H7   JS7   K7   M7   N7
         D8   E8   F8         H8   JS8
         D9   E9   F9         H9   JS9
         D10                  H10  JS10
         D11                  H11  JS11
                              H12  JS12
```

图 3-22　公称尺寸大于 500～3150mm 的孔公差带

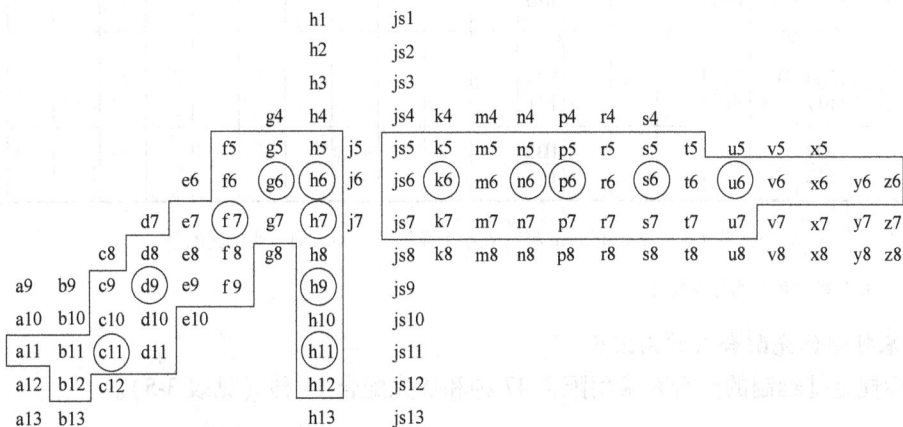

```
                                   h1      js1
                                   h2      js2
                                   h3      js3
                         g4    h4      js4   k4   m4   n4   p4   r4   s4
              f5    g5   h5   j5    js5   k5   m5   n5   p5   r5   s5   t5   u5   v5   x5
         e6   f6  (g6) (h6) j6    js6  (k6)  m6  (n6) (p6)  r6  (s6)  t6  (u6)  v6   x6   y6   z6
      d7   e7  (f7)  g7  (h7) j7    js7   k7   m7   n7   p7   r7   s7   t7   u7   v7   x7   y7   z7
   c8   d8   e8   f8   g8   h8    js8   k8   m8   n8   p8   r8   s8   t8   u8   v8   x8   y8   z8
a9   b9   c9  (d9)  e9   f9      (h9)     js9
a10  b10  c10  d10  e10          h10      js10
a11  b11 (c11) d11               (h11)    js11
a12  b12  c12                    h12      js12
a13  b13                         h13      js13
```

图 3-23　公称尺寸至 500mm 的轴公差带

4. 公称尺寸大于 500～3150mm 的轴公差带

公称尺寸大于 500～3150mm 的轴公差带有 41 种，如图 3-24 所示。

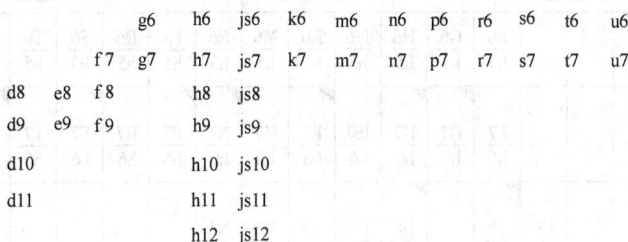

```
                      g6   h6   js6   k6   m6   n6   p6   r6   s6   t6   u6
                 f7   g7   h7   js7   k7   m7   n7   p7   r7   s7   t7   u7
         d8   e8  f8        h8   js8
         d9   e9  f9        h9   js9
         d10               h10  js10
         d11               h11  js11
                           h12  js12
```

图 3-24　公称尺寸大于 500～3150mm 的轴公差带

5. 基孔制优先配合与常用配合

国标规定基孔制的配合有 59 种常用配合和 13 种优先配合（见表 3-4）

表 3-4　基孔制优先配合与常用配合

基准孔	轴																				
	a	b	c	d	e	f	g	h	js	k	m	n	p	r	s	t	u	v	x	y	z
	间隙配合								过渡配合				过盈配合								
H6						$\frac{H6}{f5}$	$\frac{H6}{g5}$	$\frac{H6}{h5}$	$\frac{H6}{js5}$	$\frac{H6}{k5}$	$\frac{H6}{m5}$	$\frac{H6}{n5}$	$\frac{H6}{p5}$	$\frac{H6}{r5}$	$\frac{H6}{s5}$	$\frac{H6}{t5}$					
H7						$\frac{H7}{f6}$	$\frac{H7}{g6}$	$\frac{H7}{h6}$	$\frac{H7}{js6}$	$\frac{H7}{k6}$	$\frac{H7}{m6}$	$\frac{H7}{n6}$	$\frac{H7}{p6}$	$\frac{H7}{r6}$	$\frac{H7}{s6}$	$\frac{H7}{t6}$	$\frac{H7}{u6}$	$\frac{H7}{v6}$	$\frac{H7}{x6}$	$\frac{H7}{y6}$	$\frac{H7}{z6}$
H8					$\frac{H8}{e7}$	$\frac{H8}{f7}$	$\frac{H8}{g7}$	$\frac{H8}{h7}$	$\frac{H8}{js7}$	$\frac{H8}{k7}$	$\frac{H8}{m7}$	$\frac{H8}{n7}$	$\frac{H8}{p7}$	$\frac{H8}{r7}$	$\frac{H8}{s7}$	$\frac{H8}{t7}$	$\frac{H8}{u7}$				
				$\frac{H8}{d7}$	$\frac{H8}{e8}$	$\frac{H8}{f8}$		$\frac{H8}{h8}$													
H9			$\frac{H9}{c9}$	$\frac{H9}{d9}$	$\frac{H9}{e9}$	$\frac{H9}{f9}$		$\frac{H9}{h9}$													
H10			$\frac{H10}{c10}$	$\frac{H10}{d10}$				$\frac{H10}{h10}$													
H11	$\frac{H11}{a11}$	$\frac{H11}{b11}$	$\frac{H11}{c11}$	$\frac{H11}{d11}$				$\frac{H11}{h11}$													
H12		$\frac{H12}{b12}$						$\frac{H12}{h12}$													

注：1. $\frac{H6}{n5}$、$\frac{H7}{p6}$ 在公称尺寸小于或等于 3mm 和 $\frac{H8}{r7}$ 在小于或等于 100mm 时，为过渡配合。

2. 标注 ◤ 的配合为优先配合。

6. 基轴制优先配合与常用配合

国标规定基轴制的配合有常用配合 47 种和优先配合 13 种（见表 3-5）。

表 3-5　基轴制优先配合与常用配合

基准轴	孔																				
	A	B	C	D	E	F	G	H	JS	K	M	N	P	R	S	T	U	V	X	Y	Z
	间隙配合								过渡配合				过盈配合								
h5						$\frac{F6}{h5}$	$\frac{G6}{h5}$	$\frac{H6}{h5}$	$\frac{JS6}{h5}$	$\frac{K6}{h5}$	$\frac{M6}{h5}$	$\frac{N6}{h5}$	$\frac{P6}{h5}$	$\frac{R6}{h5}$	$\frac{S6}{h5}$	$\frac{T6}{h5}$					
h6						$\frac{F7}{h6}$	$\frac{G7}{h6}$	$\frac{H7}{h6}$	$\frac{JS7}{h6}$	$\frac{K7}{h6}$	$\frac{M7}{h6}$	$\frac{N7}{h6}$	$\frac{P7}{h6}$	$\frac{R7}{h6}$	$\frac{S7}{h6}$	$\frac{T7}{h6}$	$\frac{U7}{h6}$				
h7					$\frac{E8}{h7}$	$\frac{F8}{h7}$		$\frac{H8}{h7}$	$\frac{JS8}{h7}$	$\frac{K8}{h7}$	$\frac{M8}{h7}$	$\frac{N8}{h7}$									

（续）

基准轴	孔																				
	A	B	C	D	E	F	G	H	JS	K	M	N	P	R	S	T	U	V	X	Y	Z
	间隙配合								过渡配合				过盈配合								
h8				$\frac{D8}{h8}$	$\frac{E8}{h8}$	$\frac{F8}{h8}$		$\frac{H8}{h8}$													
h9				$\frac{D9}{h9}$	$\frac{E9}{h9}$	$\frac{F9}{h9}$		$\frac{H9}{h9}$													
h10				$\frac{D10}{h10}$				$\frac{H10}{h10}$													
h11	$\frac{A11}{h11}$	$\frac{B11}{h11}$	$\frac{C11}{h11}$	$\frac{D11}{h11}$				$\frac{H11}{h11}$													
h12		$\frac{B12}{h12}$						$\frac{H12}{h12}$													

注：标注▼的配合为优先配合。

在选用公差带和配合时，应按优先、常用、一般公差带的顺序选取。对于某些特殊需要，若一般公差带中没有满足要求的公差带。则标准允许采用两种基准制以外的非配合制配合，如 M8/f7、G8/n7 等。

三、线性尺寸的一般公差

1. 一般公差的概念及应用

在车间普通工艺条件下，机床设备一般加工能力可保证的公差称为一般公差。一般公差主要用于低精度的非配合尺寸。采用一般公差的尺寸在车间正常生产能保证的条件下，一般可以不检验，而主要由工艺装备和加工者自行控制。

2. 一般公差尺寸的极限偏差及标注方法

国家标准 GB/T 1804—2000 对线性尺寸的一般公差规定了 4 个公差等级，它们分别是精密级 f、中等级 m、粗糙级 c、最粗级 v。对一般公差的线性尺寸给出了各公差等级的极限偏差数值。线性尺寸的极限偏差数值见表 3-6，倒圆半径和倒角高度尺寸的极限偏差数值见表 3-7。

表3-6　线性尺寸的极限偏差数值（摘自 GB/T 1804—2000）　（单位：mm）

公差等级	尺寸分段							
	0.5 ~ 3	>3 ~ 6	>6 ~ 30	>30 ~ 120	>120 ~ 400	>400 ~ 1 000	>1 000 ~ 2 000	>2 000 ~ 4 000
f（精密级）	±0.05	±0.05	±0.1	±0.15	±0.2	±0.3	±0.5	—
m（中等级）	±0.1	±0.1	±0.2	±0.3	±0.5	±0.8	±1.2	±2
c（粗糙级）	±0.2	±0.3	±0.5	±0.8	±1.2	±2	±3	±4
v（最粗级）	—	±0.5	±1	1.5	±2.5	±4	±6	±8

表 3-7　倒圆半径和倒角高度尺寸的极限偏差数值（摘自 GB/T 1804—2000）　　（单位：mm）

公 差 等 级	尺 寸 分 段			
	0.5 ~ 3	>3 ~ 6	>6 ~ 30	>30
f（精密级）	±0.2	±0.5	±1	±2
m（中等级）				
c（粗糙级）	±0.4	±1	±2	±4
v（最粗级）				

采用一般公差的尺寸，在图样上只标注公称尺寸，不标注极限偏差，在图样上或技术文件中用国家标准代号和公差等级代号表示，两者之间用一短线隔开。例如，选用 m（中等级）时，则表示为 GB/T 1804—m，表明图样上凡未注公差的线性尺寸（包含倒圆半径与倒角高度）均按 m（中等级）加工和检验。

例 3-9　按 GB/T 1804—m 查出齿轮轴长度尺寸 135mm、键槽长度 16mm 和齿轮轴倒角尺寸 $C2$ 的极限偏差数值。

解：

1）查表 3-6，齿轮轴长度尺寸 135mm 的极限偏差数值为 ±0.5mm。

2）查表 3-6，键槽长度 16mm 的极限偏差数值为 ±0.2mm。

3）查表 3-7，齿轮轴倒角尺寸 $C2$ 的极限偏差数值为 ±0.2mm。

第六节　选用极限与配合

极限与配合的选用，就是如何根据使用要求合理地选择符合标准规定的孔、轴的公差带大小和位置。极限与配合的选择主要包括基准制、公差等级和配合种类三个方面的选择。

一、选择配合制

国家标准规定了两种基准制，即基孔制和基轴制。一般情况下，无论选用基孔制配合还是基轴制配合，均可满足同样的使用要求。所以基准制的选择主要是从生产、工艺的经济和结构的合理性等方面综合考虑。

1．优先选择基孔制

孔通常用定值刀具加工，用极限量规检验。为了减少定值刀具、量具的规格和数量，利于生产，提高经济性，应优先选用基孔制。

2．与标准件配合时依标准件而定

标准件通常由专业工厂大量生产，在制造时其配合部位的配合制已确定。所以与其配合的轴和孔一定要服从标准件既定的配合制。如与滚动轴承配合的基准制的选择如图 3-25 所示。

3．应选用基轴制的情况

1）当在机械制造中采用具有一定公差等级的冷拉钢材，其外径不经切削加工即能满足

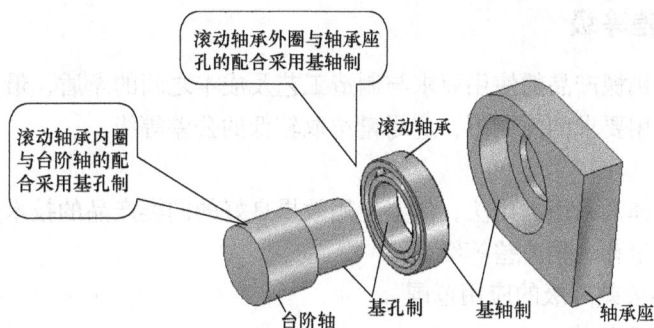

图 3-25　与滚动轴承配合的基准制的选择

使用要求，此时就应选择基轴制。

2）由于结构上的特点，宜采用基轴制。图 3-26a 所示为发动机的活塞销轴与连杆铜套孔和活塞孔之间的配合，若采用基孔制配合，如图 3-26b 所示；若采用基轴制配合，如图 3-26c 所示。

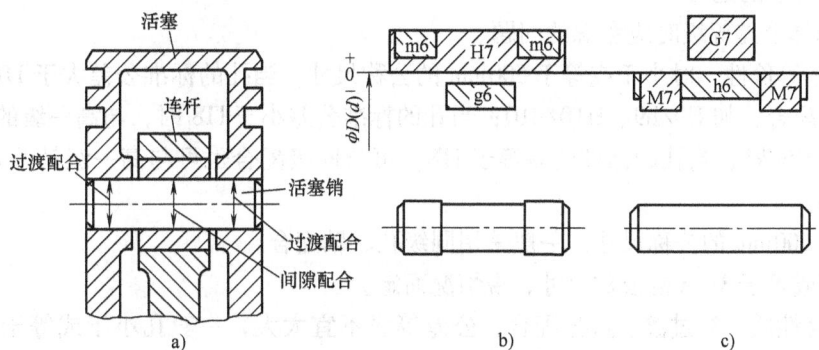

图 3-26　基准制选择

4. 允许采用任一孔、轴公差带组成的非配合制配合的情况

如图 3-27 所示，轴承外圈与轴承座孔之间的配合为基轴制，孔公差带为 J7，轴承盖与轴承座内孔之间的配合，为拆卸方便，采用间隙配合，因此选用的配合为 $\phi52J7/f9$，属于任意孔、轴公差带组成的非配合制配合。

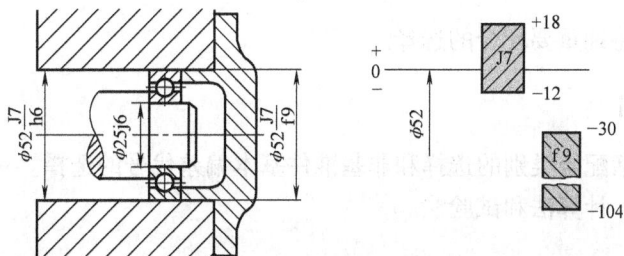

图 3-27　非配合制配合应用

二、选择公差等级

为较好地解决机械产品的使用要求与制造工艺及成本之间的矛盾，最大限度地提高经济性，在满足零件使用要求的前提下，应尽量选取较低的公差等级。

1. 类比法

公差等级的选择常采用类比法，借鉴使用效果良好的同类产品的技术资料或参考有关资料并加以分析来确定孔、轴公差等级。

（1）各个标准公差等级的应用范围

IT01 ~ IT1　　用于量块。

IT1 ~ IT7　　用于量规的尺寸公差，常用于检验 IT6 ~ IT16 的孔和轴。

IT2 ~ IT5　　用于精密配合，如滚动轴承各零件的配合。

IT5 ~ IT10　　用于有精度要求的重要和较重要配合。IT5 的轴和 IT6 的孔用于高精度的重要配合，例如精密机床主轴轴颈与轴承、内燃机的活塞销与销孔的配合。IT6 的轴与 IT7 的孔应用很广，用于较高精度的重要配合。IT7、IT8 用于中等精度要求的配合。IT9、IT10 用于一般精度要求的配合。

（2）选择公差等级时应考虑的问题

1）工艺等价性。对小于或等于 500mm 的公称尺寸，当孔的标准公差大于 IT8 时，与同级基准孔相配合，如 H9/h9、H10/d10；当孔的标准公差小于 IT8 时，与高一级的轴相配合，如 H7/m6、H6/k5；当孔的标准公差等于 IT8，可与同级配合也可与高一级轴配合。如 H8/m7、H8/h8。

对大于 500mm 的公称尺寸，一般采用同级孔、轴配合。

对小于或等于 3mm 的公称尺寸，视情况而定。

2）配合性质。对过渡、过盈配合，公差等级不宜太大，一般孔小于或等于 IT8、轴小于或等于 IT7；对间隙配合，间隙小的公差等级应较小，间隙大的公差等级可较大。

3）相互配合零件精度的一致性。与滚动轴承相配合的轴颈和箱体孔的精度选择应与给定轴承一致，与齿轮相配合的轴应与齿轮精度一致。

4）考虑各种加工方法可能达到的公差等级以及加工成本。

2. 计算法

根据一定的理论和计算公式计算后，再根据极限与配合的标准确定合理的公差等级。

3. 试验法

用于新产品或特别重要配合的选择。

三、选择配合

配合的选择包括配合类别的选择和非基准件基本偏差代号的选择。一般选择配合的方法有三种——类比法、计算法和试验法。

1. 类比法

类比法是选择配合种类的主要方法。应用类比法选择时，要考虑以下因素：

（1）配合件的工作情况与使用要求　考虑配合件间有无相对运动、定心精度高低、配合件受力情况、装配情况等（见表 3-8）。

表 3-8　配合类别选择表

无相对运动	要传递转矩	要求精确同轴	永久结合	过盈配合
			可拆结合	过渡配合或非基准件的基本偏差为 H(h) 的间隙配合加紧固件
		不要求精确同轴		间隙配合加紧固件
	不需要传递转矩			过渡配合或轻的过盈配合
有相对运动	只有移动			基本偏差为 H(h)、G(g) 等间隙配合
	转动或转动和移动形成的复合运动			基本偏差为 A~F(a~f) 等间隙配合

　　(2) 各类配合的特性和应用　间隙配合有 A~H（a~h）共 11 种，其特点是利用间隙储存润滑油及补偿温度变形、安装误差、弹性变形等所引起的误差。生产中应用广泛，不仅用于运动配合，加紧固件后也可用于传递力矩。不同基本偏差代号与基准孔（或基准轴）分别形成不同间隙的配合。主要依据变形、误差需要补偿间隙的大小、相对运动速度、是否要求定心或拆卸来选定。

　　过渡配合有 JS~N（js~n）4 种基本偏差，其主要特点是定心精度高且可拆卸。也可加键、销紧固件后用于传递力矩，主要根据机构受力情况、定心精度和要求装拆次数来考虑基本偏差的选择。定心要求高、受冲击载荷、不常拆卸的，可选较紧的基本偏差，如 N（n）；反之应选较松的配合，如 K（k）或 JS（js）。

　　过盈配合有 P~ZC（p~zc）13 种基本偏差，其特点是由于有过盈，装配后孔的尺寸被撑大而轴的尺寸被压小，产生弹性变形，在结合面上产生一定的正压力和摩擦力，用以传递力矩和紧固零件。选择过盈配合时，如不加键、销等紧固件，则最小过盈应能保证传递所需的力矩，最大过盈应不使材料破坏，故配合公差不能太大，所以公差等级一般为 IT5~IT7。基本偏差根据最小过盈量及结合件的标准来选取。

　　(3) 配合件的生产情况　按大批量生产时，加工后所得的尺寸通常呈正态分布。单件小批量生产时，加工所得的孔的尺寸多偏向下极限尺寸，轴的尺寸多偏向上极限尺寸，即呈偏态分布。单件小批生产时采用的配合应比大批量生产时要松一些。如大批量生产时的 $\phi 50H7/js6$ 的要求，在单件小批生产时应选择 $\phi 50H7/h6$。

　　2. 计算法

　　当要求保证有液体摩擦时，可以根据滑动摩擦理论计算允许的最小间隙，从而选定适当的配合；完全依靠装配过盈传递载荷的过盈配合，可以根据要求传递载荷的大小计算允许的最小过盈，再根据孔、轴材料的弹性极限计算允许的最大过盈，从而选定适当的配合。

　　3. 试验法

　　试验法适用于新产品和特别重要配合的选择。这些部位的配合选择，需要进行专门的模拟试验，以确定工作条件要求的最佳间隙或过盈及其允许变动的范围，然后确定配合性质。这种方法只要实验设计合理、数据可靠，选用的结果比较理想，但成本较高。

　　例 3-10　某孔与轴配合的公称尺寸为 $\phi 55\text{mm}$，要求间隙在 0.03~0.08mm 之间，试确定孔和轴的公差等级和配合种类。

解:

1) 选择基准制:因为没有特殊要求,所以选用基孔制配合,基孔制配合 $EI = 0$

2) 选择孔、轴公差等级:因为 $T_f = T_h + T_s = |X_{max} - X_{min}|$,根据使用要求,配合公差为

$$T_f = |X_{max} - X_{min}| = |0.08 - 0.03| \text{mm} = 0.05 \text{mm} = 50 \mu\text{m}$$

即所选孔、轴公差之和 $T_h + T_s$ 应最接近 T_f 而不大于 T_f。

查标准公差数值表 3-1 得孔和轴的公差等级介于 IT6 和 IT7 之间,因为 IT6 和 IT7 属于高的公差等级。所以一般取孔比轴大一级,故孔选为 IT7,IT7 $= 30 \mu\text{m}$;轴为 IT6,IT6 $= 19 \mu\text{m}$,则配合公差为

$$T_f = T_h + T_s = 30 \mu\text{m} + 19 \mu\text{m} = 49 \mu\text{m} < 50 \mu\text{m}$$

因此满足使用要求。

3) 确定孔、轴公差带代号:因为是基孔制配合,且孔的标准公差为 IT7,所以孔的公差带为 $\phi 55 H7$。题目给出的最小间隙 $X_{min} = 0.030 \text{mm}$,因为

$$X_{min} = EI - es = 0 - es = 30 \mu\text{m}$$

即 $es = -30 \mu\text{m}$。

查表 3-2 得到基本偏差 f 的上极限偏差 $es = -30 \mu\text{m}$,故取轴的基本偏差为 f,则

$$ei = es - IT6 = (-30 - 19) \mu\text{m} = -49 \mu\text{m}$$

所以轴的公差带为 $\phi 55 f6$。

4) 验证结果

$$X_{max} = ES - ei = +30 \mu\text{m} - (-49) \mu\text{m} = +79 \mu\text{m}$$

$$X_{min} = EI - es = 0 - (-30) \mu\text{m} = +30 \mu\text{m}$$

符合要求。

公差带图如图 3-28 所示。

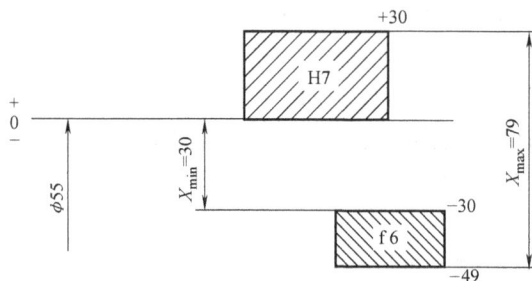

图 3-28　例 3-10 的公差带图

第七节　使用游标卡尺测量零件

零件加工好后,其尺寸能否达到图样中的尺寸精度要求,需要有合适的测量工具及实现这种精度的测量,以保证和判定是否能达到或已达到图样中的尺寸精度要求。

一、认识游标卡尺

游标卡尺是检测尺寸的常用计量器具之一。表 3-9 为常用游标卡尺的结构和基本参数。

表 3-9 常用游标卡尺

种 类	结 构 图	测量范围/mm	游标分度值/mm
三用卡尺 （Ⅰ型）	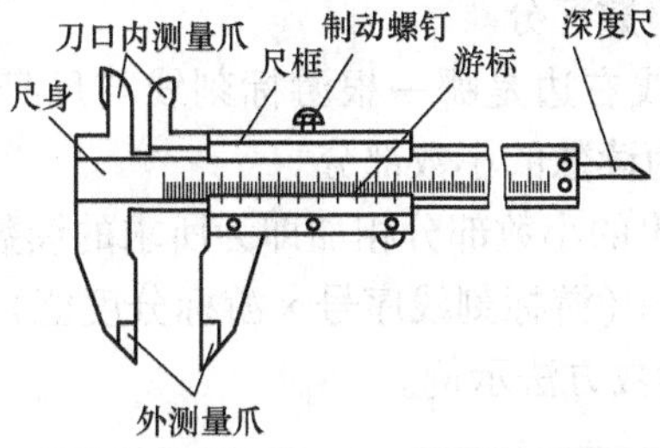	0~125 0~150	0.02 0.05
双面卡尺 （Ⅲ型）	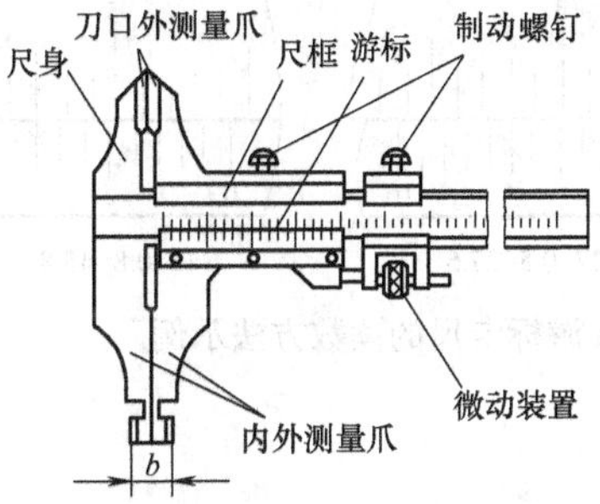	0~200 0~300	0.02 0.05
单面卡尺 （Ⅳ型）	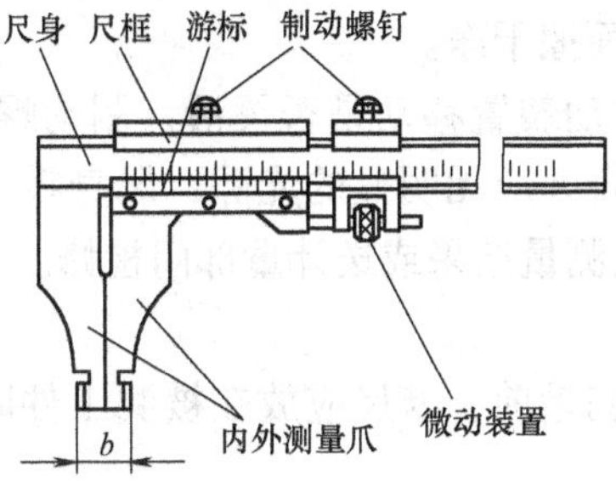	0~200 0~300	0.02 0.05
		0~500	0.02 0.05 0.1
		0~1 000	0.05 0.1

1. 游标卡尺的结构

游标卡尺因类型不同，结构也有所不同。一般由尺身、游标、外测量爪、内测量爪及锁紧机构等组成。尺身上有毫米刻度，由于游标上的刻线间距不同，其所能读出的最小单位量值（分度值）也不同，常见的为 0.02mm。

2. 游标卡尺的刻线原理

游标读数（或称为游标细分）原理是利用尺身刻线间距与游标刻线间距的间距差实现的。

常用的标尺尺身间距 $a=1$mm。若使尺身刻度 $(n-1)$ 格的宽度等于游标刻度 n 格的宽度，则游标的标尺间距 $b=[(n-1)/n]a$。若尺身标尺间距为 1mm，游标标尺间距为 0.9mm，当游标零刻线与尺身零刻线对准时，除游标的最后一根刻线（第 10 根刻线）与尺身上第 9 根刻线重合外，其余刻线均不重合。若将游标向右移动 0.1mm，则游标的第一根刻线与尺身的第一根刻线重合；游标向右移动 0.2mm 时，则游标的第二根刻线与主尺的第二根刻线重合。依此类推。这就是说，游标在 1mm 内（1 个尺身标尺间距），向右移动距离可由游标刻线与尺身刻线重合时游标刻线的序号来决定。

3. 游标量具的读数方法

（1）先读整数部分　游标零刻线是读数的基准。先看游标零刻线的左边，尺身上最靠近的一条刻线的数值，该数就是读数的整数部分。

（2）再读小数部分　判断游标零刻线右边是哪一根游标刻线与尺身刻线重合，将该线的序号乘游标分度值之后，所得的积即为读数的小数部分。

（3）求和　将读数的整数部分与读出的小数部分相加即为所求的读数。

所求尺寸 = 尺身整数 + （游标刻线序号 × 游标分度值）

图 3-29 所示为 0.1mm 游标卡尺的读数方法示例。

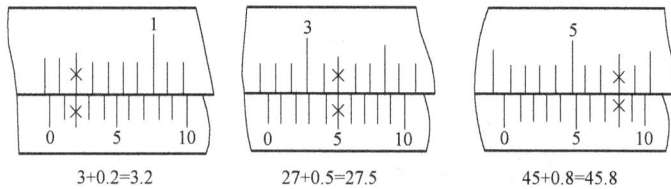

3+0.2=3.2　　　　　27+0.5=27.5　　　　　45+0.8=45.8

图 3-29　0.1mm 游标卡尺的读数方法示例

4. 使用游标卡尺的注意事项

（1）使用前注意事项

1）先把游标卡尺量爪和被测零件表面擦干净。

2）检查各部件的作用，如尺框和微动装置移动是否灵活，制动螺钉能否起作用。

3）校对零位，使卡尺两量爪紧密贴合，应无明显的光隙，尺身零线与游标尺零线应对齐。如果零线对不齐或量爪有磨损应修正测量结果或送计量部门检修。

（2）使用时的注意事项

1）测量时的温度应在允许范围内。测量前，卡尺应放在被测工件附近，以使卡尺和被测工件具有相同温度。

2）使用卡尺测量外径时，应先使卡尺两量爪间距略大于被测工件的尺寸，再使量爪逐渐靠近被测工件表面，保持适当的测量力，并使尺身与测量工件表面垂直或相切，找出最小尺寸。

3）测量内径时，应先使卡尺两量爪间距略小于被测工件的尺寸，再使量爪接触被测孔表面，保持适当的测量力，并使尺身与测量工件表面垂直或相切，并找出最大尺寸。用圆弧形量爪测量内径时，应在读数上再加上两量爪的宽度值，才是最后所测的内尺寸。

4）用游标卡尺测量深度尺寸时，卡尺的深度尺应垂直于被测部位，不要前后、左右倾斜，深度尺的削角边靠近槽壁，卡尺端面与被测零件的顶面贴合，测深尺与被测底面接触。避免出现图 3-30 所示的错误。

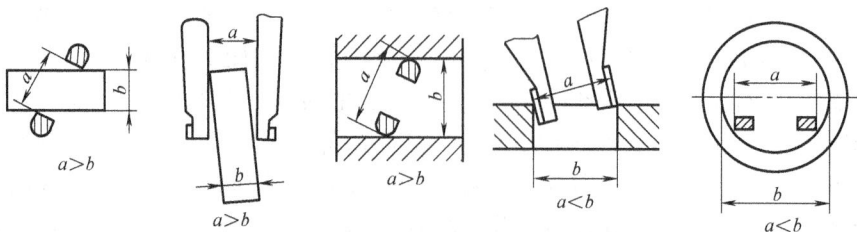

图 3-30　游标卡尺量爪错误的测量位置

5) 测量时量爪的位置避免出现图 3-31 所示的错误。

6) 读数时，卡尺应尽量朝着亮光的方向，视线目光应垂直尺面，与标尺刻线方向一致，以免造成视差。

（3）使用后注意事项

卡尺使用完后，应松开紧固装置，擦净，放在盒内，量具盒要放在干燥、无振动、无腐蚀性气体的地方。

5. 游标卡尺的维护与保养

1) 不得用游标卡尺测量运动着的被测件。

2) 不得用游标卡尺测量表面粗糙的被测件。

3) 不得将游标卡尺当作工具使用。

4) 不得将游标卡尺的游框用制动螺钉紧固后当作卡规使用。

5) 使用过程中要轻拿轻放，不要与锤子、扳手等工具放在一起，以防受压和磕碰造成的损伤。

6) 使用完毕应用干净棉丝擦净，装入盒内固定位置后放在干燥、无腐蚀物质、无振动和无强磁力的地方保管。

7) 不得用砂纸等硬物擦卡尺的任何部位，非专业修理量具人员不得进行拆卸和调修。

8) 按使用合格证的要求进行周期检定。

二、游标卡尺的读数练习

要求快速准确地完成下面游标卡尺的读数。每次读数时间不得超过 10s；读数误差不得超过 0.02mm。

"0"、"11.06"、"24.12"、"36.24"、"49.80"、"56.39"、"63.43"、"78.71"、"83.55"、"96.67"、"100.98"。

三、实训——使用游标卡尺检测零件

1. 实训目的

1) 认识测量中常用术语和基本概念。

2) 正确使用游标卡尺。

3) 认识测量误差。

2. 检具与零件

1) 检具：游标卡尺，测量范围 0 ~ 125mm，分度值 0.02mm。

2) 零件：轴套类零件每组各 2 件（包括内径、外径和深度尺寸的测量）。

3. 注意事项

1) 使用前须校对零位。

2) 测量力约为零。

3) 在正前方读数，以减少视差。

4) 减少阿贝误差的影响。

5) 使用微调装置进行测量。

4. 开始检测

1）步骤1：使用前，将游标卡尺和轴套擦干净，并拉动游标，检查游标沿尺身滑动是否灵活、平稳。

2）步骤2：校准零位。轻轻推动游标，使两测量爪的测量面合拢，检查两测量面是否接触良好，是否有漏光现象。并同时查看尺身与游标的零刻线是否对齐，如无对齐则记下零位校准读数。

3）步骤3：测量时，先使量爪张开尺寸略大于被测外径或略小于被测内径，再慢慢推动游标，使两量爪轻轻地与被测表面接触，然后轻轻晃动游标卡尺，使其接触良好，并保持尺身与轴的测量表面垂直，读出尺寸数值。

5. 评定结果

6. 填写实训报告

第八节　使用千分尺测量零件

一、认识千分尺

千分尺是检测尺寸的常用计量器具之一。本节以外径千分尺为例对其结构和读数原理进行讲解。

1. 千分尺的结构

千分尺的内外结构如图3-31所示。主要由尺架、微分筒、固定套管、测量力装置、测量面、锁紧机构等组成。其结构特征是：

1）结构设计符合阿贝原则。

2）丝杆螺距作为测量的基准量，丝杆和螺母的配合精密，配合间隙可调整。

3）固定套管和微分筒作为示数装置，用刻度线进行读数。

4）有保证一定测力的棘轮棘爪机构。

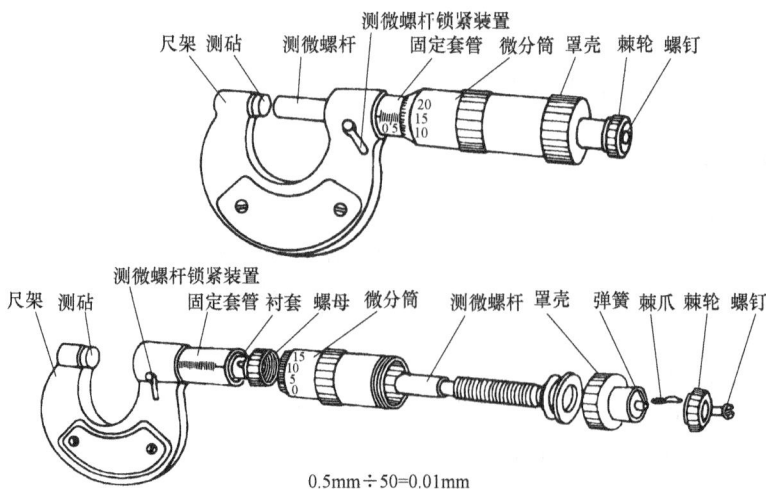

$0.5mm \div 50 = 0.01mm$

图3-31　千分尺的内外结构

2. 千分尺的读数原理

千分尺的读数原理是通过螺旋传动，将被测尺寸转换成丝杆的轴向位移和微分筒的圆周位移，并以微分筒上的刻度对圆周的位移进行计量，从而实现对螺距的放大细分。当测量丝杆连同微分筒转过 φ 角时，丝杆沿轴向位移量为 L。因此千分尺的传动方程式为

$$L = P\varphi/2\pi$$

式中　P——丝杆螺距（mm）；

φ——微分筒转角（°）。

当 $P = 0.5$mm，微分套筒的圆周刻度数为 50 等分时，其每一等分所对应的读数值为 0.01mm，即通过微分筒可读出被测值的小数部分。读数的整数部分由固定套管上的刻度给出，其分度值为 1mm。

3. 千分尺的读数方法

1）测量前，应对好零位。

2）测量时利用测力装置使两量面与被测工件接触。

3）从固定套管上露出的刻线读出被测工件毫米整数和半毫米数，再从微分筒上由固定套管纵刻线所对准的刻线读出被测工件的小数部分（百分之几毫米）。不足一格的数，即千分之几毫米，由估读法确定。将整数和小数部分相加，即为被测工件的尺寸，如图 3-32 所示。

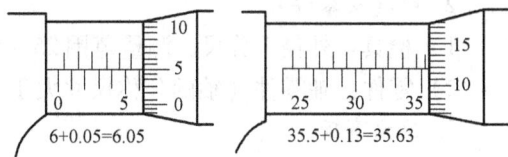

图 3-32　千分尺的读数示例

4. 千分尺的使用注意事项

1）使用前必须用校准杆校准"零"位。

2）不能测量超出测量范围的被测尺寸。

3）手应握在隔热垫处，计量器具与被测件必须等温，以减少温度对测量精度的影响。

4）要注意减少测量力对测量精度的影响，当测量面与被件表面将要接触时，就必须使用测量力装置。

5）测量读数时要特别注意半毫米刻度的读取，可估计读数到 0.001mm。

5. 千分尺的维护与保养

1）不得用千分尺测量运动着的被测件。

2）不得用千分尺测量表面粗糙的被测件。

3）不得将千分尺当作工具使用。

4）不得将千分尺的测量杆用制动螺钉紧固后当作卡规使用。

5）使用过程中要轻拿轻放，不要与锤子、扳手等工具放在一起，以防受压和磕碰造成的损伤。

6）使用完毕应用干净棉丝擦净测砧和微分筒，避免切屑粉末、灰尘影响。

7）将测砧与测微螺杆分开，避免时间长而生锈，再装入保管盒内放在干燥、无腐蚀物质、无振动和无强磁力的地方保管。

8）非专业修理量具人员不得对千分尺进行拆卸和调修。

9）按使用合格证的要求进行周期检定。

二、千分尺的读数练习

要求快速准确地完成下面千分尺的读数。每次读数时间不得超过10s；读数误差不得超过0.01mm。

"0"、"4.010"、"11.239"、"19.452"、"23.568"、"29.676"、"32.784"、"38.891"、"46.347"。

三、实训——使用千分尺测量零件（测量轴的实际偏差）

1. 实训目的

1）认识测量中常用术语和基本概念。

2）正确使用千分尺。

3）认识测量误差。

2. 检具及零件

1）检具：外径千分尺，测量范围25～50mm，分度值0.01mm。

2）零件：轴零件（轴的公称尺寸大于25mm）每组各两件。

3. 注意事项

1）使用前应把千分尺擦干净，检查千分尺的测杆是否有磨损。

2）测量前须校准零位。

3）测量时，零件必须在千分尺的测量面中心测量。

4）测量要使用棘轮装置。

5）测量零件时，零件上不能有异物，并保持在常温下测量。

6）读数时，注意半毫米的读数值。

7）使用后要放在包装盒内保管。

4. 开始检测

1）步骤1：根据零件尺寸选择合适的外径千分尺（由于本次测量轴的公称尺寸大于25mm，因此采用25～50mm的外径千分尺测量）

2）步骤2：使用前，将外径千分尺和轴擦干净，然后转动微分筒，检查其是否灵活、平稳。

3）步骤3：校准零位。在外径千分尺的两测量面之间放入校准棒，检查接触情况，不得有明显的漏光现象。同时检查微分筒与固定套管的零刻线是否对齐。如未对齐则记下零位校准读数。

4）步骤4：测量时，测量时用力要均匀，先转动微分筒，使测微螺杆端面逐渐接近工件被测表面，再轻轻转动棘轮，直到棘轮打滑并发出"嗒嗒"声，以响三声为旋转限度，表明两测量端面与工件刚好贴合，然后旋紧锁紧装置（防止移动千分尺时螺杆转动），零件保持掉不下来的状态时即可读出测量值。注意半毫米数值不要读错。

5. 评定检测结果

该轴的实际偏差：

所以该轴（合格/不合格）

6. 填写实训报告

> ### 本 章 小 结
>
> 　　本章介绍了极限与配合的基本术语和定义、极限与配合国家标准、基准制、极限与配合的选用、游标卡尺的结构原理和使用方法。以及千分尺的结构原理和使用方法等内容。通过完成实训内容应初步达到正确使用游标卡尺、千分尺的目的，在实训中要注意多练习读数和如何确定正确的检测位置，以提高检测的准确性。

思考与练习

一、填空题（将正确的答案填在横线上）

1. 以加工形成的结果区分孔和轴：在切削过程中尺寸由大变小的为_____，尺寸由小变大的为_____。

2. 允许尺寸变化的两个界限分别是_____和_____。它们是以_____为基数来确定的。

3. 零件的尺寸合格时，其提取组成要素的局部尺寸应在_____和_____之间。

4. 孔的上极限偏差用_____表示，孔的下极限偏差用_____表示；轴的上极限偏差用_____表示，轴的下极限偏差用_____表示。

5. 尺寸公差是允许尺寸的_____，因此公差值前不能有_____。

6. 在公差带图中，表示公称尺寸的一条直线称为_____。在此线以上的偏差为_____，在此线以下的偏差为_____。

7. 尺寸公差带的两个要素是_____和_____。

8. _____相同的并且相互结合的孔和轴_____之间的关系称为配合。

9. 孔的尺寸减去相配合的轴的尺寸之差为_____时是间隙，为_____时是过盈。

10. 根据形成间隙或过盈的情况，配合分为_____、_____和_____三类。

11. 配合的性质可根据相配合的孔、轴公差带的相对位置来判别，孔的公差带在轴的公差带之_____时为间隙配合，孔的公差带与轴的公差带相互_____时为过渡配合，孔的公差带在轴的公差带之_____时为过盈配合。

12. 当 $EI - es \geqslant 0$ 时，此配合必为_____配合；当 $ES - ei \leqslant 0$ 时，此配合必为_____配合。

13. 标准公差数值由两个因素决定，它们是_____和_____。

14. 国家标准设置了_____个标准公差等级，其中_____级精度最高，_____级精度最低。

15. 在公称尺寸相同的情况下，公差等级越高，公差值_____。

16. 在公差等级相同的情况下，不同的尺寸段，公称尺寸越大，公差值_____。

17. 在同一尺寸段内，尽管公称尺寸不同，但只要公差等级相同，其标准公差值就_____。

18. 孔、轴公差带代号由_____代号与_____数字组成。

19. 国标对孔与轴公差带之间的相互关系，规定了两种基准制，即_____和_____。

20. 基孔制配合中的孔称为_____。其基本偏差为_____偏差，代号为_____，数值为_____；其公差带在零线以_____。

21. 基轴制配合中的轴称为_____。其基本偏差为_____偏差，代号为_____，数值为_____；其公差带在零线以_____。

22. 线性尺寸的一般公差规定了四个等级，即_____、_____、_____和_____。

23. 国标规定尺寸的基准温度为_____。

24. 选择公差等级时总的选择原则是：在满足_____的条件下，尽量选取_____的公差等级。

25. 配合制的选用原则是：在一般情况下优先采用_____，有些情况下可采用_____；若与标准件配合时，配合制则依_____而定；如为了满足配合的特殊要求，允许采用_____。

二、判断题（判断正误，并在括号内填"√"或"×"）

1. 某一零件的实际要素正好等于其公称尺寸，则该尺寸必然合格。　　　　　　　　　　（　　）

2. 公称尺寸必须小于或等于上极限尺寸，而大于或等于下极限尺寸。　　　　　　　　　（　　）

3. 由于上极限偏差一定大于下极限偏差，且偏差可正可负，因而一般情况下，上极限偏差为正值，下极限偏差为负值。　　　　　　　　　　　　　　　　　　　　　　　　　　　　　　（　　）

4. 尺寸公差通常为正值，在个别情况下也可以为负值或零。　　　　　　　　　　　　　（　　）

5. 在尺寸公差带图中，零线以上为上极限偏差，零线以下为下极限偏差。　　　　　　　（　　）

6. 只要孔和轴装配在一起，就必然形成配合。　　　　　　　　　　　　　　　　　　　（　　）

7. 间隙等于孔的尺寸减去相配合的轴的尺寸之差。　　　　　　　　　　　　　　　　　（　　）

8. 间隙配合中，孔公差带在轴公差带之上，因此孔公差带一定在零线以上，轴公差带一定在零线以下。　　　　　　　　　　　　　　　　　　　　　　　　　　　　　　　　　　　　（　　）

9. 过渡配合中可能有间隙，也可能有过盈。因此，过渡配合可以算是间隙配合，也可以算是过盈配合。　　　　　　　　　　　　　　　　　　　　　　　　　　　　　　　　　　　　　　（　　）

10. 在尺寸公差带图中，根据孔公差带和轴公差带的相对位置可以确定孔、轴的配合种类。（　　）

11. 代号 H 和 h 的基本偏差数值都等于零。　　　　　　　　　　　　　　　　　　　　（　　）

12. 代号 JS 和 js 形成的公差带为完全对称公差带，故其上、下极限偏差相等。　　　　（　　）

13. 公差带代号由基本偏差代号和公差等级数字组成。　　　　　　　　　　　　　　　　（　　）

14. $\phi 10G6$、$\phi 10G7$ 和 $\phi 10G8$ 的上极限偏差是相等的，只是它们的下极限偏差各不相同。（　　）

15. 因为公差等级不同，所以 $\phi 50H7$ 与 $\phi 50H8$ 的基本偏差值不相等。　　　　　　（　　）

16. 由于基准孔是基孔制配合中的基准件，基准轴是基轴制配合中的基准件，因而基准孔和基准轴不能组成配合。　　　　　　　　　　　　　　　　　　　　　　　　　　　　　　　　　　　（　　）

17. 线性尺寸的一般公差是指加工精度要求不高不低，而处于中间状态的尺寸公差。　　（　　）

三、单项选择题（在下列选项中选择一个正确答案，并将其序号填在括号内）

1. 关于极限偏差与公差之间的关系，下列说法中正确的是_____。

　　A. 上极限偏差越大，公差越大　　　　　　　B. 实际偏差越大，公差越大

　　C. 下极限偏差越大，公差越大　　　　　　　D. 上、下极限偏差之差的绝对值越大，公差越大

2. 当孔的上极限尺寸与轴的下极限尺寸之代数差为正值时，此代数差称为_____。

　　A. 最大间隙　　　　B. 最小间隙　　　　C. 最大过盈　　　　D. 最小过盈

3. 当孔的下极限尺寸与轴的上极限尺寸之代数差为负值时，此代数差称为_____。

　　A. 最大间隙　　　　B. 最小间隙　　　　C. 最大过盈　　　　D. 最小过盈

4. 当孔的下极限偏差大于相配合的轴的上极限偏差时，此配合性质是_____。

　　A. 间隙配合　　　　B. 过渡配合　　　　C. 过盈配合　　　　D. 无法确定

5. 当孔的上极限偏差大于相配合的轴的下极限偏差时，此配合性质是_____。

　　A. 间隙配合　　　　B. 过渡配合　　　　C. 过盈配合　　　　D. 无法确定

6. 下列各关系式中，能确定孔与轴的配合为过渡配合的是_____。

　　A. EI ≥ es　　　　B. ES ≤ ei　　　　C. EI > ei　　　　D. EI < ei < ES

7. $\phi 20f6$、$\phi 20f7$、$\phi 20f8$ 三个公差带_____。

　　A. 上、下极限偏差都相同　　　　　　　　　B. 上极限偏差相同、下极限偏差不相同

C. 上、下极限偏差都不同   D. 上极限偏差不相同、但下极限偏差相同

8. 下列孔与基准轴配合，组成间隙配合的孔是_____。

  A. 孔的上、下极限偏差均为正值   B. 孔的上极限偏差为正、下极限偏差为负

  C. 孔的上、下极限偏差均为负值   D. 孔的上极限偏差为零、下极限偏差为负

9. $\phi 65H9/d9$ 组成了_____配合。

  A. 基孔制间隙   B. 基轴制间隙   C. 基孔制过盈   D. 基轴制过盈

10. 下列配合中，公差等级选择不适当的是（   ）。

  A. H7/g6   B. H9/g9   C. H7/f8   D. M8/h8

四、计算题

1. 计算出下表中空格处的数值，并按规定填写在表 3-10 中。

表 3-10   题 1

公称尺寸	上极限尺寸	下极限尺寸	上极限偏差	下极限偏差	公差	尺寸标注
轴 $\phi 40$	$\phi 40.080$	$\phi 40.015$				
孔 $\phi 18$			$+0.093$		0.043	
孔 $\phi 50$		$\phi 49.958$			0.025	
轴 $\phi 60$			-0.041	-0.087		
孔 $\phi 60$				-0.021	0.030	
孔 $\phi 70$						$\phi 70^{+0.018}_{-0.012}$
轴 $\phi 100$	$\phi 100$				0.054	

2. 画出下列各组配合的孔轴公差带图，判断配合性质，并计算极限盈隙和配合公差。

（1）孔为 $\phi 60^{+0.030}_{0}$ mm，轴为 $\phi 60^{-0.030}_{-0.049}$ mm。

（2）孔为 $\phi 70^{+0.030}_{0}$ mm，轴为 $\phi 70^{+0.039}_{+0.020}$ mm。

（3）孔为 $\phi 90^{+0.054}_{0}$ mm，轴为 $\phi 90^{+0.145}_{+0.091}$ mm。

（4）孔为 $\phi 100^{+0.108}_{+0.054}$ mm，轴为 $\phi 100^{0}_{-0.054}$ mm。

3. 查标准公差数值表和基本偏差数值表，确定下列尺寸的标准公差和基本偏差，并计算出另一极限偏差。

（1）$\phi 125B9$ （2）$\phi 60f6$ （3）$\phi 30S5$ （4）$\phi 40js5$

4. 已知三对配合的孔、轴公差带为：

孔公差带 $\phi 25^{+0.021}_{0}$ $\phi 25^{+0.021}_{0}$ $\phi 25^{+0.021}_{0}$

轴公差带 $\phi 25^{-0.020}_{-0.033}$ $\phi 25 \pm 0.0065$ $\phi 25^{0}_{-0.013}$

（1）若当公称尺寸为 $\phi 25$mm 时，f 的基本偏差为 $-20\mu m$，$IT7 = 21\mu m$，$IT6 = 13\mu m$，试写出上述配合代号。

（2）指出上述三对配合的异同。

5. 公称尺寸为 $\phi 50$mm 的基孔制配合，已知孔、轴的公差等级相同，配合公差 $T_f = 0.078$mm，配合的最大间隙 $X_{max} = +0.103$mm。试确定孔轴的极限偏差及另一极限间隙。

五、简答题

为什么一般情况下要优先选用基孔制配合？并举例说明什么情况下选择基轴制配合较合理。

第四章　几何公差及检测

经过机械加工后的零件，由于机床、夹具、刀具及工艺操作水平等因素的影响，零件的尺寸和形状及表面质量均不能做到完全理想而会出现加工误差。加工误差分为尺寸误差、形状误差、方向误差、位置误差和跳动误差，图 4-1 所示为车削形成的形状误差，图 4-2 所示为钻削形成的方向误差。

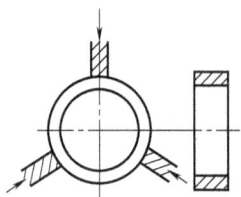

图 4-1　车削形成的形状误差

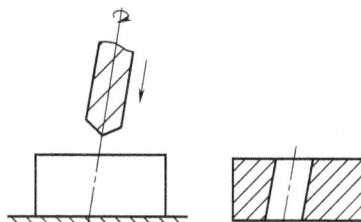

图 4-2　钻削形成的方向误差

形状误差、方向误差、位置误差和跳动误差统称为几何误差。几何误差不仅会影响机械产品的质量（如工作精度、联接强度、运动平稳性、密封性、耐磨性、噪声和使用寿命等），还会影响零件的互换性。为了满足零件的使用要求，保证零件的互换性和制造的经济性，必须合理控制零件的几何误差，即对零件规定几何公差。

第一节　几何公差及标注

一、几何要素及其分类

几何要素是指构成零件几何特征的点、线和面，简称要素。如图 4-3 所示，零件的顶点、球心、中心线、素线、球面、圆锥面、圆柱面和平面等。几何公差的研究对象就是这些几何要素。

几何要素可以分为以下几类。

1. **按结构特征不同分为组成要素和导出要素**

1）组成要素是指构成零件外形的点、线、面和各

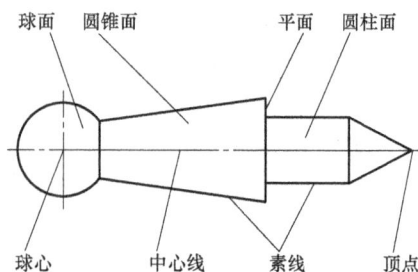

图 4-3　零件的几何要素

要素，图 4-3 中的顶点、球面、圆锥面、圆柱面、平面以及圆柱面和圆锥面的素线。

2）导出要素是指组成要素对称中心所表示的点、线、面各要素，图 4-3 中的球心、圆柱面和圆锥面的中心线等。导出要素虽然不能被人们直接感受到，但它们是随着组成要素的存在而客观存在着。

2. 按存在状态不同分为拟合要素和提取要素

1）拟合要素指具有几何意义的要素。它不存在任何误差，是理想的几何要素。拟合要素是作为评定提取要素误差的依据。

2）提取要素指零件上实际存在的要素。测量时由提取要素所代替，可分为提取组成要素和实际导出要素。

3. 按检测关系不同分为被测要素和基准要素

1）被测要素指图样中有几何公差要求的要素，是检测对象。

2）基准要素指用来确定被测要素的方向和位置的参照要素，它应是拟合（理想）要素。

4. 按功能关系不同分为单一要素和关联要素

1）单一要素仅对被测要素本身给出形状公差要求。它是独立的，与基准要素无关。

2）关联要素与零件上其他要素有功能关系的要素，被测要素给出位置公差要求的，它相对基准要素有位置关系，即与基准相关。

二、几何公差的特征项目及符号

根据国家标准的规定，几何特征及符号见表 4-1。几何公差标注要求及附加符号见表 4-2。

表 4-1　几何特征及符号

公差类型	几何特征	符　号	有无基准
形状公差	直线度	—	无
	平面度	▱	无
	圆度	○	无
	圆柱度	⌀	无
	线轮廓度	⌒	无
	面轮廓度	⌓	无
方向公差	平行度	//	有
	垂直度	⊥	有
	倾斜度	∠	有
	线轮廓度	⌒	有
	面轮廓度	⌓	有

（续）

公差类型	几何特征	符　号	有无基准
位置公差	位置度	⊕	有或无
	同心度（用于中心点）	◎	有
	同轴度（用于轴线）	◎	有
	对称度	≡	有
	线轮廓度	⌒	有
	面轮廓度	⌒	有
跳动公差	圆跳动	↗	有
	全跳动	↗↗	有

表 4-2　几何公差标注要求及附加符号

说　　明	符　　号
被测要素	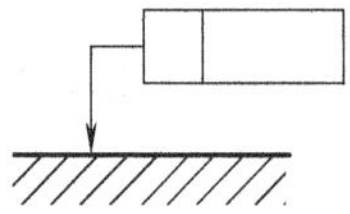
基准要素	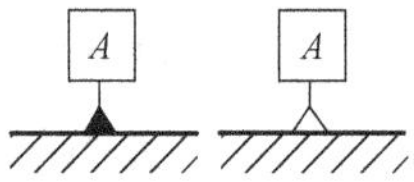 A　A
基准目标	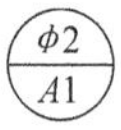 $\dfrac{\phi 2}{A1}$
理论正确尺寸	50
延伸公差带	Ⓟ
最大实体要求	Ⓜ
最小实体要求	Ⓛ

（续）

说　明	符　号
自由状态条件（非刚性零件）	Ⓕ
全周（轮廓）	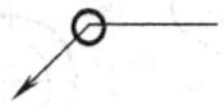 ⌀
包容要求	Ⓔ
公共公差带	CZ
小径	LD
大径	MD
中径、节径	PD
线素	LE
不凸起	NC
任意横截面	ACS

三、几何公差及几何公差带

1. 形状公差

形状公差是指单一要素的形状所允许的变动全量，即允许的最大形状误差值。

2. 方向公差

方向公差是指关联要素对基准在方向上允许的变动全量。

3. 位置公差

位置公差是指关联要素对基准在位置上允许的变动全量。

4. 跳动公差

跳动公差是以测量方法定义的公差项目。跳动公差是指关联要素绕基准回转一周或连续回转时所允许的最大跳动量，即允许的测得最大值与最小值之间的最大差值。

5. 几何公差带

几何公差带就是限制被测要素变动的一个包容区域。几何公差对被测要素的限制采用包容制，各项目公差对被测要素的限制可用几何公差带直观、形象地表示。几何公差带具有形状、大小、方向和位置四个要素。

（1）公差带的形状　图 4-4 所示为常见的 11 种公差带形状。

（2）公差带的大小　公差带的大小指公差带的宽度、直径或半径差的大小。由图样上给定的几何公差值确定。

（3）公差带的方向　公差带的方向是指与公差带延伸方向相垂直的方向，即误差变动的方向。通常即被测要素指引线箭头所指的方向。

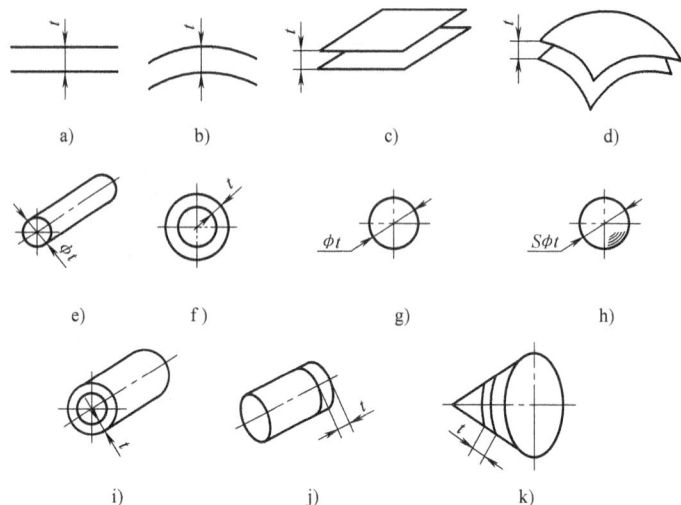

图 4-4　常见几何公差带形状

a）两平行直线　b）两等距曲线　c）两平行平面　d）两等距曲面　e）圆柱面　f）两同心圆
g）一个圆　h）一个球　i）两同心圆柱面　j）一段圆柱面　k）一段圆锥面

（4）公差带的位置　公差带的位置可分为浮动的和固定的两种。当公差带会随着被测要素的形状、方向、位置的变化而变化，则说公差带的位置是浮动的；反之则说公差带的位置是固定的。

四、几何公差的标注

国家标准规定，几何公差的标注结构由几何公差框格、被测要素指引线、几何特征符号、公差值、基准符号和相关要求符号等组成。

1. 几何公差框格的标注

1）公差框格为矩形方框，由两格或多格组成，在图样中只能水平或垂直绘制。框格中的内容按从左到右或者从下到上的顺序填写，框格中内容由公差特征符号、公差值、基准（形状公差不标注基准）及指引线等组成。几何公差框格形式如图 4-5 所示。

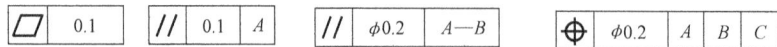

图 4-5　几何公差框格形式

2）公差值为线性值，如公差带是圆形或圆柱形的则在公差值前加注 ϕ；如果是球形的则加注"$S\phi$"，当一个以上要素（如 6 个要素）作为被测要素应用于一项公差要求时，应在框格上方标明"数量×尺寸"（图 4-6）。

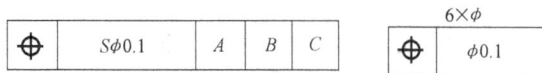

图 4-6　公差数值前加注符号

3）如要求在公差带内进一步限定被测要素的形状，则应在公差值后面加注表 4-3 中的特殊符号。

表 4-3 公差值后加注符号

符 号	解 释	标 注 示 例
(+)	若被测要素有误差,则只允许中间向材料外凸起	— 0.01(+)
(−)	若被测要素有误差,则只允许中间向材料内凹下	⌯ 0.05(−)
(▷)	若被测要素有误差,则只允许按符号的小端方向逐渐缩小	⌿ 0.05(◁)
		∥ 0.05(▷) A

4)如对同一要素有一个以上的公差特征项目要求时,为方便起见,可将一个框格放在另一个框格的下面,如图 4-7 所示。

2. 指引线与被测要素的标注

标注规定,用带箭头的指引线将框格与被测要素相连,指引线一般从公差框格线的中间引出,引出段必须垂直于框格;引向被测要素时允许弯折,但不得多于两次。

1)当公差涉及轮廓线或轮廓面时,指引线箭头应指在该要素的轮廓线或其引出线上,并与尺寸线明显错开,如图 4-8a、图 4-8b 所示。当采用带点的引出线指向实际表面时,箭头可置于带点的引出线的水平线上,如图 4-8c 所示。

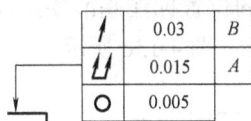

图 4-7 同一被测要素有
多项公差要求的标注

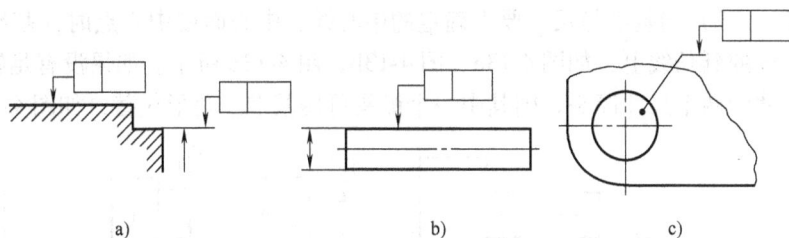

图 4-8 指引线指向轮廓线(面)标注

2)当公差涉及要素的中心线、中心面或中心点时,指引线箭头应位于尺寸线的延长线上,如图 4-9a、图 4-9b、图 4-9c 所示。

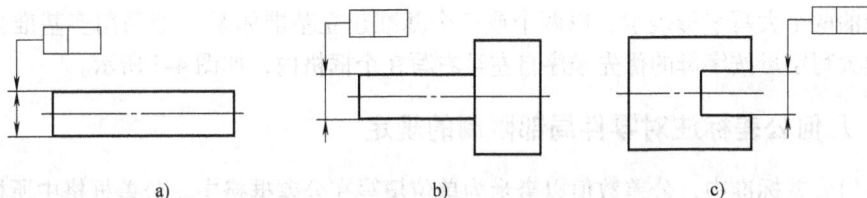

图 4-9 指引线指向中心点(线、面)标注

3)对几个表面有同一数值的公差带要求,可按图 4-10 所示方法进行标注。

五、基准的标注

与被测要素相关的基准用一个大写字母表示。字母标注在基准方格内,用一个涂黑的或空白的三角形相连以表示基准,如图 4-11 所示。表示字母的基准还应标注在公差框格内。

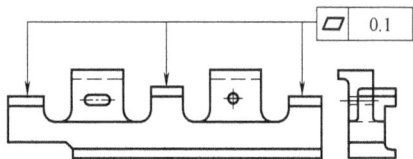

图 4-10　多个指引线引自同一公差框格标注　　　　图 4-11　基准符号标注

1) 当基准要素为轮廓线或轮廓面时,基准三角形应放置在要素的轮廓线或延长线上,并应与尺寸线明显错开,如图 4-12a 所示。基准三角形也可放置在该轮廓面带点的引出线的水平线上,如图 4-12b 所示。

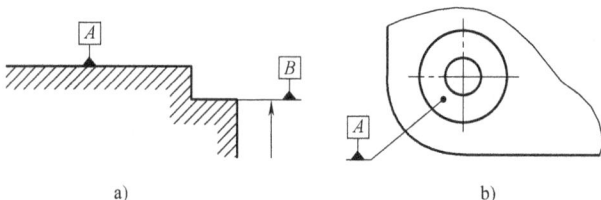

图 4-12　基准指向轮廓线(面)标注应用

2) 当基准是尺寸要素确定的中心线、中心面或中心点时,基准三角形应放置在该尺寸线的延长线上,如图 4-13a、图 4-13b、图 4-13c 所示。如果没有足够的位置标注基准要素尺寸的两个尺寸箭头,则其中一个箭头可用基准三角形代替,如图 4-13b、图 4-13c 所示。

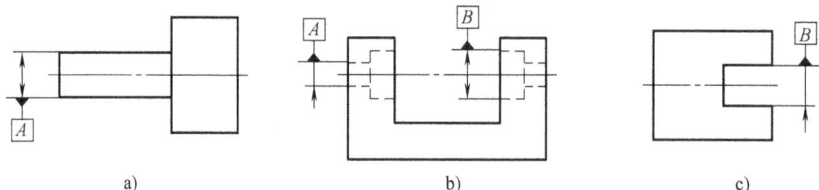

图 4-13　基准指向中心点(线、面)标注

3) 以单个要素做基准时用一个大写字母表示,以两个要素建立公共基准时,用中间加连短横线的两个大写字母表示。以两个或三个基准建立基准体系(即采用多基准)时,表示基准的大写字母按字母的优先顺序自左至右写在个框格内,如图 4-5 所示。

六、几何公差标注对零件局部限制的规定

在几何公差标准中,公差数值以毫米为单位填写在公差框格中。公差框格中所标注的公差数值如无附加说明,则被测范围为箭头所指的整个被测组成要素或导出要素。

1) 如果被测范围仅为被测要素的一部分时,应用粗点划线画出该范围,并标出尺寸,如图 4-14 所示。

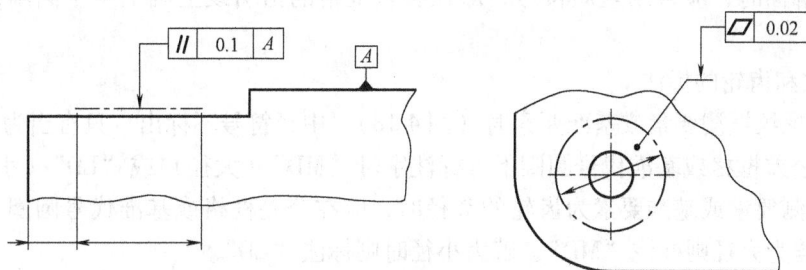

图 4-14　被测范围为被测要素的一部分时标注

2）若需给出被测要素任一固定长度上（或范围）的公差值，可采用图 4-15 所示的表示方法。

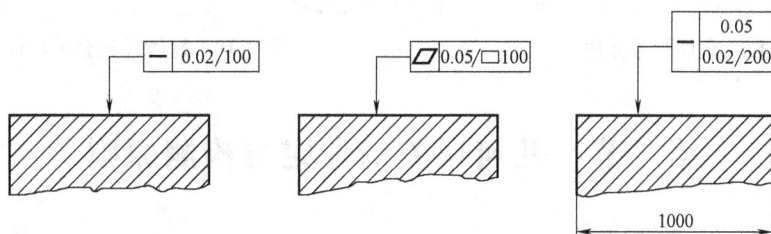

图 4-15　被测范围为任一固定长度标注

3）几何公差的附加文字标注。为了说明公差框格中所标注的几何公差的其他附加要求，或为了简化标注，可以在公差框格的上方或下方附加文字说明。在用文字说明时，属于被测要素的数量的说明，应写在公差框格的上方；属于解释性说明和对测量方法要求的，应写在公差框格的下方，如图 4-16 所示。

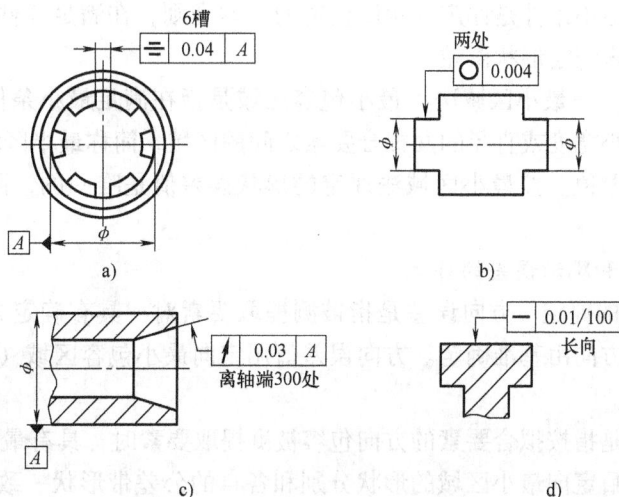

图 4-16　几何公差的附加文字标注

4）全周符号表示法。几何公差特征项目如轮廓度公差适用于横截面内的整个外轮廓线或整个外轮廓面时，应采用全周符号，即在公差框格的指引线上画上一个圆圈，如图 4-17 所示。

5）螺纹和齿轮的标注

① 标注螺纹被测要素或基准要素时（图 4-18），中径符号不标出，只有当为大径或小径时，可以在公差框格或基准代号圆圈下方标注字母"MD"（大径）或"LD"（小径）。

② 当被测要素或基准要素为齿轮的节径时，应在公差框格或基准代号圆圈下方标注字母"PD"，若为大径则标注"MD"，若为小径时则标注"LD"。

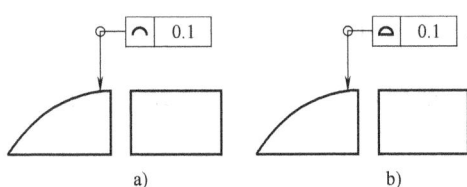

图 4-17　全周符号标注　　　　　　图 4-18　螺纹几何公差标注

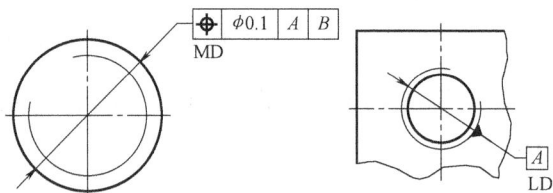

第二节　几何误差的评定与检测原则

一、几何误差的评定

几何误差的评定方法与尺寸误差的极限制评定方法完全不同。几何误差是采用包容制进行评定的，即被测要素几何误差的大小，由被测要素的拟合（理想）要素形成的包容被测提取（实际）要素的区域大小来评定。

1. 形状误差的评定

（1）评定准则——最小条件　要求被测提取要素对其拟合要素的最大变动量为最小，即符合最小条件。最小条件是评定形状误差值的基本准则，在满足零件功能要求的前提下，允许采用近似方法来判定形状误差。

（2）评定方法——最小区域法　最小包容区域是指在满足最小条件要求下，包容被测提取要素且具有最小宽度或直径的两拟合要素之间的区域，简称最小区域。最小区域的宽度或直径即为形状误差值。按最小区域法评定的形状误差值是唯一的，因而评定结果具有权威性。

2. 方向、位置和跳动误差的评定

（1）方向误差的评定　方向误差是指被测提取要素对一具有确定方向的拟合要素的变动量，拟合要素的方向由基准确定。方向误差值用定向最小包容区域（简称定向最小区域）的宽度或直径表示。

定向最小区域是指按拟合要素的方向包容被测提取要素时，具有最小宽度 f 或直径的包容区域。各误差项目定向最小区域的形状分别和各自的公差带形状一致，但宽度（或直径）由被测提取要素本身决定。

（2）位置误差的评定　位置误差是指被测提取要素对一具有确定位置的拟合要素的变动量，拟合要素的位置由基准和理论正确尺寸确定。对于同轴度和对称度，理论正确尺寸为零。位置误差值用定位最小包容区域（简称定位最小区域）的宽度或直径表示。各误差项目定位最小区域的形状分别和各自的公差带形状一致，但宽度或直径由被测提取要素本身决定。

（3）基准的建立和体现 由基准要素建立基准时，基准为该基准要素的拟合要素。拟合要素的位置应符合最小条件。测量时，基准和三基面体系常采用以下近似方法来体现：

1）模拟法。最常用体现基准的方法是"模拟法"，即用具有足够精确形状的表面来体现基准平面、基准轴线、基准点。如图4-19b所示，将被测件放在精密的平板上，以平板的上表面来体现基准面。对于轴线，可使用精密心轴或精密套筒来模拟，如图4-19a、c所示。

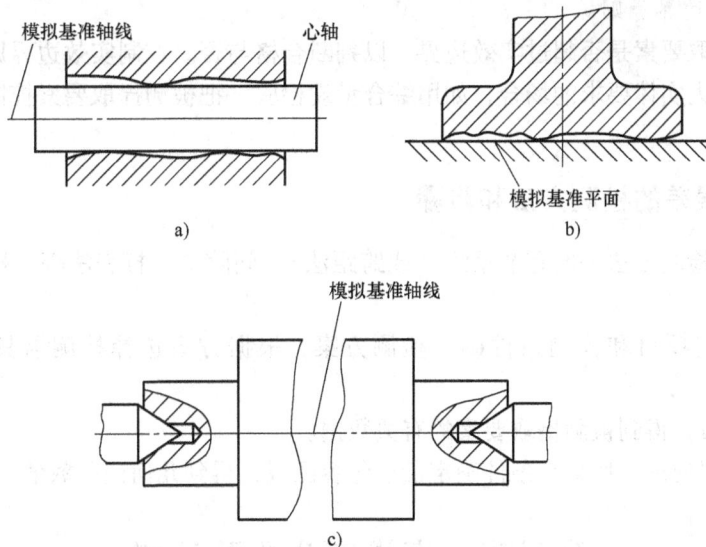

图4-19 模拟基准

2）分析法。对基准提取要素测量后，根据测量数据用图解法或计算法确定基准的位置。按最小条件或最小二乘原则建立基准，一般都是用分析法。在形状误差的精密测量中，这种方法应用广泛。

3）直接法。当基准提取要素的形状精度足够高，其误差对测量结果的影响可以忽略时，可直接作为基准。

4）目标法。在实际基准要素上规定若干个点目标、线目标和面目标构成基准。主要用于铸、锻、焊等粗糙表面和不规则的曲面，以保证基面的统一。

二、几何误差的检测原则

1. 与拟合要素比较原则

将被测提取要素与其拟合要素相比较，量值由直接法或间接法获得。在生产中应用极为广泛。拟合要素用模拟方法获得。如直线度误差的检测中用一束光线体现理想直线，平面度误差的检测中用一个平板体现理想平面，圆度误差的检测中用回转轴系与测量头组合体现一个理想圆。

2. 测量坐标值原则

测量被测提取要素的坐标值（如直角坐标值、极坐标值、圆柱面坐标值），并经过数据处理获得几何误差值，如工具显微镜、坐标测量机测量位置度误差等。

3. 测量特征参数原则

测量被测提取要素上具有代表性的参数（即特征参数）来表示几何误差值，如两点法、三点法测量圆度误差。

4. 测量跳动原则

被测提取要素绕基准轴线回转过程中，沿给定方向测量其对某参考点或线的变动量。变动量是指示计最大与最小示值之差。跳动误差就是按其测量方式来定义的，有其独特的特征。

5. 控制实效边界原则

检验被测提取要素是否超过实效边界，以判断合格与否。控制实效边界原则是用于被测提取要素采用最大实体要求的场合，如用综合量规检验，把被测提取要素控制在最大实体实效边界内。

三、几何误差的检测方法和步骤

几何误差的检测方法一般有节距法（或跨距法）、间隙法、打表法等。检测步骤一般分为以下几步：

1）根据误差项目和检测条件确定检测方案，根据方案选择检测器具，并确定测量基准。

2）进行测量，得到被测提取要素的有关数据。

3）进行数据处理，按最小条件确定最小包容区域，得到几何误差数值。

第三节　直线度公差及检测

一、直线度公差及公差带

直线度公差是限制被测实际直线对理想直线变动量的一项指标。被限制的直线有平面内的直线、回转体（圆柱和圆锥）上的素线、平面与平面的交线和轴线等。根据零件的功能要求可以分为给定平面内、给定方向和任意方向三种直线度公差，见表4-4。

表4-4　直线度公差示例

项　　目	公　差　带	标注示例和解释
直线度	1. 给定平面内 公差带为在给定平面内和给定方向上，间距等于公差值 t 的两平行直线所限定的区域 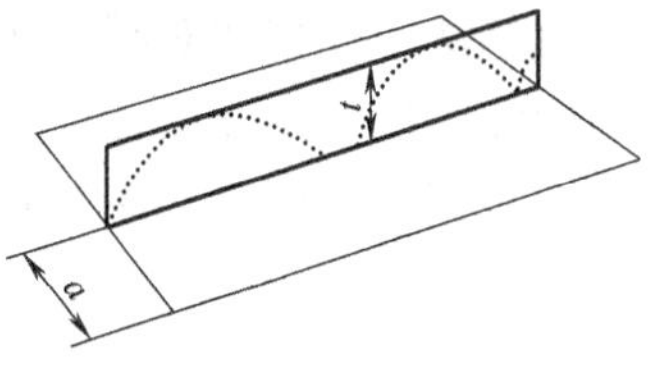 a为任一距离	在任一平行于图示投影面的平面内，上平面的提取（实际）线应限定在间距等于0.1的两平行直线之间 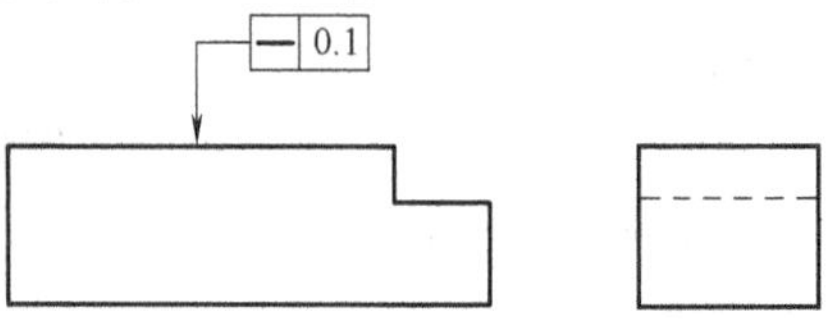 $\boxed{—\ \boxed{0.1}}$

（续）

项　目	公　差　带	标注示例和解释
直线度	2. 给定方向上 公差带为间距等于公差值 t 的两平行平面所限定的区域	提取（实际）的棱边应限定在间距等于 0.1 的两平行平面之间 — 0.1
	3. 任意方向 由于公差值前加注了符号 ϕ，公差带为直径等于公差值 ϕt 的圆柱面所限定的区域	外圆柱面的提取（实际）中心线应限定在直径等于 $\phi0.08$ 的圆柱面内 — $\phi0.08$

二、检测直线度误差

直线度误差可以用刀口形直尺、钢丝和测量显微镜、水平仪和桥板、自准直仪和反射镜及指示表等测量。

1. 用刀口形直尺检测

将刀口形直尺与被测要素直接接触，如图 4-20 所示，使两者之间的最大空隙为最小，则此最大空隙就是被测要素的直线度误差。适用于小尺寸、低精度零件的直线度误差测量。

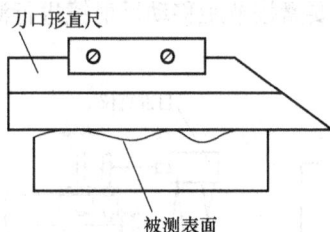

刀口形直尺

被测表面

图 4-20　用刀口形直尺检测直线度误差　　　　　图 4-21　刀口形直尺

当最大空隙较小时，可用标准光隙估读，表 4-5 为标准光隙颜色与间隙的关系；当最大空隙较大时，用塞尺测量。

表 4-5　标准光隙颜色与间隙的关系　　　　　　（单位：μm）

颜　色	间　隙
不透光	<0.5
蓝色	=0.8
红色	1.25 ~ 1.75
白色（日光色）	>2.5

刀口形直尺也就是刀型样板平尺，如图 4-21 所示，是检验平尺的一种。使用刀口形直尺时应注意：

1）使用前应检查刀口形直尺的测量面不得有划痕、碰伤、锈蚀等缺陷，表面应清洁光亮。

2）使用刀口形直尺时，手应握持绝热板，避免温度影响和产生锈蚀，尤其不得碰撞，应确保其棱边的完整性，否则将影响测量精度。

塞尺是用于检验两结合表面间缝隙大小的片状定值量具。塞尺有两个平行的测量面，每套塞尺由若干片组成，分有 13 片、14 片、17 片、20 片、21 片等几种规格。

使用塞尺时应注意：

1）塞尺可单片使用，也可多片叠起来使用，在满足所需尺寸的前提下，片数越少越好。

2）塞尺的尺片很薄，使用时切忌弯曲和折断。

3）测量时不能用力过大，不能测量温度较高的工件，用完后要擦拭干净，及时合到夹板中。

2. 用钢丝和测量显微镜检测

如图 4-22a 所示，调整钢丝的两端，使从显微镜中观测到的两端点位置的读数相等。将测量显微镜沿着被测零件移动，在其全长内作等距测量。

3. 用水平仪和桥板检测

如图 4-22b 所示，将水平仪放在桥板上，先调整零件，使被测要素大致处于水平位置，然后沿着被测要素按齿距移动水平仪进行测量。采用水平仪测量直线度时，需对原始测量数据进行累加后，再作误差曲线图，最后得到直线度误差值。

4. 用自准直仪和反射镜检测

如图 4-22c 所示，将反射镜通过一定跨距的桥板安置在被测要素上，调整自准直仪使其光轴与被测要素两端点连线大致平行，然后沿着被测要素按节距移动反射镜进行测量。

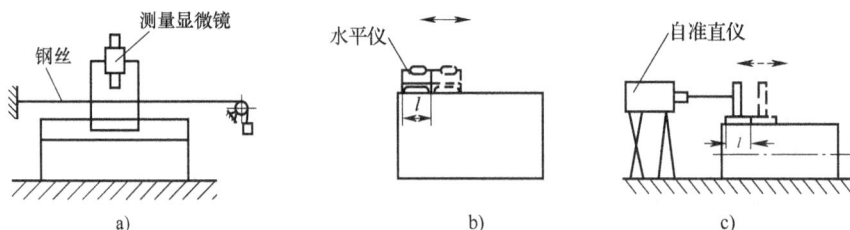

图 4-22　直线度误差检测
a）用显微镜测量　b）用水平仪测量　c）用自准直仪测量

对于用测量显微镜、水平仪、自准直仪等测量所得到的数据，都可以用计算法或图解法按照最小条件进行处理，以确定被测要素的直线度误差。

用自准直仪或水平仪测量直线度误差适用于较高精度的中等、较大尺寸的零件测量。

5. 用平板、顶尖和指示表测量

如图 4-23 所示，采用平板、顶尖和指示表测量外圆轴线的直线度误差。

将被测零件装夹在平行于平板的两顶尖之间，在支架上装上两个测量头相对的指示表，并使两指示表的两个测头位于铅垂轴截面内。沿铅垂轴截面的两条素线测量，同时分别记录两指示表在各自测量点的读数。计算各测点读数差的一半，取其中的最大值作为该截面轴线的直线度误差。打表法测量直线度误差的缺点是测量精度与平板的精度有关，因此被测件尺寸不易过大，适于低精度、中等尺寸零件的直线度误差的测量。通过打表法记录的原始数据也可通过作误差曲线图得到直线度误差值。

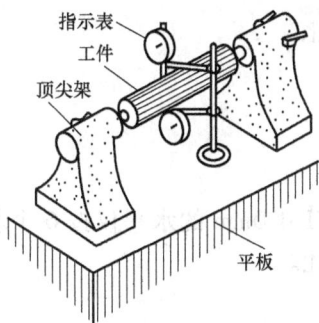

图 4-23 用指示表测量外圆轴线直线度误差　　　　图 4-24 评定直线度误差

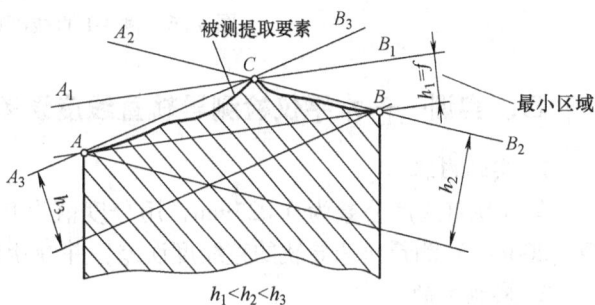

三、直线度误差的最小区域判别法

直线度误差用最小区域法来评定。如图 4-24 所示，由两条平行直线包容实际被测直线时，可以得到 h_1、h_2、h_3 三种直线度误差值，但只有 h_1 得到的直线度误差值最小，此时实际被测直线上至少有高、低相间三点分别与这两条平行直线接触，称为"相间准则"，这两条平行直线之间的区域即为最小区域，该区域的宽度 h_1 即为符合定义的直线度误差值 f。

直线度误差的最小区域判别法即是在法定平面内，由两平行直线包容提取要素时，形成高低相间的三点接触，如图 4-25 所示，表示被测提取要素为最小区域所包容。

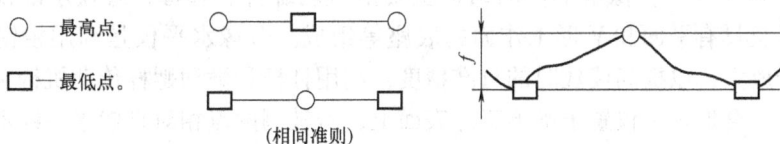

图 4-25 直线度误差的最小区域判别法

例 实验测得某被测直线的 5 个点，0、1、2、3、4 各点的读数（单位为 μm）分别为：0、3、2、-3、2，试求该被测直线的直线度误差。

解：
根据题目要求画出误差曲线图，如图 4-26 所示。

按最小条件作两条平行直线将误差折线包容起来。一条直线过两高点，另一直线过低点且平行于两高点连线。该两条平行直线的垂直坐标距离 5.3 μm，就是被测直线的直线度误差。

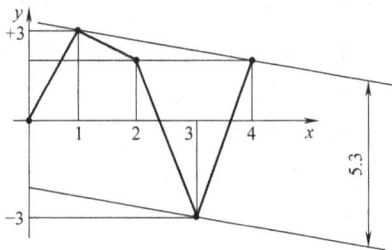

图 4-26 例 4-1 直线度误差曲线图

四、实训——水平仪检测导轨直线度误差

1. 实训内容

某导轨直线度公差为 0.025mm，用分度值为 0.02mm/1 000mm 的水平仪按 6 个相等跨距（200mm）测量机床导轨的直线度误差，并判断其合格性。

2. 实训目的

1）掌握用水平仪测量直线度误差的方法及数据处理。

2）加深对直线度误差含义的理解。

3）掌握直线度误差的评定方法。

3. 检具与被测零件

1）检具：合像水平仪或框式水平仪（分度值为 0.02mm）、桥板（节距为 200mm）。

2）被测零件：导轨。

4. 检测仪器介绍

为了控制机床、仪器导轨及长轴的直线度误差，常在给定平面（垂直平面或水平平面）内进行检测，常用的计量器具有框式水平仪、合像水平仪、电子水平仪和自准直仪等测定微小角度变化的精密量仪。合像水平仪因具有测量准确、效率高、价格便宜、携带方便等特点，在直线度误差的检测工作中广泛采用。

（1）合像水平仪 合像水平仪的结构主要由微动螺杆、螺母、底盘水准仪、棱镜、放大镜、杠杆以及具有平面和 V 形工作面的底座等组成。合像水平仪是利用棱镜将水准器中的气泡像复合放大，以提高读数时的对准精度，利用杠杆和微动螺杆传动机构来提高读数的精度和灵敏度。合像水平仪置于被测工件表面上，若被测两点相对自然水平线不等高时，将引起两端的气泡像不重合，转动度盘使气泡像重合，此时合像水平仪的读数值即为该两点相对自然水平面的高度差，刻度盘读数与桥板跨距 L 之间的关系为 $h = iLa$。

（2）框式水平仪 框式水平仪是一种测量偏离水平面的微小角度变化量的常用量仪，它的主要工作部分是水准器。水准器是一个封闭的玻璃管，内表面的纵剖面具有一定的曲率半径，管内装乙醚或酒精，并留有一定长度的气泡。由于地心引力作用，玻璃管内的液面总是保持水平，即气泡总是在圆弧玻璃管的最上方。当水准器的下平面处于水平时，气泡处于玻璃管外壁刻度的正中间，若水准器倾斜一个角度 α，则气泡就要偏离最高点，移动的格数与倾斜的角度 α 成正比。由此，可根据气泡偏离中间位置的大小来确定水准器下平面偏离水平的角度。

框式水平仪的分度值有 0.1mm/m、0.05mm/m、0.02mm/m 三种。如果水平仪分度值为

0.02mm/m，则气泡每移动一格，表示导轨面在 1m 长度上两测量点高度差为 0.02mm（或倾斜角为 4″）。

5. 开始检测

如图 4-27 所示，检测步骤如下：

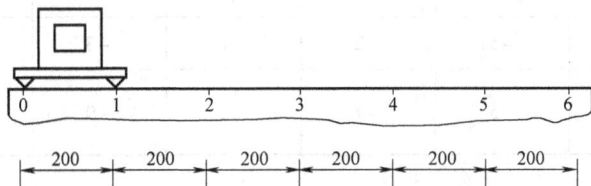

图 4-27　用水平仪检测导轨直线度误差

步骤 1：量出零件被测表面总长，将总长分为若干等分段（一般为 6～12 段）确定每一段的长度（跨距）L，并按 L 调整可调桥板两圆柱的中心距。

步骤 2：将水平仪放于桥板上，然后将桥板从起点依次放在各等分点位置上进行测量。到终点后，自终点再进行一次回测，回测时桥板不能调头，同一测点两次读过的平均值为该点的测量数据。如某测点两次读数相差较大，说明测量情况不正常，应查明原因并加以消除后重测。

测量时要注意每次移动桥板都要将后支点放在原来前支点处（桥板首尾衔接），测量过程中不允许移动水平仪与桥板之间的相对位置。

步骤 3：从合像水平仪读数时，先从合像水平仪的侧面视窗处读得百位数，再从其上端读数鼓轮处读得十位和个位数。从框式水平仪读数时，待气泡稳定后，从气泡边缘所在刻线读出气泡偏离的格数。

步骤 4：用图解法或计算法按最小条件进行数据处理，求出被测表面的直线度误差。

6. 数据处理

1）为了作图方便，最好将各测点的读数平均值同减一个数而得出相对差。

2）根据各测点的相对差，在坐标纸上描点。作图时不要漏掉首点（零点），且后一点的坐标位置是在前一点坐标位置的基础上累加。用直线依次连接各点，得出误差折线。

3）两条平行直线包容误差折线，其中一条直线必须与误差折线两个最高（或最低）点相切，在两切点之间有一个最低（或最高）点与另一条平行线相切。这两条平行直线之间的区域就是最小包容区域。两平行线在纵坐标上的截距即为被测表面的直线度误差值 Δa（角度格值）。

4）差值 $f(\mu m)$ 按下式折算成线性值

$$f = iL\Delta a$$

式中　i——水平仪的分度值；

　　　L——桥板跨距；

　　　Δa——被测件的直线度误差值（格）。

7. 评定结果

计算出的直线度误差数值如果小于直线度公差数值，则该导轨的直线度误差合格。反之则不合格。

假设测得数据分别为 -5, -2, +1, -3, +6, -3（单位格）。

1）选定 $h_0 = 0$，将各测点的读数依次累计，即得各点相应的坐标值 h_i（表4-6）。

表4-6 各点相应的坐标值

序号 i	0	1	2	3	4	5	6
读数 a_i		-5	-2	+1	-3	+6	-3
累积值 $h_i = h_{i-1} + a_i$	0	-5	-7	-6	-9	-3	-6

2）作误差曲线图（见图4-28）。

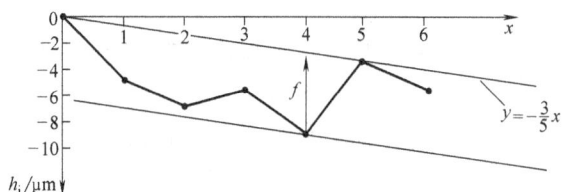

图4-28 误差曲线图

3）作拟合曲线，量取误差值

$$f = \left| -9 - \left(-\frac{3}{5} \times 4 \right) \right| \approx 6.6 (格)$$

由分度值 0.02mm/1 000mm, 跨距 200mm 得

$$1 格 = \frac{0.02}{1\,000} \times 200\,mm = 0.004\,mm$$

$$f = 6.6 \times 0.004\,mm = 0.0264\,mm > 0.025\,mm$$

4）结论：导轨不合格。

第四节 平面度公差及检测

一、平面度公差及公差带

平面度公差是限制实际平面对其理想平面变动量的一项指标，用于对实际平面的形状精度提出要求。

平面度公差带是间距为公差值 t 的两平行平面限定的区域。图4-29所示标注示例表示提取（实际）表面应限定在间距为公差值 0.08mm 的两平行平面之间。

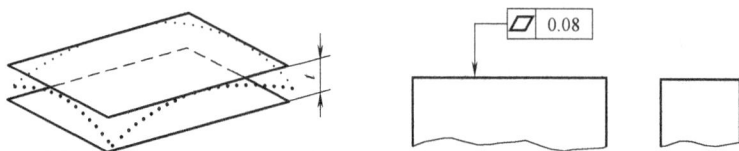

图4-29 平面度公差带及标注示例

二、检测平面度误差

检测平面度误差的仪器有平晶、平板和带指示表的表架、水平仪、自准直仪和反射镜等，如图 4-30 所示。

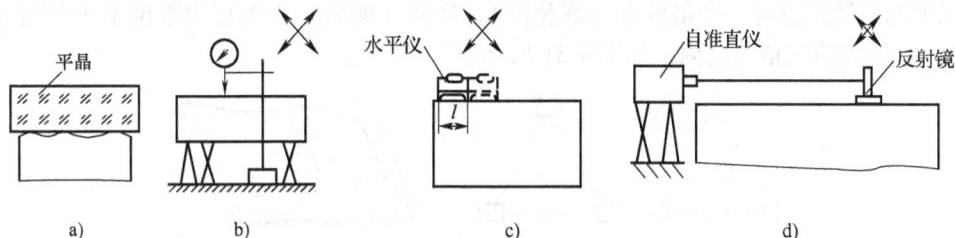

图 4-30 平面度误差测量

a）用平晶检测 b）用平板和指示表检测 c）用水平仪检测 d）用自准直仪和反射镜检测

1. 用平晶检测

如图 4-30a 所示，将平晶贴在被测表面上，观测它们之间的干涉条纹。被测表面的平面度误差等于封闭的干涉条纹数与光波波长的一半的乘积；对于不封闭的干涉条纹，平面度误差等于条纹的弯曲度与相邻两条纹间距之比再乘以光波波长的一半。这种方法适用于测量高精度的小平面。

常用平晶分为单面、双面、平行三类，可检测精密平面的平面度、平行度。一级平晶的平面度误差不大于 $0.03\mu m$；二级平晶的平面度误差不大于 $0.10\mu m$。

平面平晶还可用于检定量块的研合性和平面度、仪器和量具的测量面、工作面的平面度。亦可用于检定高精度的平面零件，例如平面光学零件、高级平台、平板、导轨、密封件等。

平面平晶特别适用于计量单位、实验室作为标准平面和样板。

2. 用平板和带指示表的表架检测

如图 4-30b 所示，用精密平板模拟理想平面，将被测零件支承在平板上，调整被测表面最远三点，使之与平板等高，然后按一定的布点测量被测表面，并用指示表读数，各测点的最大与最小读数之差作为平面度误差。

3. 用水平仪检测

如图 4-30c 所示，将被测表面调整成水平，用水平仪按照一定的测点和方向逐点测量，记录得数，并换算成选定基准平面上的坐标值，再计算出平面度误差。这种方法适用于测量大平面。

4. 用自准直仪和反射镜检测

如图 4-30d 所示，将反射镜安装在被测表面上，调整自准直仪使其与被测表面平行，然后按照一定的测点和方向逐点测量。

三、平面度误差的评定

测量平面度误差时，一般是沿着被测表面两对角线及其他直线等距布置测量点，根据测得的读数值用计算法或图解法按照最小条件原则进行处理，以确定被测要素的平面度误差。

平面度误差的评定方法分为四种：最小区域法（又可分为三角形准则、交叉准则、直线准则）、三远点法（近似方法）、对角线法（近似方法）和最小二乘法（可用计算机处理数据）。下面对前几种方法做简单介绍。

1. 三角形准则

三个相等最高点与一个最低点（或相反）：最低（或高）点垂直投影位于三个相等最高（或低）点组成的三角形之内，如图4-31所示。

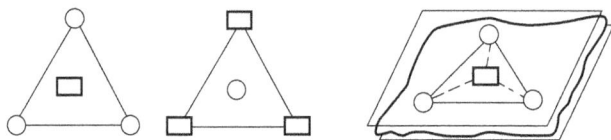

图4-31　平面度误差的最小区域法——三角形准则

三角形准则评定平面度误差的具体过程如图4-32所示。

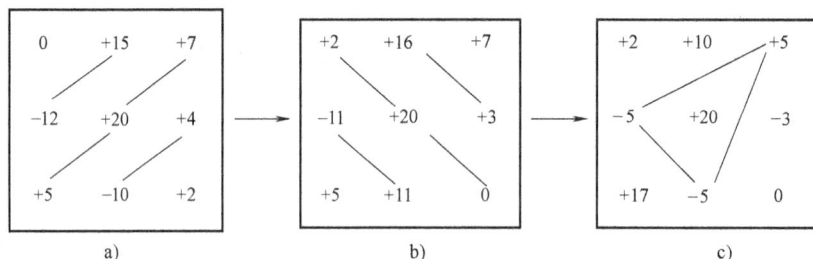

图4-32　三角形准则评定方法

a) 最高点 +20μm 不动，最低点 −12μm 和较低点 −10μm 调平　b) 最高点 +20μm 不动，最低点 −11μm 和对角点 +7μm 调平

c) 平面度误差 = 20μm − (−5)μm = 25μm

2. 交叉准则

两个相等最高点与两个相等最低点：两相等最高点垂直投影位于两相等最低点连线的两侧，如图4-33所示。

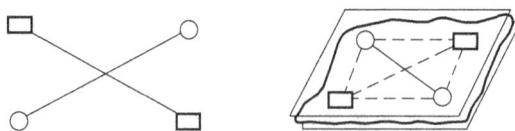

图4-33　平面度误差的最小区域法——交叉准则

3. 直线准则

两个相等最高点与一个最低点（或相反）：最低（或高）点垂直投影位于两相等最高（或最低）点连线之上，如图4-34所示。

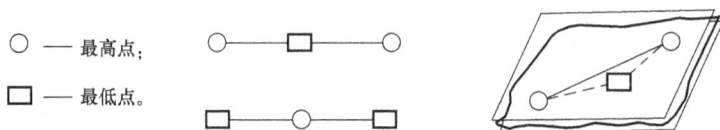

○ ——最高点；

□ ——最低点。

图4-34　平面度误差的最小区域法——直线准则

4. 三远点法（近似法）

三远点法是平面度误差的近似判别法，除最小区域法评定平面度误差数值外，工厂通常使用此种近似评定方法。测量时，调整被测表面最远的三点，使其与平板平行，然后按照一定的形式布点，对被测表面各点进行测量，测量结果中的最大值与最小读数值之差，就是平面度误差，如图 4-35 所示。

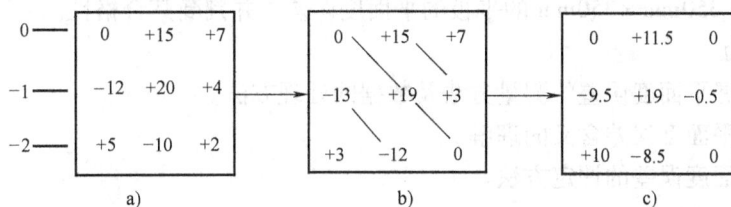

图 4-35　平面度误差的三远点法

a）调平 0 和 +2μm　b）调平 0 和 +7μm　c）最远三点均为 0

平面度误差 $= 19\mu m - (-9.5)\mu m = 28.5\mu m$

三远点法选取的三点不同，得到的误差值也不同，因此三远点法误差值不唯一。

5. 对角线法（近似方法）

对角线法也是平面度误差的近似判别法，也是工厂通常使用的一种近似评定方法。如图 4-36 所示，基准平面通过被测实际面的一条对角线，且平行于另一条对角线，实际面上距该基准面的最高点与最低点的代数差为平面度误差。

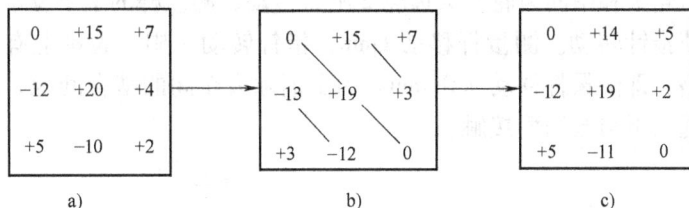

图 4-36　平面度误差的对角线法

a）调平 0 和 +2μm　b）调平 +3μm 和 +7μm　c）对角线分别为 0 和 +5μm

平面度误差 $= 19\mu m - (-12)\mu m = 31\mu m$

用水平仪或准直仪测量大平面的平面度误差时，多采用在被测表面上布线设点法，即在一个正方形上沿纵横坐标各等分为 3 等分，共布 9 个测点，在这 9 个点中，满足理想要素的点（特殊点）一般很少直接存在，因此一般需要选转轴进行坐标旋转，把需要的点变成评定基准，再求出坐标点的最大值与最小值之差即为平面度误差。这种数据处理方法统称为基面旋转法。

用最小区域法评定平面度误差时应注意：

1）旋转轴的位置应通过最高点。

2）旋转量的确定应使最大负值的绝对值减少，且使其他坐标值不出现正值。

3）多次反复进行，直至符合最小包容区域的判别形式为止。计算误差值 $f =$ 最大值 − 最小值。

用三远点法和对角线法评定平面度误差时应注意其旋转轴的位置应尽量选坐标值相近的两点。

四、实训——打表法检测平板的平面度误差

1. 实训内容

检测尺寸为 350mm×350mm 的平板的平面度误差，并判断其合格性。

2. 实训目的

1）学习掌握平面度误差的测量方法及数据的处理方法。

2）加深对平面度误差含义的理解。

3）掌握平面度误差的评定方法。

3. 检具与被测零件

1）检具：指示表（0.01mm、0～10mm）、万能表架、可调支承、检验平板。

2）被测零件：平板（350mm×350mm）。

4. 相关知识

指示表（0.01mm）的外观如图 4-37 所示。表盘上每一格分度值为 0.01mm，整个圆周上有 100 格刻线。指示表的测量尺寸范围有 0～3mm、0～5mm 和 0～10mm 三种。还有一种是表盘上每一格刻线值为 0.001mm 的又称为千分表。常用为 0～3mm 的指示表，测量尺寸范围为（0～10）mm。

指示表的结构如图 4-37 所示。图中测量杆可以上下移动，杆上铣出齿，即为齿条。齿条与小齿轮与大齿轮 1 和中间齿轮与大齿轮 2 啮合传动，测量杆的上下移动，则通过齿条与齿轮的啮合传动使指针转动。测量杆移动 1mm，指针转动一周。表盘上有等分 100 格刻度线，指针摆动一格，即测量杆移动 0.01mm。为了消除齿轮间的啮合间隙，由弹簧拉紧。弹簧拉动测量杆永远向下与被测面接触。

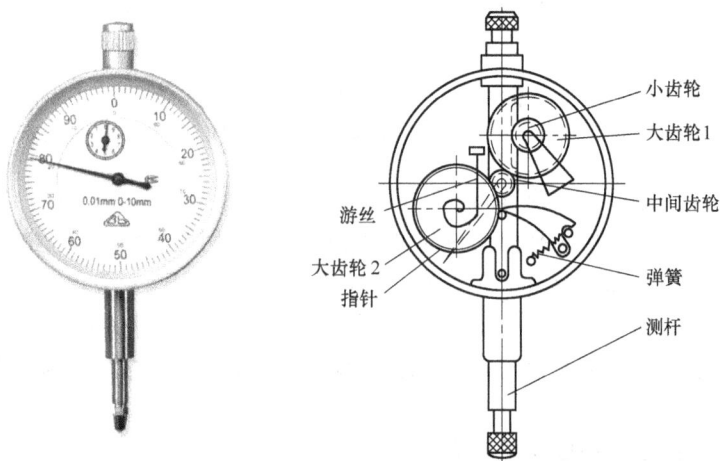

图 4-37　指示表实物图和结构图

使用指示表测量时应注意：

1）用指示表测量时应与表架结合使用，测量时表与表架应牢固结合，表架座应放平稳。

2）测量时注意指示表的测量杆中心线与被测件平面要垂直，以避免出现测量误差。

3）检测前注意擦干净测头和被测件表面。

5. 开始检测

如图 4-38a 所示，将被测平板放在测量平板上，以测量平板为基准，按图 4-38b 所示在整个被测表面上布点。

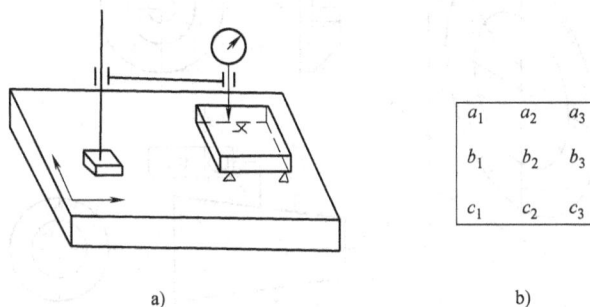

图 4-38　检测平板的平面度误差

步骤 1：将被测平板用可调支承置于测量平板上，将指示表装夹在万能表架上。

步骤 2：指示表测头与被测表面接触，使小指针指到 1 左右，为了读数方便，可转动表盘，使大指针为零，移动指示表，调节可调支撑，使被测表面的其中三个角相对于测量平板等高。

步骤 3：在被测表面上均匀取 9 点，移动指示表，记下在每点的读数，测量三次并做好记录。

6. 数据处理

（1）三远点法　以三等高点为基准平面，作平行于基准平面且过最高点和最低点两平行平面，则其平面度误差为上、下两平行平面之间的距离，即最高点读数值减去最低点读数值。

（2）对角线法　采集数据前先分别将被测平面的两对角线调整为与测量平板等高，然后在被测表面上均匀取 9 点用指示表采集数据，作平行于两对角线且过最高点和最低点两平行平面，则其平面度误差为上、下两平行平面之间的距离，即最高点读数值减去最低读值。

（3）最小区域法　通过基面转换，按最小区域原则求出平面度误差值。

7. 评定结果

对三组数据分别进行数据处理，比较并分析平面度误差值的测量结果。

第五节　圆度和圆柱度公差及检测

一、圆度公差及公差带

圆度公差是提取要素对理想圆的允许变动全量。用来控制回转体表面（如圆柱面、圆锥面、球面等）正截面轮廓的形状误差。圆度公差带是在给定横截面内，半径差为公差值 t 的两同心圆之间的区域，如图 4-39a 所示。

图 4-39b 标注示例表示在被测圆柱面和圆锥面的任意正截面内，提取圆周应限定在半径差为公差值 0.03mm 的两共面同心圆之间。图 4-39c 标注示例表示在被测圆锥面的任意横截

面内，提取圆周应限定在半径差为公差值 0.1mm 的两同心圆之间。

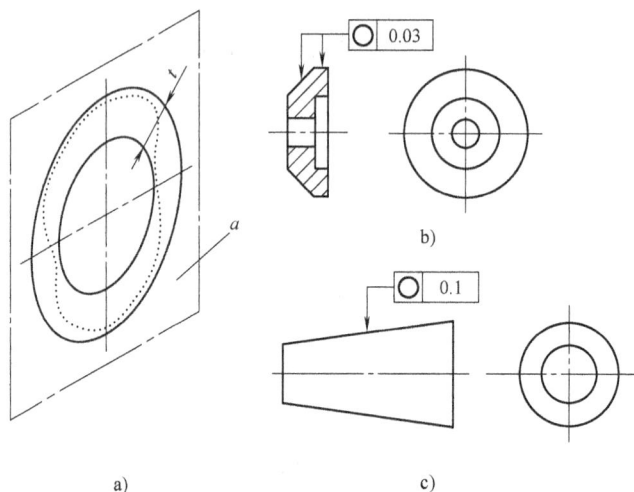

图 4-39　圆度公差带及标注
a）公差带　b）、c）标注

二、圆柱度公差及公差带

圆柱度公差是限制实际圆柱面对其理想圆柱面变动量的一项指标，圆柱度公差可以同时控制圆度、素线、轴线的直线度等。圆柱度公差可以综合控制圆柱体正截面和纵截面的形状误差，其公差带是半径差为公差值 t 的两同轴圆柱面之间的区域。图 4-40 所示的标注示例表示提取圆柱面应限定在半径差为公差值为 0.1mm 两同轴圆柱面之间。

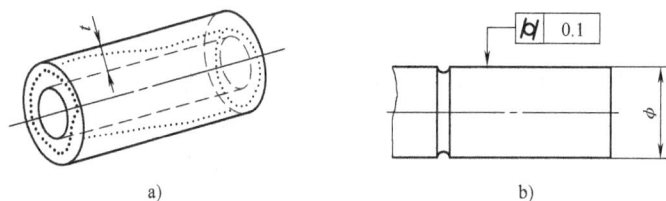

图 4-40　圆柱度公差带及标注
a）公差带　b）标注

三、检测圆度和圆柱度误差

1. 圆度误差的检测

圆度误差的检测仪器有圆度仪、光学分度头、三坐标测量机或带计算机的测量显微镜、V 形架和带指示表的表架、千分尺及投影仪等。

（1）圆度仪测量圆度误差　圆度仪一般有转轴式和转台式两种形式。转轴式测量时，被测零件固定不动，测头与零件接触并旋转。转台式是将被测零件装在可旋转的回转台上，测头固定不动，传感器的测头始终与零件表面接触，零件在半径方向的误差使测头产生位移，位移转换成电信号，经放大器放大后记录在坐标纸上。

用圆度仪测量圆度误差符合圆度定义,且精度很高(可达 $0.25\mu m$)。正因如此,圆度仪的使用条件要求高,检测要在恒温环境中,一般不适合车间使用。

转轴式圆度仪的工作原理如图 4-41 所示。测量时将被测零件装夹在量仪工作台上,调整其轴线与量仪回转轴线同轴。记录被测零件在回转一周内截面各点的半径差,绘制出极坐标图,最后评定出圆度误差。

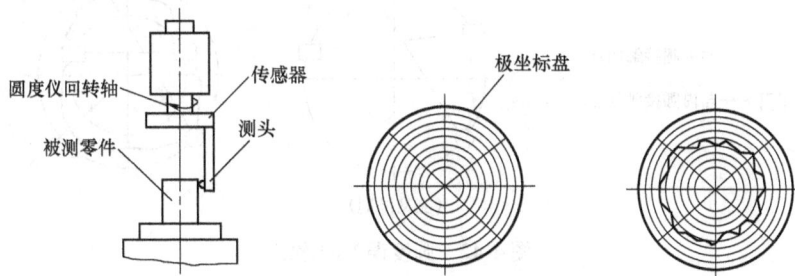

图 4-41 转轴式圆度仪的工作原理

(2)光学分度头测量圆度误差 在没有圆度仪或测量精度要求不高的情况下,可采用光学分度头。测量时,各测点位置由分度头等分转角决定,利用测微计得出各测点半径差,然后按比例绘制放大了的实际轮廓,再用某种评定方法求得结果。

当被检零件的批量大时,可用专用标准环测量。测量基准和评定基准均为标准环内径圆,相当于被测实际轮廓的最小外接圆,它与零件形成间隙接近于零的配合。

此外,也可在工具显微镜上用分度盘和灵敏杠杆测量,其原理与用光学分度头测量基本相同。圆柱孔的圆度误差可以用内径指示表(分度值为 0.01mm 或 0.001mm)检测。

(3)三坐标测量机测量圆度误差 采用三坐标测量机也可对圆度误差进行测量,但用三坐标测量机测得的圆度误差值有一定的不确定性,因为三坐标测量机没有像圆度仪那样的连续扫描功能,只能间断采点,不能反映整个轮廓的真实情况。当然,采点数越多,采样点均布,则所得虚拟圆圆心位置越正确,圆度误差值相对正确和稳定。此外,圆度误差测量时还应排除表面波度和粗糙度的影响,三坐标测量机无圆度仪那样的误差分离功能,也会影响测量结果的正确性。

误差分离技术是提高圆度误差测量精度的关键技术。目前误差分离的方法已发展成传感技术、数字技术、控制技术、电子技术等的综合应用。

光学分度头测圆度误差虽然也是点位式测量,无误差分离功能,其精度也比不上圆度仪,但测量时因能逐次较精确地分度,且误差曲线便于在极坐标中描绘,便于数据处理,因此在某些场合也有使用价值。

所以,除了一些大型的、不便于在圆度仪上测量的工件以外,在测量精度要求较高时圆度误差的测量宜在圆度仪上进行,以保证测量的精度和可靠性。

(4)圆度误差的近似测量 圆度误差的近似测量方法有两点法和三点法,两种方法均为生产中常用的方法,操作也很简便。如测量外圆表面的圆度误差时,可用千分尺测出同一正截面的最大直径差,此差值的一半即为该截面的圆度误差。三点法测量圆度误差的一种特殊情况——等径多弧形的棱圆度(特别是奇数棱圆度),可用鞍形架、V 形架、三脚内径规等装置进行近似测量,这种方法因在两个固定支承和一个在测量方向上移动的测头之间进行，故称为三点测量。

（5）圆度误差的评定　由两同心圆包容被测提取轮廓时，至少有四个实测点内外相间地在两个圆周上，此时被测提取要素已为最小区域所包容。如图 4-42 所示为交叉准则用于评定圆度误差，两同心圆的半径差即为圆度误差 f。

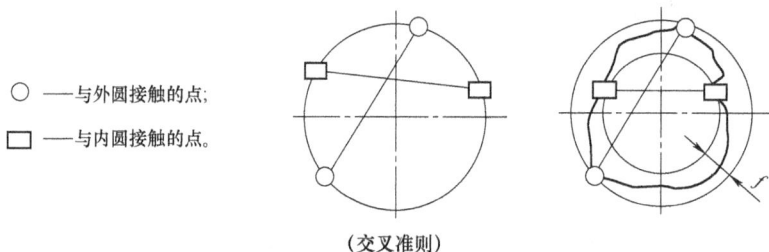

○ ——与外圆接触的点；
□ ——与内圆接触的点。

（交叉准则）

图 4-42　圆度误差的评定

2. 圆柱度误差的检测

圆柱度误差的测量可在圆度测量基础上，测头沿被测圆柱表面作轴向运动测得。图 4-43 所示为外圆表面圆柱度误差的检测。

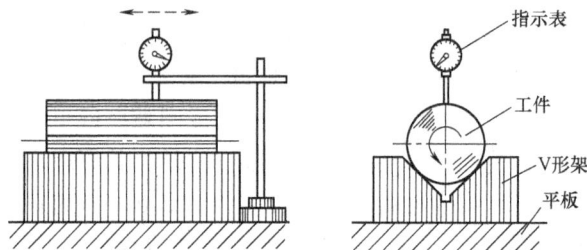

指示表
工件
V形架
平板

图 4-43　外圆表面圆柱度误差的检测

四、实训——检测圆柱和圆锥的圆度误差

1. 实训内容

1）圆度仪检测某圆柱外表面的圆度误差，并判断其合格性。

2）指示表及表架检测圆锥面的圆度误差，并判断其合格性。

2. 实训目的

1）学习掌握圆度误差的测量方法及数据处理方法。

2）加深对圆度误差含义的理解。

3）掌握圆度误差的评定方法。

3. 检具与被测零件

1）检具：圆度仪和指示表支架、平板和支承。

2）被测零件：圆柱、圆锥。

4. 开始检测

1）检测圆柱外表面的圆度误差　测量步骤如下：

步骤 1：将被测零件放置在圆度仪上。

步骤2：调整被测零件的轴线，使它与圆度仪的回转轴线同轴。

步骤3：记录被测零件在回转一周过程中测量截面上各点的半径差，计算该截面的圆度误差。

步骤4：测头间断移动，测量若干截面。取各截面圆度误差中最大误差值作为该零件的圆度误差。

2）检测圆锥面的圆度误差　图4-44所示为用指示表检测圆锥面的圆度误差。测量步骤如下：

步骤1：被测零件轴线应垂直于测量截面，同时固定轴向位置。

步骤2：在被测零件轴线回转一周过程中，指示表读数的最大差值的一半作为单个截面的圆度误差。

步骤3：按上述方法，测量若干个截面，取其中最大的误差值作为该零件的圆度误差。

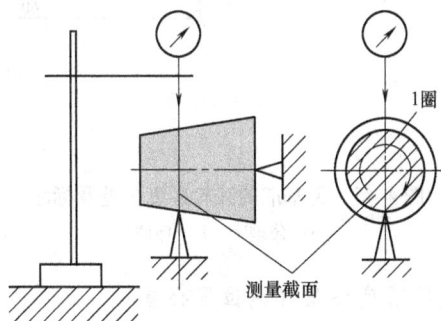

图4-44　用指示表检测圆锥面的圆度误差

5. 评定结果

第六节　线轮廓度和面轮廓度公差及检测

在实际生产中，经常会遇到一些带有线轮廓度、面轮廓度要求的零件。因此，需要理解线轮廓度和面轮廓度公差，识读公差标注，合理选用量具并对线轮廓度和面轮廓度误差进行检测，以便在生产过程中进行控制，保证生产出合格的零件。

一、线轮廓度公差及公差带

轮廓度公差属于形状或位置公差，当无基准要求时属于形状公差，有基准要求时属于位置公差。

线轮廓度公差是被测提取要素对理想轮廓线所允许的变动全量。用来控制平面曲线（或曲面的截面轮廓）的形状或位置误差。线轮廓度公差是限制实际平面曲线对其理想曲线变动量的一项指标，是对零件上的非圆曲线提出的形状精度要求。

1. 无基准的线轮廓度公差（属形状公差）

无基准的线轮廓度公差带形状为直径等于公差值 t，圆心位于具有理论正确几何形状的一系列圆的两包络线所限定的区域，如图4-45a所示。

图4-45b所示示例表示在任一平行于图示投影面的截面内，提取（实际）轮廓线应限定

在直径等于0.04mm，圆心位于被测要素理论正确几何形状的一系列圆的两包络线之间。理论正确尺寸是指确定被测要素的理想形状、理想方向或理想位置的尺寸。该尺寸不带公差，标注在方框中。上述示例中的理论正确几何形状由 R25、2 × R10 和 22 确定。

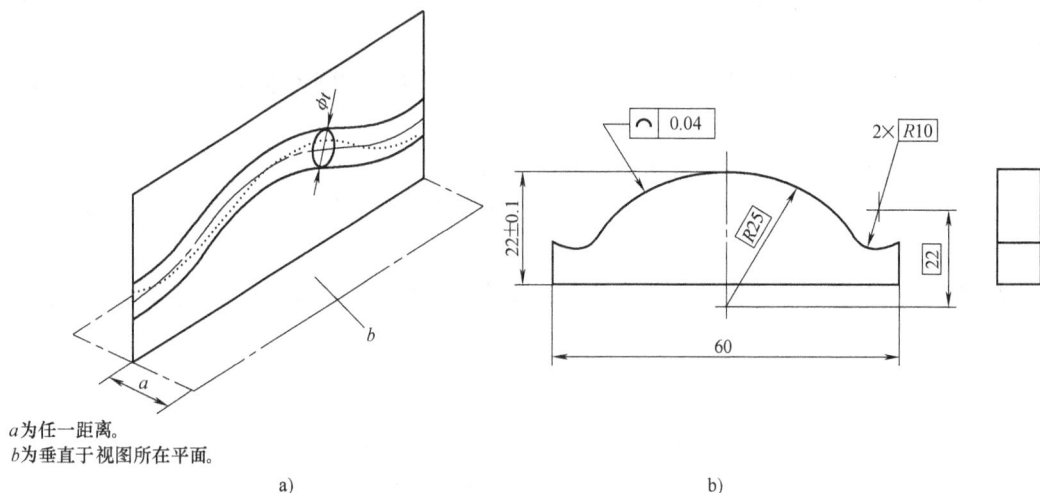

a为任一距离。
b为垂直于视图所在平面。

　　　　　　　a)　　　　　　　　　　　　　　　　　　b)

图4-45　无基准的线轮廓度公差及标注
a）公差带　b）标注

2. 相对于基准体系的线轮廓度公差（属位置公差）

如图4-46a所示的相对于基准体系的线轮廓度公差带为直径等于公差值 t，圆心位于由基准平面 A 和基准平面 B 确定的被测提取要素理论正确几何形状上的一系列圆的两包络线所限定的区域。理想轮廓线的位置由理论正确尺寸和基准共同确定。

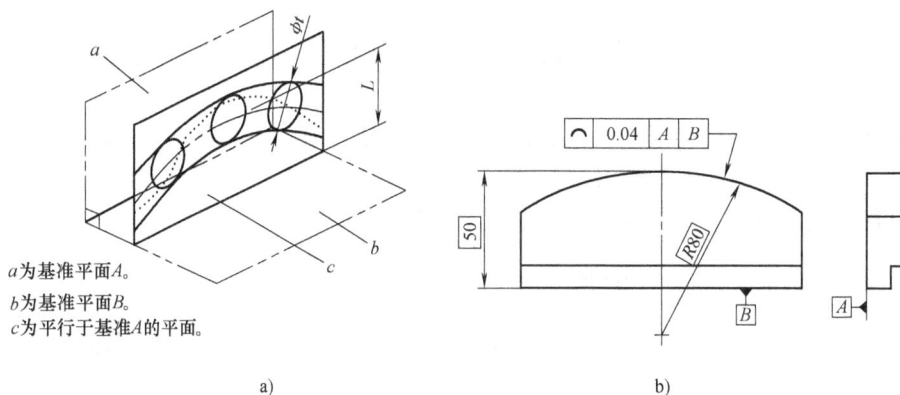

a为基准平面A。
b为基准平面B。
c为平行于基准A的平面。

　　　　　　　a)　　　　　　　　　　　　　　　　　　b)

图4-46　相对于基准体系的线轮廓度公差及标注
a）公差带　b）标注

图4-46b所示的线轮廓度标注示例表示在任一平行于图示投影面的截面内，提取（实际）轮廓线应限定在直径等于0.04mm，圆心位于由基准平面 A 和基准平面 B 确定的被测要素理论正确几何形状上的一系列圆的两等距包络线之间。理想轮廓线由基准 A、B 及理论正确尺寸 R80 和 50 共同确定，公差带位置固定。

二、面轮廓度公差及公差带

面轮廓度公差是被测提取要素对理想轮廓面所允许的变动全量。用来控制空间曲面的形状或位置误差。面轮廓度是一项综合公差，它既控制面轮廓度误差，又可控制曲面上任一截面轮廓的线轮廓度误差。

1. 无基准的面轮廓度公差（属形状公差）

如图 4-47a 所示，面轮廓度公差带形状为直径等于公差值 t，球心位于被测要素理论正确形状上的一系列圆球的两包络面所限定的区域。图 4-47b 所示标注示例表示提取（实际）轮廓面应限定在直径等于 0.02mm，球心位于被测要素理论正确形状上的一系列圆球的两等距包络面之间。理想轮廓面由 $\boxed{SR80}$ 确定，而其位置可在尺寸 (40 ± 0.2) mm 范围内浮动。

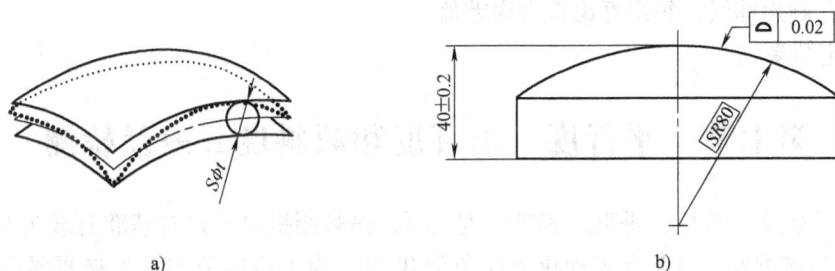

图 4-47　面轮廓度公差未标注基准
a) 公差带　b) 标注

2. 相对于基准的面轮廓度公差（属位置公差）

如图 4-48a 所示示例，面轮廓度公差带形状为直径等于公差值 t，球心位于被测要素理论正确几何形状上的一系列圆球的两包络面所限定的区域。图 4-48b 所示标注示例表示提取（实际）轮廓面应限定在直径等于 0.1mm，球心位于由基准平面 A 确定的被测要素理论正确几何形状上的一系列圆球的两等距包络面之间。理想轮廓面由基准 A 及理论正确尺寸 $\boxed{SR80}$ 和 $\boxed{40}$ 共同确定，公差带位置固定。

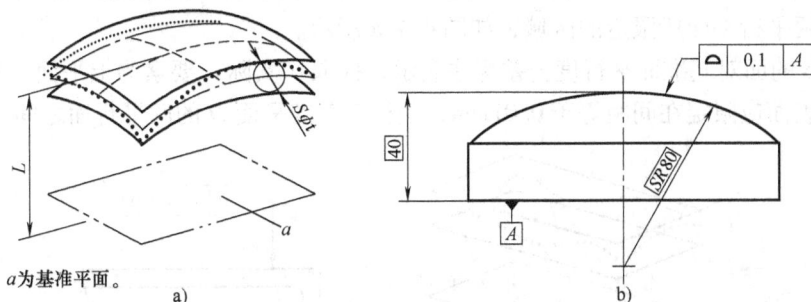

图 4-48　面轮廓度公差标注基准
a) 公差带　b) 标注

三、线轮廓度和面轮廓度误差的检测

线轮廓度误差的检测仪器有轮廓样板、投影仪、仿形测量装置和三坐标测量机等。面轮廓度误差的检测仪器有成套截面轮廓样板、仿形测量装置、坐标测量装置和光学跟踪轮廓测量仪等。

四、实训——检测线轮廓度误差

1）检测仪器：投影仪。

2）检测零件：圆柱、圆锥。

3）进行检测，检测步骤如下：

步骤1：将被测零件放置在仪器工作台上，并进行正确定位。

步骤2：X、Y坐标清零，X方向每过一定距离测量一次Y值，并记录下来，记录所有数据并填入下表。

步骤3：画出曲线，每组算出最大误差值。

4）评定结果。

第七节　平行度、垂直度和倾斜度公差及检测

方向公差包括平行度、垂直度和倾斜度三项，是被测提取要素对基准要素在方向上的允许变动量。当被测要素与基准的理想方向角为0°时，为平行度公差；当被测要素与基准的理想方向角为90°时，为垂直度公差；当被测要素与基准的理想方向角为其他任意角度时，为倾斜度公差。

一、平行度公差及检测

1. 平行度公差及公差带

平行度是表示零件上被测提取要素相对于基准保持等距离的状况。也就是通常所说的保持平行的程度。平行度公差是提取要素的实际方向，与基准相平行的理想方向之间所允许的最大变动量。也就是图样上所给出的，用以限制被测提取要素偏离平行方向所允许的变动范围。

（1）面对基准面的平行度公差　面对基准面的平行度公差带是间距为公差值t，平行于基准平面的两平行平面所限定的区域，如图4-49a所示。

图4-49b的面对基准面平行度公差标注表示，提取（实际）要素为上平面，基准要素为底面。被测表面应限定在间距等于0.01mm，平行于基准平面D的两平行平面之间。

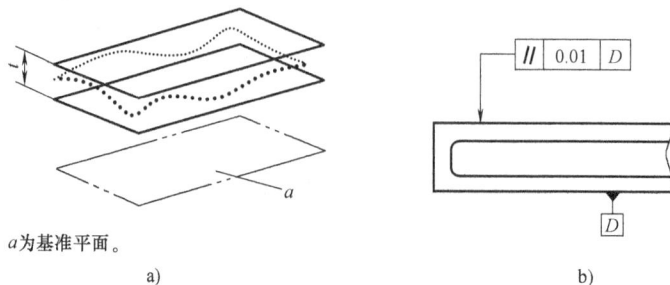

a为基准平面。

a)　　　　　　　　　　　　　　　　　b)

图4-49　面对基准面平行度度公差带和标注

a）公差带　b）标注

（2）线对基准线的平行度公差 若公差值前加注了符号 φ，则表示线对基准线的平行度公差带为直径为平行于两基准轴线，直径等于公差值 φt 的圆柱面所限定的区域，如图 4-50a 所示。图 4-50b 所示的线对基准线的平行度公差标注表示提取（实际）要素是孔中心线，基准要素 A 是另一个孔轴线。实际提取中心线应限定在平行于基准轴线 A、直径等于 φ0.03mm 的圆柱面内。

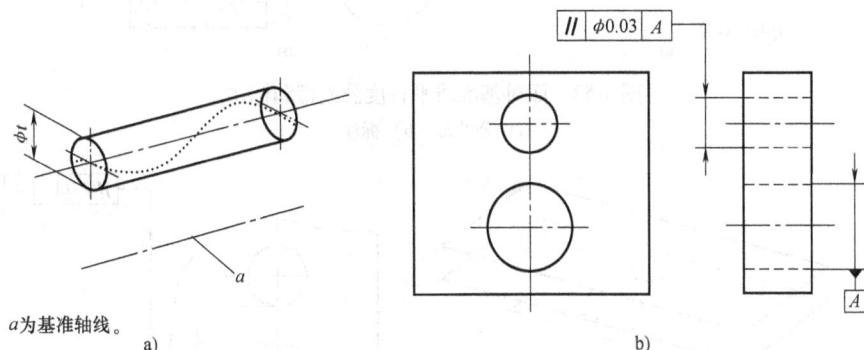

图 4-50 线对基准线平行度度公差带和标注
a）公差带 b）标注

（3）线对基准面的平行度公差 线对面的平行度公差带为平行于基准面，间距等于公差值 t 的两平行平面所限定的区域，如图 4-51a 所示。图 4-51b 所示的线对基准面的平行度公差标注示例表示提取（实际）中心线应限定在平行于基准面 B，间距等于 0.01mm 的两平行平面之间。

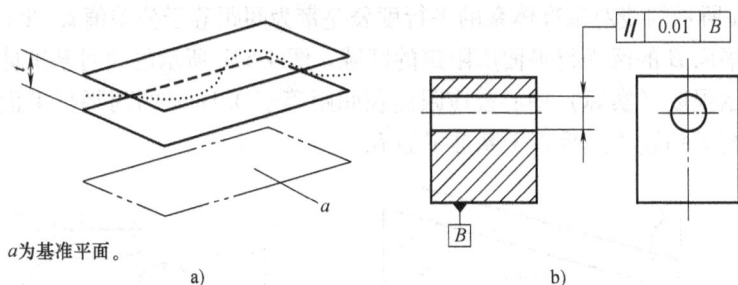

图 4-51 线对基准面平行度度公差带和标注
a）公差带 b）标注

（4）面对基准线的平行度公差 面对基准线的平行度公差带为间距等于公差值 t，平行于基准轴线的两平行平面所限定的区域，如图 4-52a 所示。图 4-52b 所示的面对基准线的平行度公差标注示例表示提取（实际）表面应限定在间距等于 0.1mm，平行于基准轴线 C 的两平行平面之间。

（5）线对基准体系的平行度公差 如图 4-53a 所示的线对基准体系的平行度公差带为间距等于公差值 t，平行于两基准的两平行平面所限定的区域。图 4-53b 所示的线对基准体系的平行度公差标注示例表示提取（实际）中心线应限定在间距等于 0.1mm，平行于基准轴线 A 和基准平面 B 的两平行平面之间。

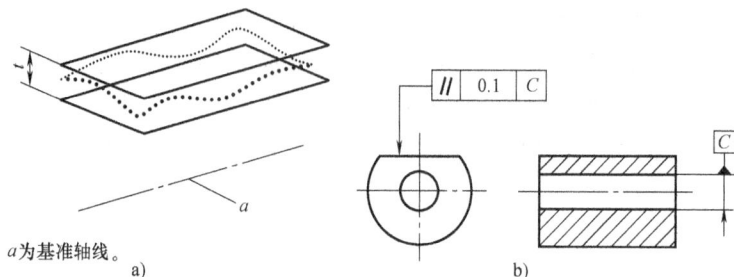

a 为基准轴线。

a)   b)

图 4-52   面对基准线平行度公差带和标注

a）公差带   b）标注

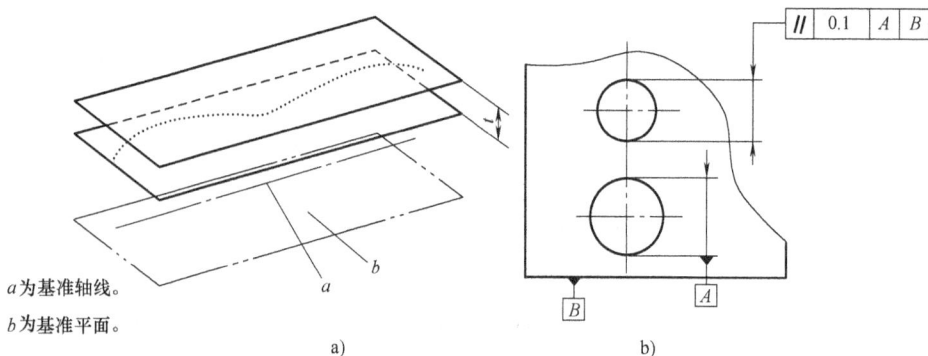

a 为基准轴线。

b 为基准平面。

a)   b)

图 4-53   线对基准体系平行度公差带和标注（一）

a）公差带   b）标注

如图 4-54a 所示的线对基准体系的平行度公差带为间距等于公差值 t，平行于基准轴线 A 且垂直于基准平面 B 的两平行平面所限定的区域。图 4-54b 所示的线对基准体系的平行度公差标注示例表示提取（实际）中心线应限定在间距等于 0.1mm 的两平行平面之间，该两平行平面平行于基准轴线 A 且垂直于基准平面 B。

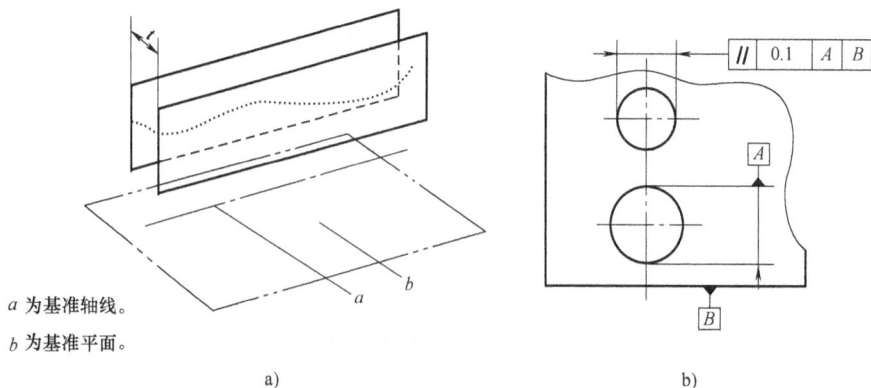

a 为基准轴线。

b 为基准平面。

a)   b)

图 4-54   线对基准体系平行度公差带和标注（二）

a）公差带   b）标注

如图 4-55a 所示的线对基准体系的平行度公差带为平行于基准轴线和平行或垂直于基准平面、间距分别等于公差值 t_1 和 t_2、且相互垂直的两组平行平面所限定的区域。图 4-55b 所示的线对基准体系的平行度公差标注示例表示提取（实际）中心线应限定在平行于基准轴线 A 和平行或垂直于基准平面 B，间距分别等于公差值 $0.1mm$ 和 $0.2mm$、且相互垂直的两组平行平面之间。

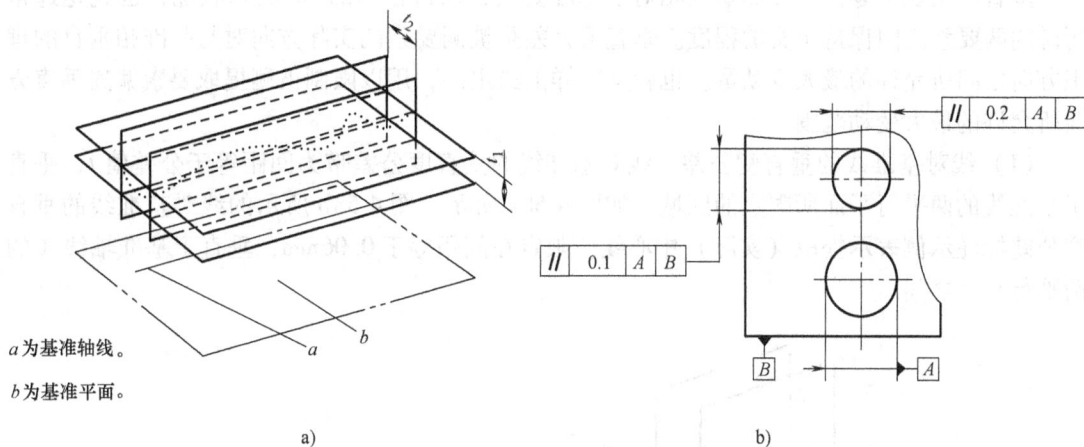

a 为基准轴线。

b 为基准平面。

a)

b)

图 4-55　线对基准体系平行度公差带和标注（三）

a) 公差带　b) 标注

2. 平行度误差的检测

平行度误差的检测仪器有平板和带指示表的表架、水平仪、自准直仪、三坐标测量机等。

（1）"面对面"平行度误差的检测　如图 4-56 所示，将被测零件放置在平板上，在整个被测表面上多方向地移动指示表支架进行测量，取指示表的最大与最小读数之差作为该零件的平行度误差。

（2）"线对面"平行度误差的检测　如图 4-57 所示，将被测零件直接放置在平板上，被测轴线由心轴模拟，应选用可胀式（或与孔成无间隙配合）心轴；在测量距离为 L_2 的两个位置上测量心轴的上素线，测得的读数分别为 M_1 和 M_2。平行度误差为 $|M_1 - M_2|L_1/L_2$。其中，L_1 为被测轴线长度，L_2 为指示表两个测量位置间的距离。

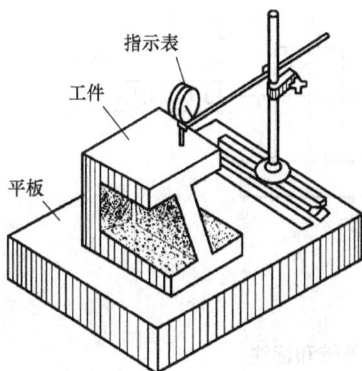

图 4-56　"面对面"平行度误差的检测

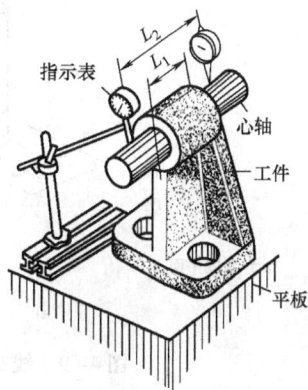

图 4-57　"线对面"平行度误差的检测

二、垂直度公差及检测

1. 垂直度公差及公差带

垂直度是表示零件上被测要素相对于基准要素，保持正确的90°夹角状况，也就是通常所说的两要素之间保持正交的程度。垂直度公差是被测要素的实际方向对与基准相垂直的理想方向之间所允许的最大变动量。也就是图样上给出的，用以限制被测提取要素偏离垂直方向所允许的最大变动范围。

（1）线对基准线的垂直度公差　线对基准线的垂直度公差带为间距等于公差值 t，垂直于基准线的两平行平面所限定的区域。如图4-58a所示。图4-58b所示的线对基准线的垂直度公差标注示例表示提取（实际）中心线应限定在间距等于0.06mm，垂直于基准轴线 A 的两平行平面之间。

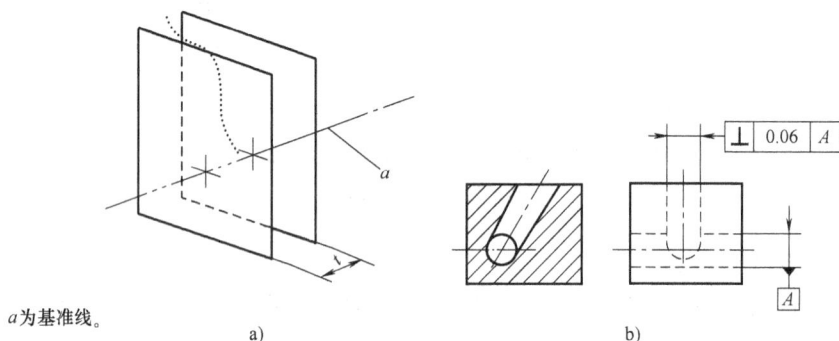

a 为基准线。

图4-58　线对基准线垂直度公差带和标注
a）公差带　b）标注

（2）线对基准面的垂直度公差　若公差值前加注了符号 ϕ，则线对基准面的垂直度公差带为直径等于公差值 ϕt，轴线垂直于基准面的圆柱面所限定的区域，如图4-59a所示。图4-59b所示的线对基准面的垂直度公差标注示例表示圆柱面的实际提取中心线应限定在直径等于 $\phi 0.01$mm，垂直于基准平面 A 的圆柱面内。

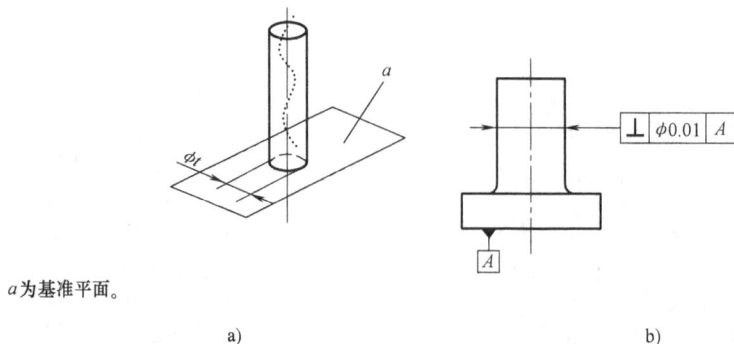

a 为基准平面。

图4-59　线对基准面垂直度公差带和标注
a）公差带　b）标注

（3）面对基准线的垂直度公差　面对基准线的垂直度公差带为间距等于公差值 t，且垂直于基准轴线的两平行平面所限定的区域，如图 4-60a 所示。图 4-60b 所示的面对基准线的垂直度公差标注示例表示提取（实际）表面应限定在间距等于 0.08mm 的两平行平面之间，该平行平面垂直于基准轴线 A。

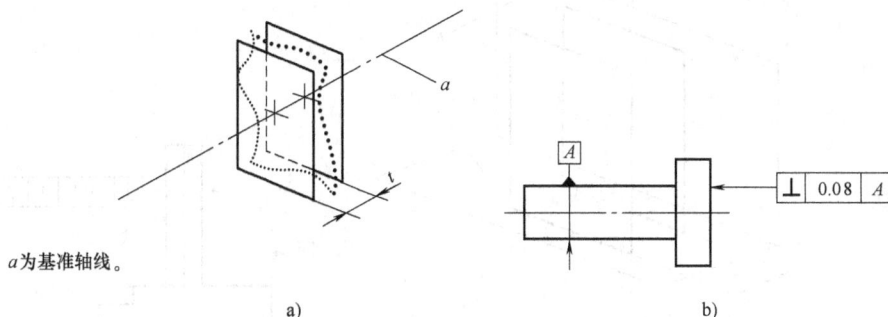

a 为基准轴线。

a)

b)

图 4-60　面对基准线垂直度公差带和标注
a）公差带　b）标注

（4）面对基准面的垂直度公差　面对基准面的垂直度公差带为间距等于公差值 t，垂直于基准平面的两平行平面所限定的区域，如图 4-61a 所示。图 4-61b 所示的面对基准面的垂直度公差标注示例表示提取（实际）表面应限定在间距等于 0.08mm，垂直于基准平面 A 的两平行平面之间。

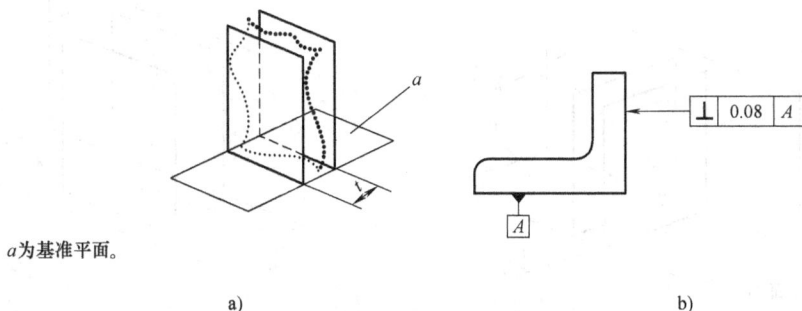

a 为基准平面。

a)

b)

图 4-61　面对基准面垂直度公差带和标注
a）公差带　b）标注

（5）线对基准体系的垂直度公差　线对基准体系的垂直度公差带为间距等于公差值 t 的两平行平面所限定的区域，该两平行平面垂直于基准平面 A 且平行于基准平面 B，如图 4-62a 所示。图 4-62b 所示的线对基准体系的垂直度公差标注示例表示，圆柱面的提取（实际）中心线应限定在间距等于 0.1mm 的两平行平面之间，该两平行平面垂直于基准平面 A 且平行于基准平面 B。

如图 4-63a 所示，线对基准体系的垂直度公差带为间距分别等于公差值 t_1 和 t_2，且互相垂直的两组平行平面所限定的区域，该两组平行平面都垂直于基准平面 A，其中一组平行平面垂直于基准平面 B，另一组平行平面平行于基准平面 B。图 4-63b 所示的线对基准体系的垂直度公差标注示例表示，圆柱的提取（实际）中心线应限定在间距分别等于 0.1mm 和

0.2mm，且互相垂直的两组平行平面内，该两组平行平面垂直于基准平面 A 且垂直或平行于基准平面 B。

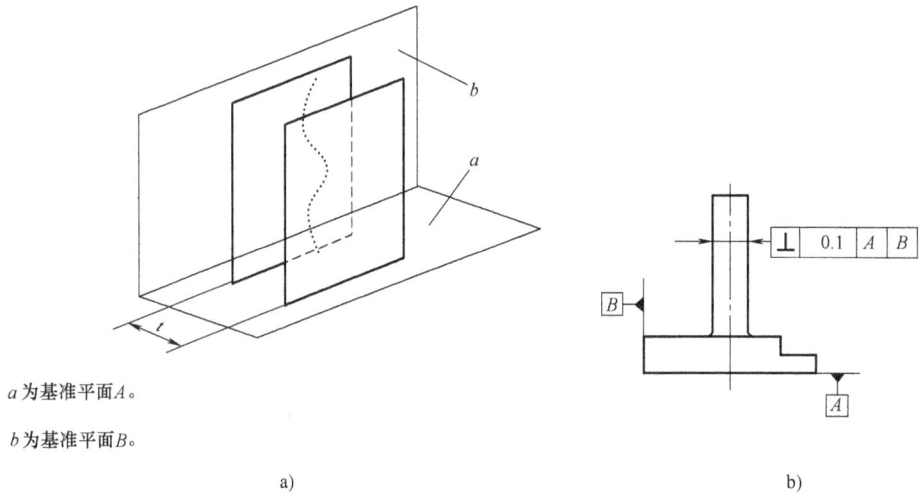

a 为基准平面 A。

b 为基准平面 B。

a)　　　　　　　　　　b)

图 4-62　线对基准体系的垂直度公差带和标注（一）
a）公差带　b）标注

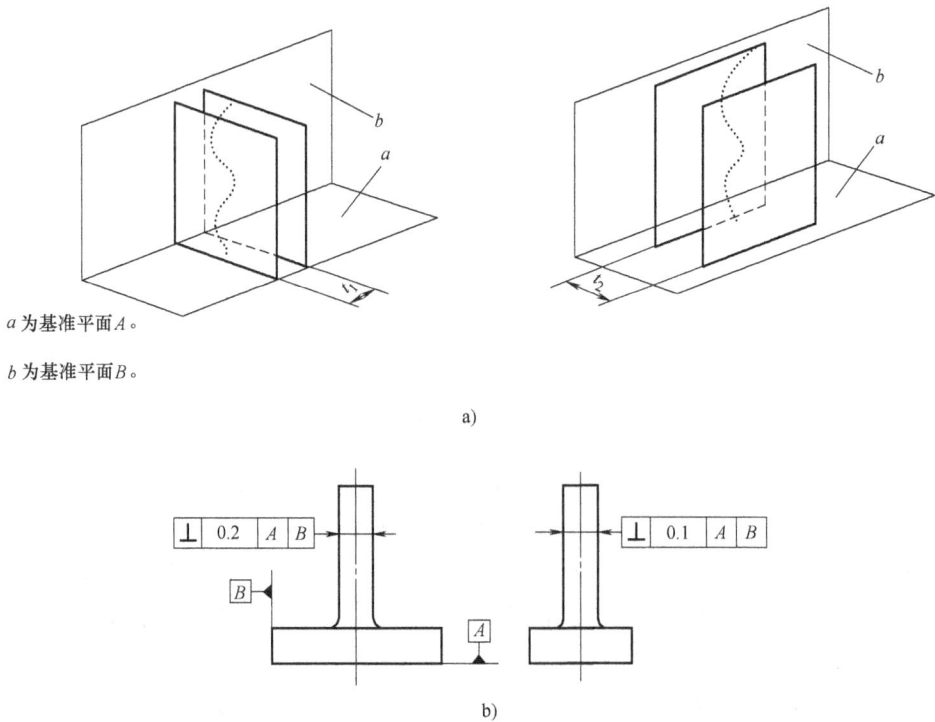

a 为基准平面 A。

b 为基准平面 B。

a)

b)

图 4-63　线对基准体系的垂直度公差带和标注（二）
a）公差带　b）标注

2. 垂直度误差的检测

直角尺是用来检测直角和垂直度误差的定值量具。直角尺的制造精度有00级、0级、1级和2级四个精度等级，00级的精度最高，如图4-64所示为直角尺的应用。

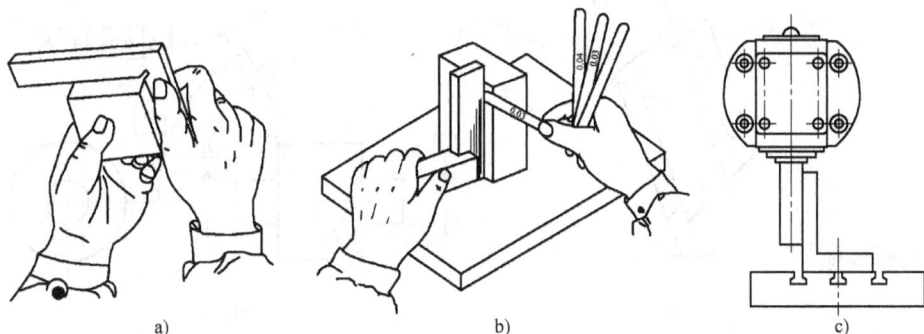

图4-64 直角尺的应用

a）检测直角 b）检测工件被测表面与基准面间的垂直度误差 c）基准找正

（1）面对面垂直度误差的检测 如图4-65所示，将被测零件放置在平板上，用平板模拟基准，将精密直角尺的短边置于平板上，长边靠在被测零件侧面上，此时长边即为理想要素；用塞尺测量精密直角尺长边与被测零件侧面之间的最大间隙即为该位置的垂直度误差。移动精密直角尺，在不同位置上重复测量，取最大误差值为该测量面的垂直度误差。

（2）面对线垂直度误差的检测 如图4-66所示，将被测零件放置在导向块内，用导向块模拟基准轴线；测量整个被测零件表面，并记录数据。取指示表最大与最小读数之差作为该零件的垂直度误差。

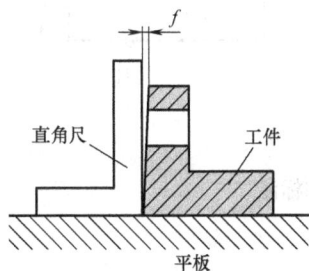

图4-65 面对面垂直度误差的检测

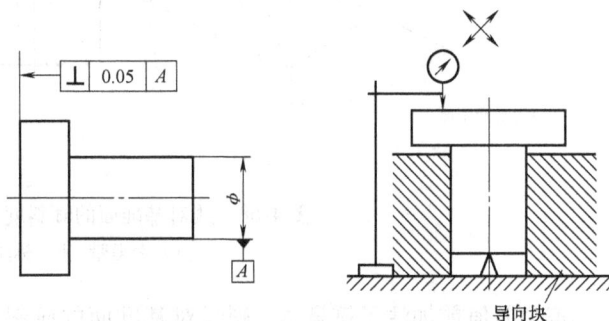

图4-66 面对线垂直度误差的检测

三、倾斜度公差及检测

1. 倾斜度公差及公差带

倾斜度表示零件上两要素相对方向保持任意给定角度的正确状况。倾斜度公差指被测要素的实际方向对与基准成任意给定角度的理想方向之间所允许的最大变动量。

（1）线对基准线的倾斜度 线对基准线的倾斜度公差带为间距等于公差值 t 的两平行面所限定的区域，该两平行平面按给定角度倾斜于基准轴线，如图4-67a所示。图4-67b所示的倾斜度公差标注示例表示提取（实际）中心线应限定在间距等于0.08mm的两平行平面之间，该两平行平面按理论正确角度60°倾斜于公共基准轴线 A 和 B。

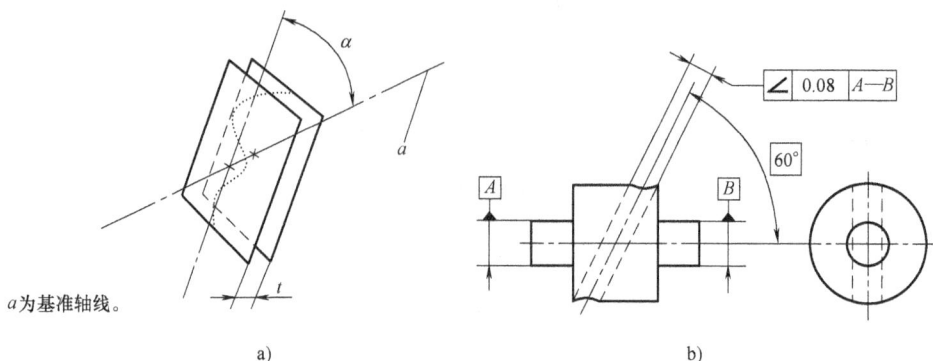

图 4-67　线对基准线的倾斜度公差带和标注
a）公差带　b）标注

（2）线对基准面的倾斜度　线对基准面的倾斜度公差带为间距等于公差值 t 的两平行平面所限定的区域，该两平行平面按给定角度倾斜于基准平面，如图4-68a所示。图4-68b所示的倾斜度公差标注示例表示提取（实际）中心线应限定在间距等于0.08mm的两平行平面之间，该两平行平面按理论正确角度60°倾斜于基准平面 A。

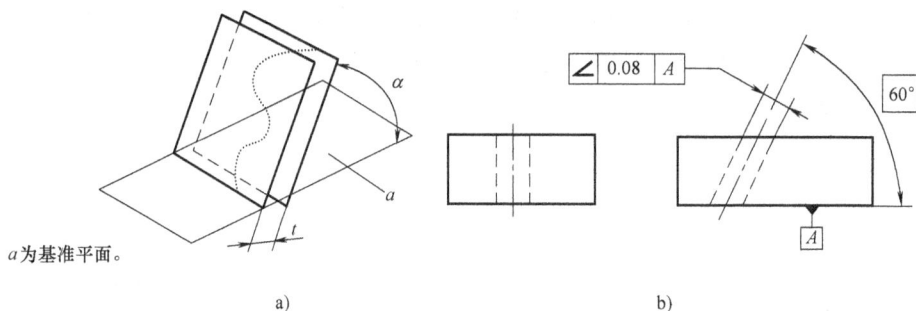

图 4-68　线对基准面的倾斜度公差带和标注
a）公差带　b）标注

若公差值前加注了符号 φ，则线对基准面的倾斜度公差带为直径等于公差值 φt 的圆柱面所限定的区域，该圆柱面公差带的轴线按给定角度倾斜于基准平面 A 且平行于基准平面 B，如图4-69a所示。图4-69b所示的倾斜度公差标注示例表示提取（实际）中心线应限定在直径等于公差值 φ0.1mm 的圆柱面内，该圆柱面的中心线按理论正确角度60°倾斜于基准平面 A 且平行于基准平面 B。

（3）面对基准线的倾斜度　面对基准线的倾斜度公差带为间距等于公差值 t 的两平行平面所限定的区域，该两平行平面按给定角度倾斜于基准直线，如图4-70a所示。图4-70b所示的倾斜度公差标注示例表示提取（实际）表面应限定在间距等于0.1mm 的两平行平面之间，该两平行平面按理论正确角度75°倾斜于基准轴线 A。

（4）面对基准面的倾斜度　面对基准面的倾斜度公差带为间距等于公差值 t 的两平行平面

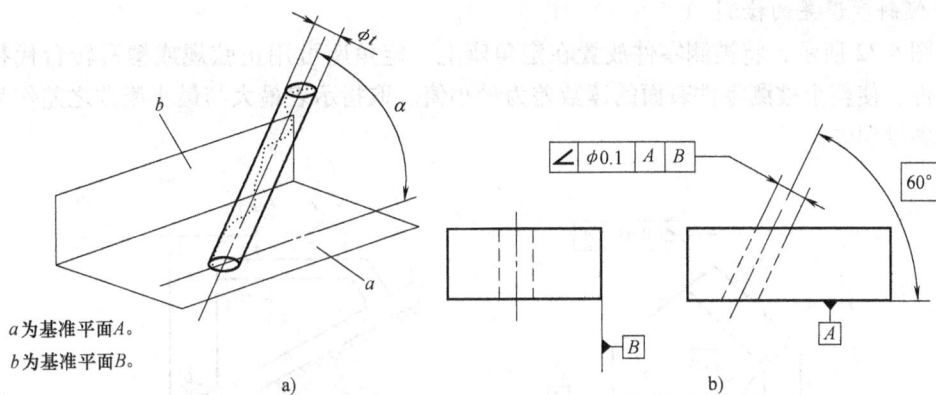

a 为基准平面A。
b 为基准平面B。

a)

b)

图 4-69 线对基准面的倾斜度公差带和标注
a) 公差带 b) 标注

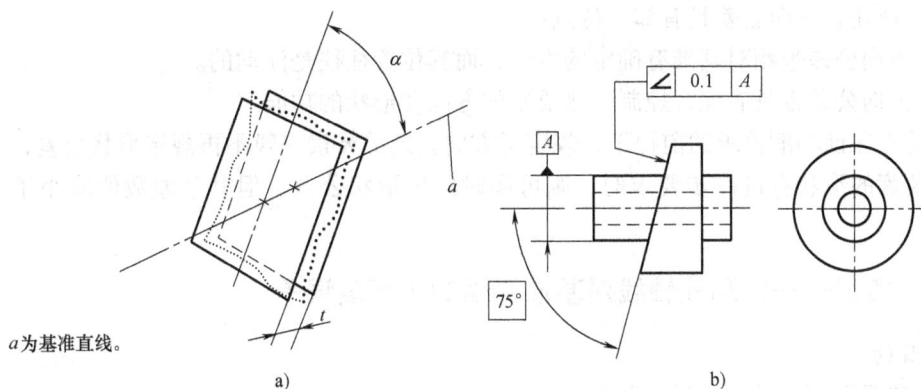

a 为基准直线。

a)

b)

图 4-70 面对基准线的倾斜度公差带和标注
a) 公差带 b) 标注

所限定的区域，该两平行平面按给定角度倾斜于基准平面，如图 4-71a 所示。图 4-71b 所示的倾斜度公差标注示例表示提取（实际）表面应限定在间距等于 0.08mm 的两平行平面之间，该两平行平面按理论正确角度 40° 倾斜于基准平面 A。

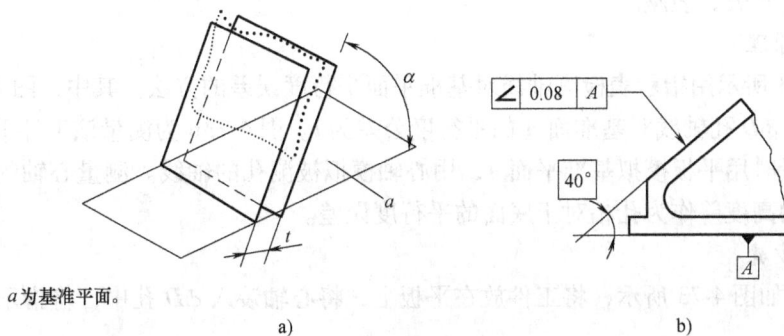

a 为基准平面。

a)

b)

图 4-71 面对基准面的倾斜度公差带和标注
a) 公差带 b) 标注

2. 倾斜度误差的检测

如图 4-72 所示，将被测零件放置在定角座上，定角座可用正弦规或精密转台代替；调整被测件，使整个被测零件表面的读数差为最小值。取指示表最大与最小读数之差作为该零件的倾斜度误差。

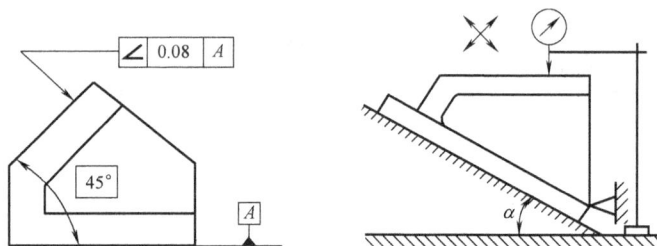

图 4-72　打表法检测倾斜度误差

综上所述，方向公差具有如下特点：

1）方向公差带相对基准有确定的方向，而其位置往往是浮动的。

2）方向公差带具有综合控制被测要素的方向和形状的功能。

因此在保证功能要求的前提下，规定了方向公差的要素一般不再规定形状公差，只有需要对该要素的形状有进一步要求时，则可同时给出形状公差，但其公差数值应小于方向公差值。

四、实训——检测孔轴线对基准平面的平行度误差

1. 目的

1）掌握平行度误差的测量方法。

2）加深对平行度误差和公差概念的理解。

3）加深理解几何误差测量中基准的体现方法。

2. 内容

用指示表测量孔的轴线对基准平面的平行度误差。

3. 器具

平板、指示表、表座。

4. 测量原理

如图 4-73 所示用指示表检测轴线对基准平面平行度误差的方法。其中，图 4-73a 为被测工件的简图，ϕD 孔轴线对基准面 A 的平行度公差为 t。图 4-73b 为测量该工件平行度误差的示意图。测量时用平板模拟基准平面 A，用心轴模拟被测孔的轴线。测量心轴的素线上两点相对于平板的高度差作为孔相对于底面的平行度误差。

5. 测量步骤

步骤 1：如图 4-73 所示，将工件放在平板上，将心轴装入 ϕD 孔中，将指示表装在测量架上。

步骤 2：在平板上移动测量架，指示表在心轴素线 K_2K_1 的 K_1 处的读数值为 M_1，指示表在 K_2 处的读数为 M_2，并测出尺寸 L。

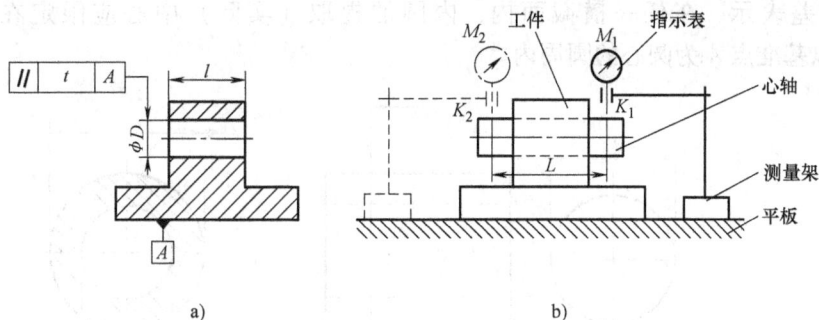

图 4-73 平行度误差的检测

a) 被测工件简图 b) 平行度误差的示意图

步骤 3：按下面公式求出孔 ϕD 对基准面 A 的平行度误差。

$$f_{//} = |M_1 - M_2| \frac{l}{L}$$

6. 评定结果

判断工件的合格性，当 $f_{//} \leq t_{//}$ 时，则工件合格。

第八节 同轴（心）度、对称度和位置度公差及检测

位置公差包括同轴（心）度、对称度和位置度三项，是被测提取要素对基准要素在位置上的允许变动量。被测提取要素和基准要素对于同轴度是点和直线，对于对称度是直线和平面，对于位置度是点、直线和平面。

位置公差带具有以下特点：位置公差带相对于基准具有确定的位置，其中位置度公差带的位置由理论正确尺寸确定，同轴度和对称度的理论正确尺寸为零，图上可省略不注。

位置公差带具有综合控制被测要素的位置、方向和形状的功能。被测要素的位置、方向和形状的误差同时受到位置公差带的约束。在保证使用要求的前提下，对被测要素给出位置公差后，通常不再对该要素提出方向和形状公差要求。如果对被测要素的方向和形状精度有进一步要求，则可以同时给出方向和形状公差，但是方向和形状公差值都应小于位置公差值。

一、同轴（心）度公差及检测

1. 同轴（心）度公差及公差带

同轴（心）度是表示零件上被测轴线相对于基准轴线保持在同一直线上的情况，也就是通常所说的共轴程度。

同轴（心）度公差带为直径为 ϕt、且轴线与基准轴线重合的圆（柱面）内的区域。

同轴（心）度公差是被测实际轴线相对于基准轴线所允许的变动量。也就是图样上给出的，用以限制被测实际轴线偏离由基准轴线所确定的理想位置所允许的变动范围。

（1）点的同心度 点的同心度公差公差值前标注符号 ϕ，公差带为直径等于公差值 ϕt 的圆周所限定的区域，该圆周的圆心与基准点重合，如图 4-74a 所示。如图 4-74b 所示的点

的同心度公差表示，在任一横截面内，内圆的提取（实际）中心应限定在直径等于 $\phi 0.1\text{mm}$，以基准点 A 为圆心的圆周内。

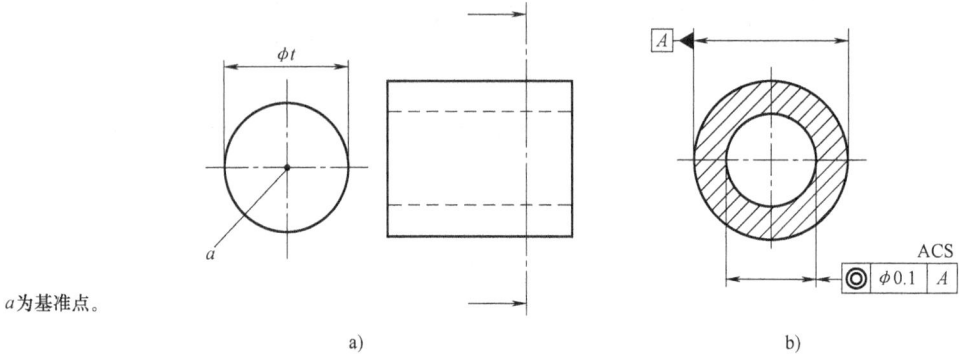

a 为基准点。

a)　　　　　　　　　　　　　　　　b)

图 4-74　点的同心度公差带和标注
a）公差带　b）标注

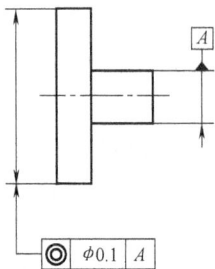

（2）轴线的同轴度　轴线的同轴度公差值前标注符号 ϕ，公差带为直径等于公差值 ϕt 的圆柱面所限定的区域，该圆柱面的轴线与基准轴线重合，如图 4-75a 所示。如图 4-75b 所示轴线的同轴度表示，大圆柱面的提取（实际）中心线应限定在直径等于 $\phi 0.08\text{mm}$，以公共基准轴线 A—B 为轴线的圆周面内。图 4-76 所示的轴线的同轴度表示，大圆柱面的提取（实际）中心应限定在直径等于 $\phi 0.1\text{mm}$，以基准轴线 A 为轴线的圆周面内。图 4-77 所示的轴线的同轴度表示，大圆柱面的提取（实际）中心线应限定在直径等于 $\phi 0.1\text{mm}$，以垂直于基准平面 A 和基准轴线 B 为轴线的圆周面内。

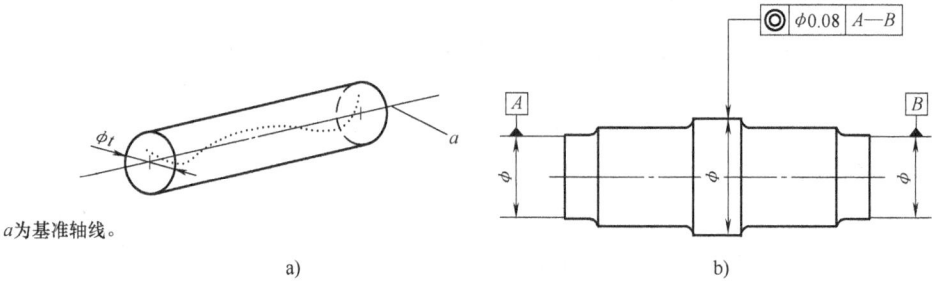

a 为基准轴线。

a)　　　　　　　　　　　　　　　　b)

图 4-75　轴线的同轴度公差带和标注（一）
a）公差带　b）标注

图 4-76　轴线的同轴度公差和标注（二）　　　　图 4-77　轴线的同轴度公差和标注（三）

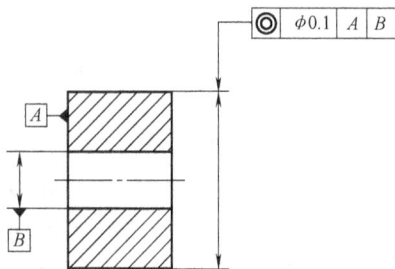

2. 同轴度误差的检测

同轴度误差的检测仪器有圆度仪、三坐标测量机、V 形架和带指示表的表架等。图 4-78 所示为用打表法检测同轴度误差。将标准心轴插入被测零件孔内，装在两顶尖之间。把指示表与被测表面接触，转动被测零件，指示表的变动量即为该位置的同轴度误差。如果被测零件转动一圈，指示表的变动量小于同轴度公差数值，则该零件的同轴度符合要求；反之则不合格。

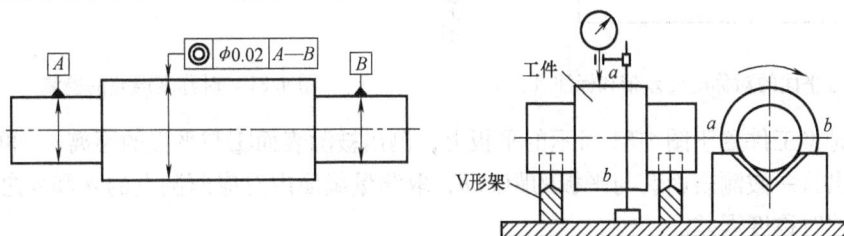

图 4-78　用打表法检测同轴度误差

二、对称度公差及检测

1. 对称度公差及公差带

对称度是表示零件上两对称导出要素保持在同一中心平面内的状态。对称度公差是提取（实际）要素的对称中心面（或中心线、轴线）对理想对称平面所允许的变动量，该理想对称平面是指与基准对称平面（或中心线、轴线）共同的拟合（理想）平面。对称度公差是用来限制轴线或中心面偏离基准直线或中心平面的一项指标，即控制被测要素对基准的对称度误差。拟合（理想）要素的位置由基准确定。对称度公差带是距离为公差值 t，中心平面（或中心线、轴线）与基准导出要素（中心平面、中心线或轴线）重合的两平行平面（或两平行直线）之间的区域。

如图 4-79a 所示为中心平面的对称度公差带，公差带为间距等于公差值 t，对称于基准中心平面的两平行平面所限定的区域。如图 4-79b 所示的对称度公差表示，提取（实际）中心面应限定在间距等于 0.08mm，对称于基准中心平面 A 的两平行平面之间。

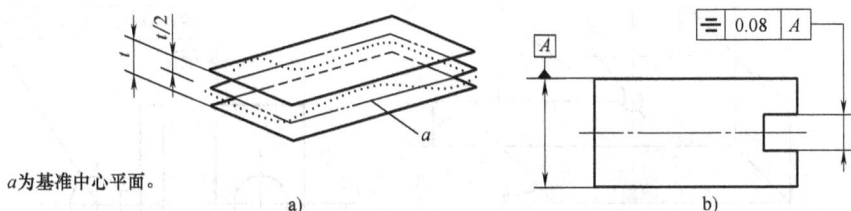

a 为基准中心平面。

图 4-79　中心平面的对称度公差带和标注（一）
a）公差带　b）标注

如图 4-80 所示的对称度公差表示，提取（实际）中心面应限定在间距等于 0.08mm，对称于公共基准中心平面 $A—B$ 的两平行平面之间。

2. 对称度误差的检测

对称度误差的检测仪器有三坐标测量机、平板和带指示表的表架等，如图4-81所示。

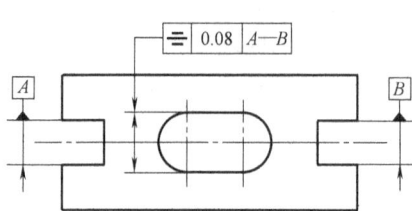

图 4-80 中心平面的对称度公差带和标注（二）

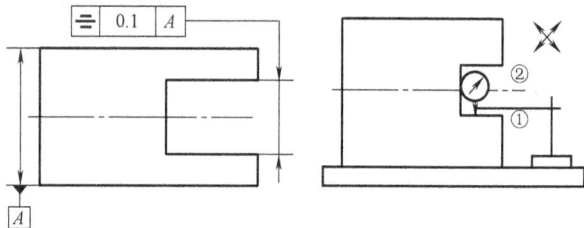

图 4-81 对称度误差的检测

检测时将工件置于图4-81所示的平板上，测出被测表面①与平板的距离 a。再将工件翻转后，测出另一被测表面②与平板的距离 b，取测量截面内对应两测点的 a 和 b 之最大差为测量截面的对称度误差。

三、位置度公差及检测

1. 位置度公差及公差带

位置度公差用于控制被测点、线、面的实际位置对其拟合（理想）位置的位置度误差。拟合（理想）要素的位置由基准及理论正确尺寸确定。根据被测要素的不同，可分为点的位置度、线的位置度及面的位置度。

位置度公差具有极为广泛的控制功能。原则上，位置度公差可以代替各种形状公差、方向公差和位置公差所表达的设计要求，但在实际设计和检测中还是应该使用最能表达特征的项目。

（1）点的位置度 点的位置度公差值前标注 $S\phi$，公差带为直径等于公差值 $S\phi t$ 圆球面所限定的区域，该圆球面中心的理论正确位置由基准 A、B、C 和理论正确尺寸确定，如图4-82a所示。如图4-82b 所示的点的位置度公差表示，提取（实际）球心应限定在直径等于 $S\phi0.3$mm 的圆球面内，该圆球面的中心由基准平面 A、基准平面 B、基准中心平面 C 和理论正确尺寸 $\boxed{30}$、$\boxed{25}$ 确定。

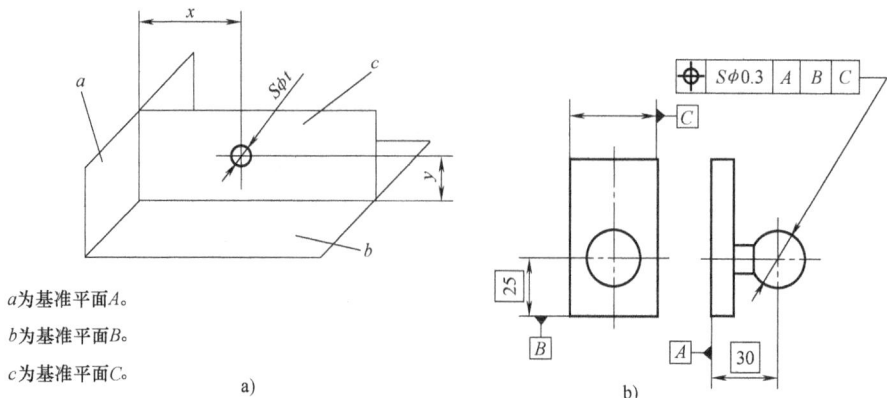

a为基准平面A。

b为基准平面B。

c为基准平面C。

a)

b)

图 4-82 点的位置度公差带和标注

a）公差带 b）标注

（2）线的位置度　给定一个方向的线的位置度公差时，线的位置度公差带为直径等于公差值 t，对称于线的理论正确位置的两平行平面所限定的区域，线的理论正确位置由基准平面 A、B 和理论正确尺寸确定。公差只在一个方向上给定，如图 4-83a 所示。如图 4-83b 所示的线的位置度公差表示，各条刻线的提取（实际）中心线应限定在间距等于 0.1mm，对称于基准平面 A、B 和理论正确尺寸 25、10 确定的理论正确位置的两平行平面之间。

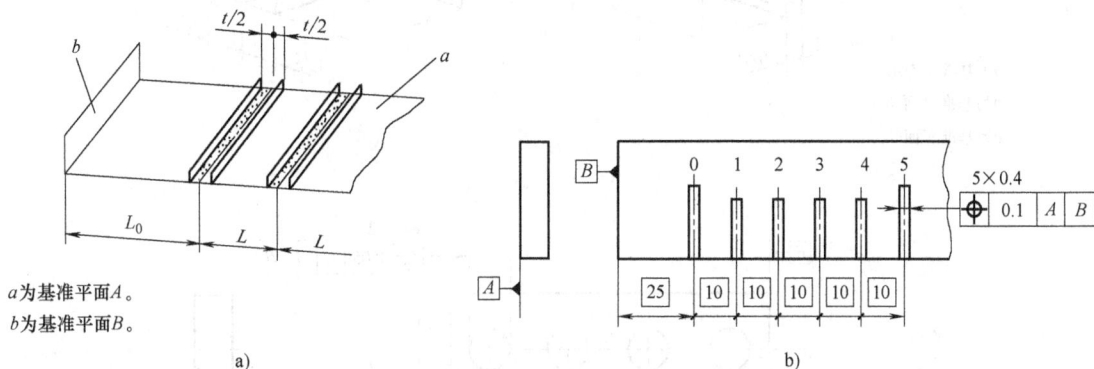

a 为基准平面 A。
b 为基准平面 B。

图 4-83　线的位置度公差带和标注（一）
a）公差带　b）标注

给定两个方向的线的位置度公差时，线的位置度公差带为间距分别等于公差值 t_1 和 t_1，对称于线的理论正确（理想）位置的两对相互垂直平行平面所限定的区域，线的理论正确位置由基准平面 C、A 和 B 及理论正确尺寸确定。该公差在基准的两个方向上给定，如图 4-84a 所示。如图 4-84b 所示的线的位置度公差表示，各孔的测得（实际）中心线在给定方向上应各自限定在间距分别等于 0.05mm 和 0.2mm，且相互垂直的两对平行平面内，每对平行平面对称于由基准平面 C、A 和 B 及理论正确尺寸 20、15、30 确定的各孔轴线的理论正确位置。

公差值前加注符号 ϕ 的线的位置度公差，公差带为直径等于公差值 ϕt 的圆柱面所限定的区域，该圆柱面的轴线的位置由基准平面 C、A 和 B 及理论正确尺寸确定，如图 4-85a 所示。如图 4-85b 所示的线的位置度公差表示，提取（实际）中心线应限定在直径等于公差值 $\phi 0.08$mm 的圆柱面内，该圆柱面的轴线的位置应处于由基准平面 C、A 和 B 及理论正确尺寸 100、68 确定的理论正确位置上。

如图 4-86 所示的线的位置度公差表示，各提取（实际）中心线应各自限定在直径等于公差值 $\phi 0.1$mm 的圆柱面内，该圆柱面的轴线应处于由基准平面 C、A 和 B 及理论正确尺寸 20、15、30mm 确定的各孔轴线的理论正确位置上。

（3）轮廓平面或者中心平面的位置度　轮廓平面的位置度公差带为直径等于公差值 ϕt，且对称于被测面理论正确位置的两平行平面所限定的区域，面的理论正确位置由基准平面、基准轴线和理论正确尺寸确定，如图 4-87a 所示。如图 4-87b 所示的轮廓平面的位置度公差表示，提取（实际）表面应限定在间距等于 0.05mm，且对称于被测面的理论正确位置的两平行平面之间，该两平行平面对称于由基准平面 A、基准轴线 B 和理论正确尺寸 15、105° 确定的被测面的理论正确位置。

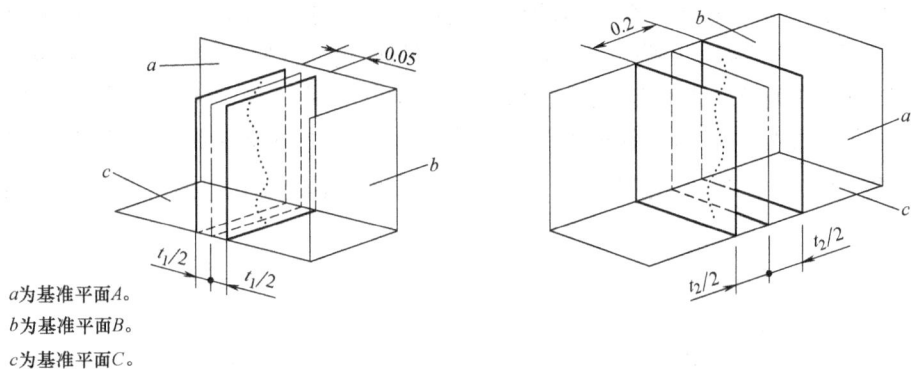

a为基准平面A。
b为基准平面B。
c为基准平面C。

a)

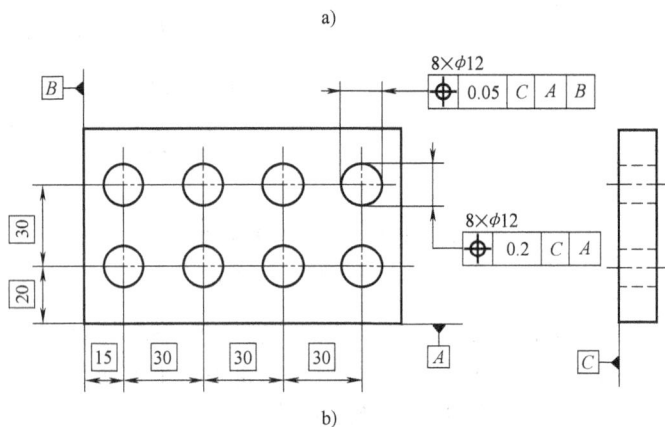

b)

图4-84 线的位置度公差带和标注（二）
a）公差带 b）标注

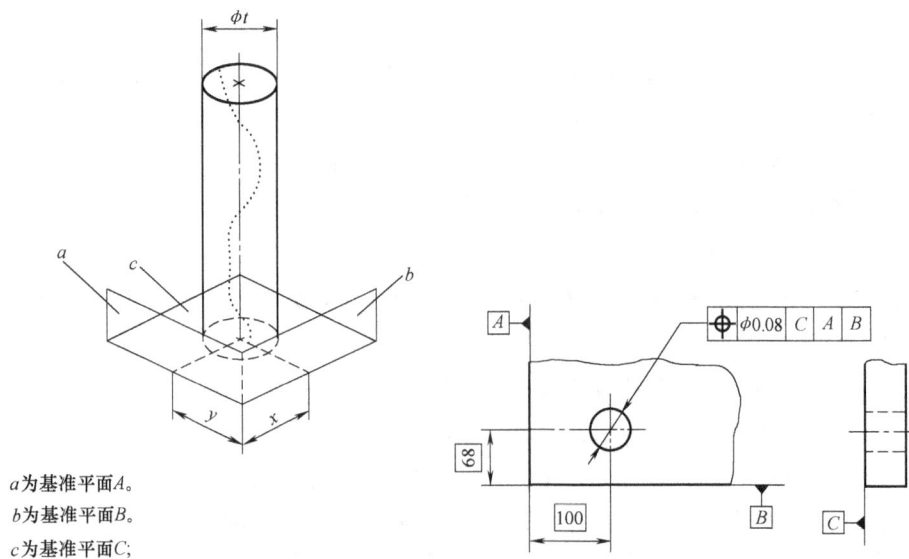

a为基准平面A。
b为基准平面B。
c为基准平面C；

图4-85 线的位置度公差带和标注（三）
a）公差带 b）标注

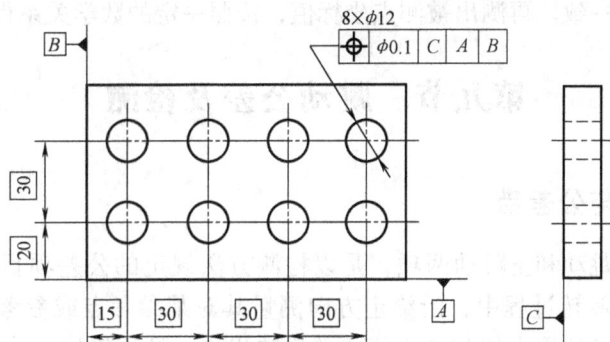

图 4-86 线的位置度公差带和标注（四）

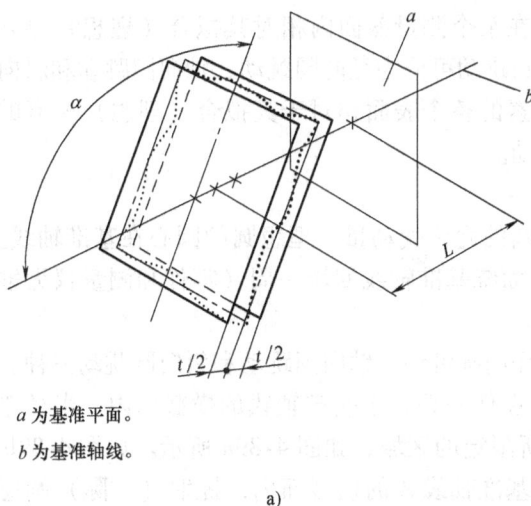

a 为基准平面。

b 为基准轴线。

a)

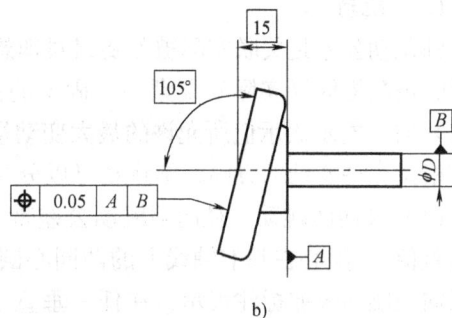

b)

图 4-87 轮廓平面的位置度公差带和标注
a）公差带 b）标注

如图 4-88 所示的中心平面的位置度公差表示，各提取（实际）中心面应限定在间距等于 0.05mm 的两平行平面之间，该两平行平面对称于由基准轴线 A 和理论正确角度 45°确定的各被测面的理论正确位置。

综上所述，位置公差具有如下特点：

1）位置公差用来控制被测要素相对于基准的位置误差、公差带相对于基准有确定的位置。

2）位置公差带具有综合控制位置误差、方向误差和形状误差的能力。因此，在保证功能要求的前提下，对同一被测要素给出位置公差后，不再给出方向和形状公差。除非对它的形状或（和）方向提出进一步要求，可再给出形状公差或（和）方向公差。

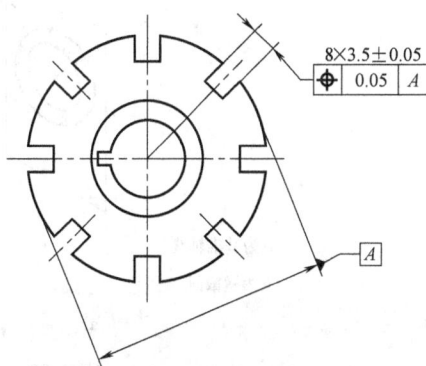

图 4-88 中心平面的位置度公差标注
注：有关 8 个缸口之间理论正确角度的
默认规定见 GB/T 13319。

2. 位置度误差的检测

位置度误差的检测通常采用坐标测量装置检测工件。先按照基准调整好被测件，使其与测量装置的坐标方向一致。再测出被测点坐标值，按照一定的数学关系得到位置度误差值。

第九节 跳动公差及检测

一、跳动公差与公差带

跳动公差包括圆跳动和全跳动两项，是以检测方法规定的公差项目，即被测提取（实际）要素绕基准轴线旋转过程中，沿给定方向测量其对某参考点或参考线的变动量。变动量由测量仪器的指示表的最大值与最小值之差反映出来。被测提取（实际）要素是旋转表面和端面，基准要素是轴线。

圆跳动公差是指被测提取（实际）要素在某个测量截面内相对其拟合（理想）要素的变动量。它不能反映整个测量面上的误差。圆跳动可分为径向圆跳动、轴向圆跳动和斜向圆跳动三种。全跳动是指被测提取（实际）要素的整个表面相对于其拟合（理想）要素的变动量。全跳动可分为径向全跳动和轴向全跳动。

1. 圆跳动

圆跳动公差是关联实际被测要素对理想圆的允许变动量，理想圆的圆心在基准轴线上。测量时被测提取（实际）要素某一固定的截面绕基准轴线回转一周（零件和测量仪无轴向位移）时，指示表示值所允许的最大变动量。

根据允许变动的方向，圆跳动可以分为径向圆跳动、轴向圆跳动和斜向圆跳动三种。

（1）径向圆跳动　径向圆跳动公差带是在任一垂直于基准轴线的横截面内、半径差等于公差值 t，圆心在基准轴线上的两同心圆所限定的区域，如图 4-89a 所示。如图 4-89b 所示径向圆跳动公差标注表示，在任一垂直于基准轴线 A 的横截面内，提取（实际）圆应限定在半径差等于 0.8mm，圆心在基准轴线 A 上的两同心圆之间。

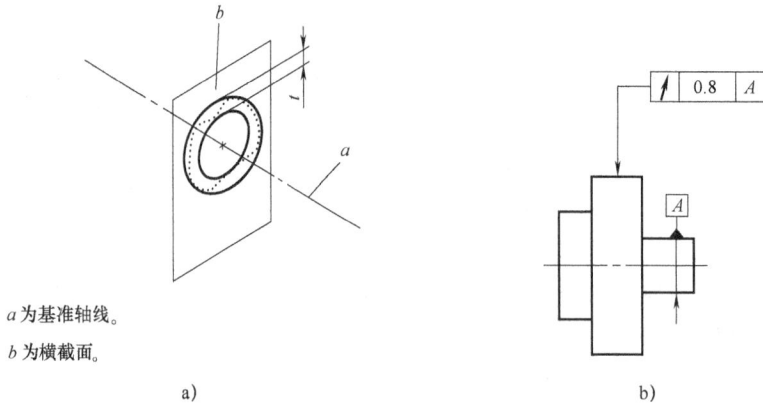

a 为基准轴线。

b 为横截面。

图 4-89　径向圆跳动公差带和标注（一）

a）公差带　b）标注

如图 4-90 所示径向圆跳动公差标注示例表示，在任一平行于基准平面 B、垂直于基准轴线 A 的截面上，提取（实际）圆应限定在半径差等于 0.1mm，圆心在基准轴线 A 上的两同心圆之间。如图 4-91 所示径向圆跳动公差标注示例表示，在任一垂直于公共基准轴线 $A—B$ 的横截面内，提取（实际）圆应限定在半径差等于 0.1mm，圆心在基准轴线 A—B 上的两同心圆之间。

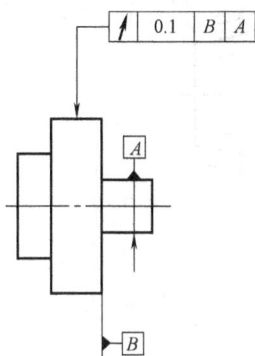

图 4-90　径向圆跳动公差带和标注（二）　　　图 4-91　径向圆跳动公差带和标注（三）

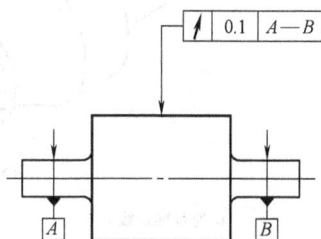

（2）轴向圆跳动　轴向圆跳动公差带为与基准轴线同轴的任一半径的圆柱截面上、间距等于公差值 t 的两圆所限定的圆柱面区域，如图 4-92a 所示。如图 4-92b 所示的轴向圆跳动公差标注示例表示，在与基准轴线 D 同轴的任一圆柱形截面上，提取（实际）圆应限定在轴向距离等于 0.1mm 的两个等圆之间。

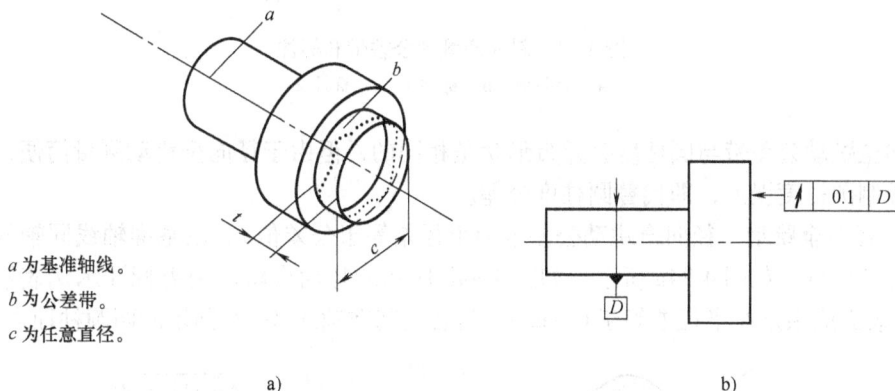

a 为基准轴线。
b 为公差带。
c 为任意直径。

a)　　　　　　　　　　　　b)

图 4-92　轴向圆跳动公差带和标注
a）公差带　b）标注

（3）斜向圆跳动　斜向圆跳动公差带为与基准轴线同轴的某一圆锥截面上，间距等于公差值 t 的两圆所限定的圆锥面区域，如图 4-93a 所示。如图 4-93b 所示的斜向圆跳动公差标注示例表示，在与基准轴线 C 同轴的任一圆锥截面上，提取（实际）线应限定在素线方向间距等于 0.1mm 的两个不等圆之间。当标注公差的素线不是直线时，圆锥截面的锥角要随所测圆的实际位置而改变，如图 4-93c 所示。

2. 全跳动

全跳动公差是关联实际被测要素对理想回转面的允许变动量。测量时被测提取（实际）要素绕基准轴线连续回转，指示表指针同时作轴向移动。根据允许变动的方向，全跳动可以分为径向全跳动、轴向全跳动两种。

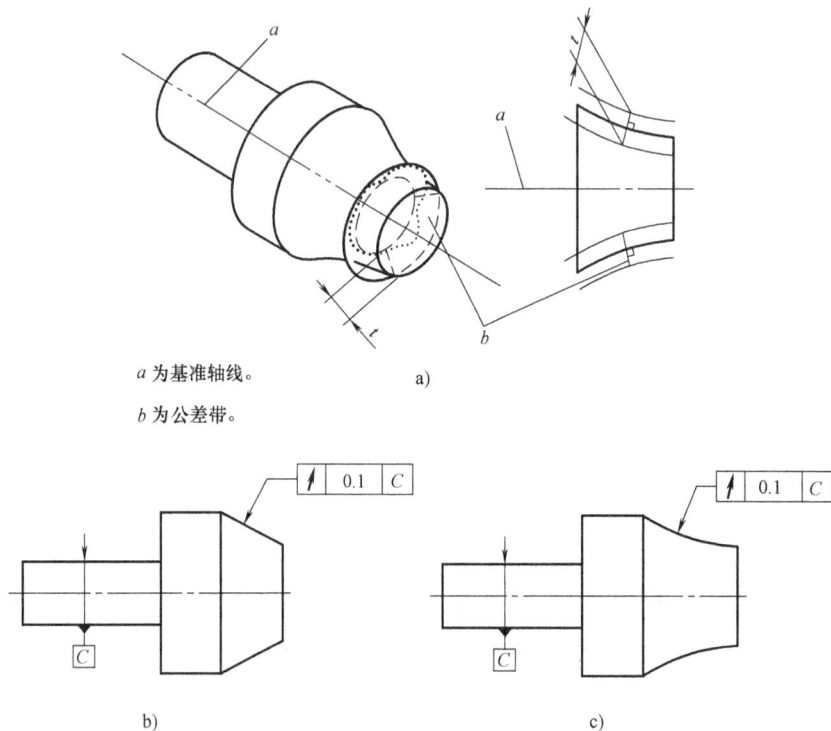

a 为基准轴线。

b 为公差带。

图 4-93　斜向圆跳动公差带和标注

a）公差带　b）标注 1　c）标注 2

径向全跳动公差带与圆柱度公差带形状是相同的，但由于径向全跳动测量简便，一般可用它来控制圆柱度误差，即代替圆柱度公差。

（1）径向全跳动　径向全跳动公差带为半径差等于公差值 t、以基准轴线同轴的两圆柱面所限定的区域，如图 4-94a 所示。如图 4-94b 所示的径向全跳动公差标注示例表示，提取（实际）表面应限定在半径差等于 0.1mm，与公共基准轴线 $A—B$ 同轴的两圆柱面之间。

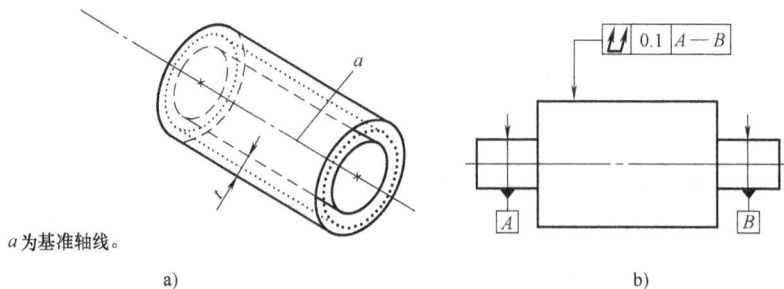

a 为基准轴线。

图 4-94　径向全跳动公差带和标注

a）公差带　b）标注

（2）轴向全跳动　轴向全跳动公差带为间距等于公差值 t，垂直于基准轴线的两平行平面所限定的区域，如图 4-95a 所示。如图 4-95b 所示的轴向全跳动公差标注示例表示，提取（实际）表面应限定在间距等于 0.1mm，垂直于基准轴线 D 的两平行平面之间。

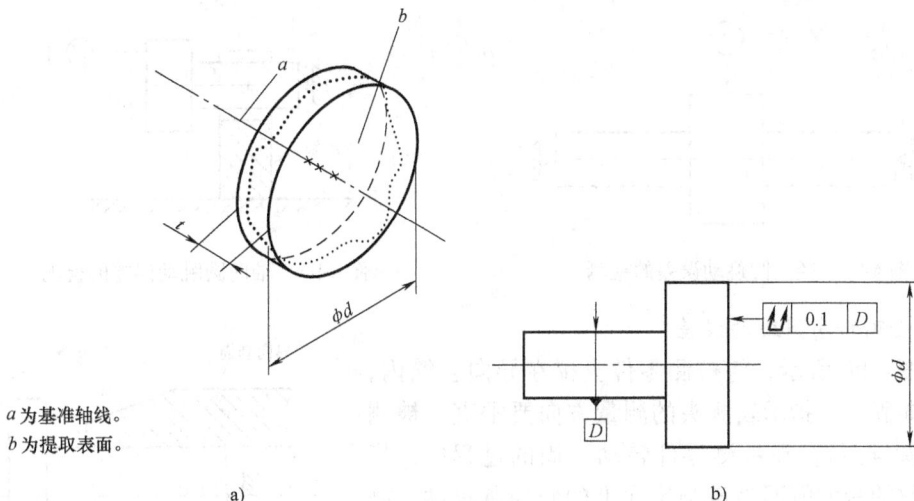

a 为基准轴线。
b 为提取表面。

a)

b)

图 4-95 轴向全跳动公差带和标注
a）公差带 b）标注

轴向全跳动的公差带与该端面对轴线的垂直度公差带是相同的，因而两者控制位置误差的效果也是相同的，但轴向全跳动公差检测方法更方便。

跳动公差带相对于基准具有确定的位置。例如，径向圆跳动公差带的圆心在基准轴线上，径向全跳动公差带的轴线与基准轴线同轴，轴向圆跳动公差带（两平行平面）垂直于基准轴线。另一方面，公差带的半径或宽度又随提取（实际）要素的变动而变动，所以公差带的位置是浮动的。

跳动公差带具有综合控制被测要素的位置、方向和形状的功能。例如，轴向全跳动公差可同时控制端面对基准轴线的垂直度和它的平面度误差；径向圆跳动可同时控制横截面内轮廓中心线相对于基准轴线的偏离（位置误差）和它的圆度误差；轴向圆跳动公差带可同时控制圆周上轮廓对基准轴线的垂直度和它的形状误差。在保证使用要求的前提下，对被测要素给出跳动公差后，通常不再对该要素提出位置、方向和形状公差要求。如果对被测要素的精度有进一步要求，则可同时给出有关公差，但是给出公差值应小于跳动公差值。

二、跳动误差的检测

1. 检测径向圆跳动误差

如图 4-96 所示，将被测零件装夹在两顶尖之间，在被测零件回转一周的过程中，指示表读数的最大值即为单个截面平面上的径向圆跳动。

2. 检测轴向圆跳动误差

如图 4-97 所示，将被测零件放着在 V 形架上，并用顶尖轴向固定，测头只在被测端面上距基准轴线为某指定位置的一点测量，而相对被测面无径向移动，在被测零件转动一周的过程中，指示表读数的最大值即为被测零件的轴向圆跳动误差。

通常用轴向圆跳动控制端面对基准轴线的垂直度误差。例如，当实际端面为中凹或中凸，轴向圆跳动误差为零时，端面对基准轴线的垂直度误差并不一定为零。

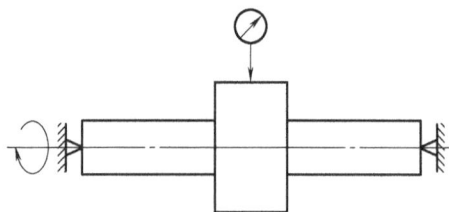

图 4-96   径向圆跳动误差的检测

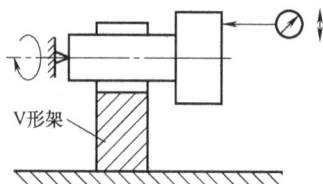

图 4-97   轴向圆跳动误差的检测

3. 检测斜向圆跳动误差

如图 4-98 所示，将被测零件支撑在导向套筒内，并在轴向固定，指示表测头的测量方向要垂直于被测面（即圆锥面），在被测零件转动一周的过程中，指示表读数的最大值即为该圆锥面上的斜向圆跳动。测量圆锥面上的若干个点的斜向圆跳动，取其中的最大值作为该工件的斜向圆跳动误差。

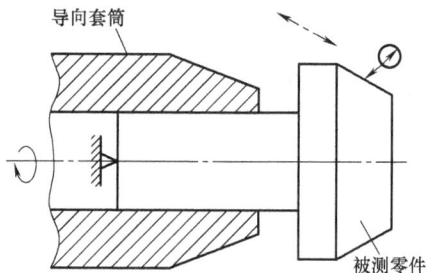

4. 检测全跳动误差

如图 4-96 所示，测量若干个截面，取各截面上测

图 4-98   斜向圆跳动误差的检测

得的跳动量中的最大值作为该零件的径向全跳动误差。如图 4-97 所示，在被测零件连续回转过程中，指示表沿其径向作直线移动，在整个测量过程中，指示表读数的最大值即为该被测件的轴向全跳动误差。

三、实训——检测轴类零件的跳动误差

1. 圆跳动误差的检测

如图 4-99 所示为偏摆检查仪检测径向圆跳动误差，检测过程如下：

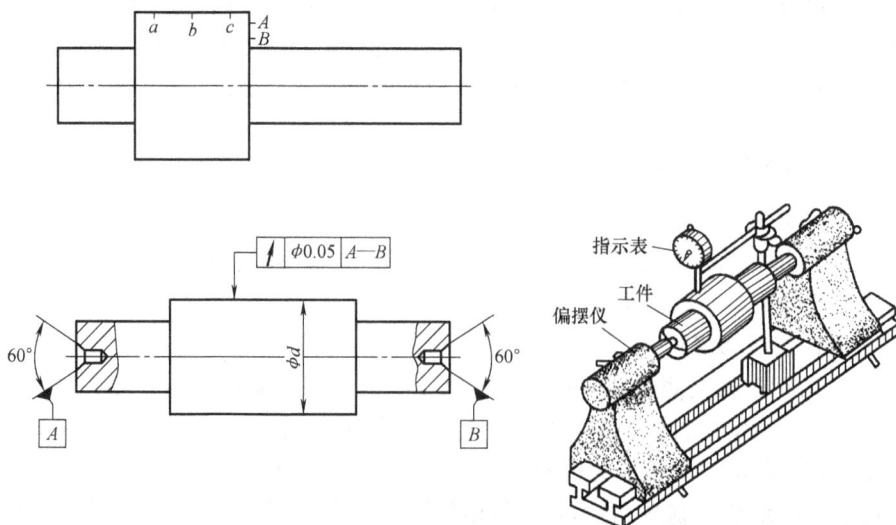

图 4-99   偏摆检查仪检测径向圆跳动误差

1）擦净被测工件及量具，按说明安装在仪器的两顶尖上。

2）按图样要求分别在 a、b、c 三个截面上测量径向圆跳动误差。

3）转动被测工件，同时让指示表沿基准轴线方向作直线运动，测量径向全跳动误差。

4）调整指示表位置，按图示要求测量轴向圆跳动。

将测量结果填入实验报告中，根据被测零件的公差值，作出合格性结论。

2. 轴向圆跳动误差的检测

如图 4-100 所示，将被测零件固定在导向套筒内，并在轴向固定，在被测零件回转一周过程中，指示表示值的最大差值即为单个测量圆柱面上的轴向圆跳动误差。以此方法，在若干圆柱面上进行测量，取在各测量圆柱面上测得的跳动量中的最大值作为该零件的轴向圆跳动。

3. 斜向圆跳动误差的检测

如图 4-101 所示，将被测零件固定在导向套筒内，并在轴向固定，在被测零件回转一周过程中，指示表示值的最大差值即为单个测量圆柱面上的斜向圆跳动误差。以此方法，在若干圆锥面上进行测量，取在各测量圆锥面上测得的跳动量中的最大值作为该零件的斜向圆跳动误差。

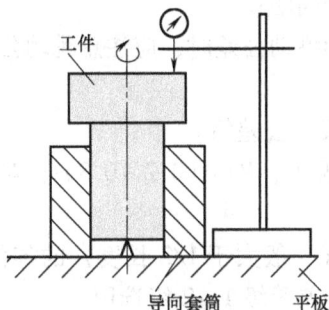

图 4-100　检测轴向圆跳动误差　　　图 4-101　检测斜向圆跳动误差

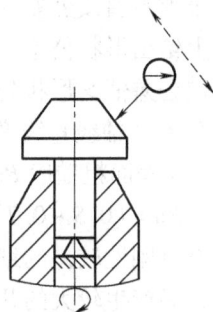

第十节　选用几何公差

一、选用几何公差项目

选用几何公差的项目应根据零件的结构和功能要求来选择。其基本原则是在保证零件使用要求的前提下，尽量减少图样上标注的几何公差项目。一般可从以下几个方面考虑。

1. 零件的几何特征

零件几何特征不同应选择不同的几何误差。如台阶轴零件可选择圆度、圆柱度、轴线直线度及素线直线度等几何公差项目。

2. 零件的功能要求

根据零件的功能不同，可以给出不同的几何公差项目。如台阶轴零件的轴线有位置要求，可选用同轴度或跳动公差项目；又如机床导轨的直线度误差会影响运动精度，可对其规定直线度公差。为保证齿轮的正确啮合，需要求孔中心线的平行度公差；为了箱体、端盖上各螺栓孔的顺利装配，应规定孔组的位置度公差等。

3. 检测的方便性

确定几何公差特征项目时，还需要考虑到检测的方便性和经济性。如对台阶轴零件，可用径向全跳动公差综合控制圆柱度误差和同轴度误差，用轴向全跳动公差代替端面对轴线的垂直度公差。

在满足功能要求的前提下，应尽量选择具有综合功能的几何公差，以减少公差项目，获得较好的经济效益。

二、选用几何公差数值

对于几何公差有较高要求的零件，均应在图样上按规定的标注方法标注出几何公差数值。

几何公差值的大小由几何公差等级并依据主要参数的大小确定，因此确定几何公差数值实际上就是确定几何公差等级。在国家标准中，除线、面轮廓度和位置度未规定公差等级外，将几何公差分为 12 个等级，1 级最高，依次递减，6 级与 7 级为基本级。圆度和圆柱度还增加了精度更高的 0 级。各种几何公差项目的标准公差数值见国标 GB/T 1184—1996。

在确定几何公差数值或公差等级时，应注意以下几个问题：

在同一要素上给出形状公差、方向公差、位置公差和跳动公差时，应注意跳动公差值 > 位置公差值 > 方向公差值 > 形状公差值。

零件的形状公差（轴线直线度除外）一般应小于其尺寸公差值。

形状公差值 t 与表面粗糙度 Ra 之间应满足：一般情况下，$Ra = (0.2 \sim 0.3)t$；对于高精度和小尺寸零件，$Ra = (0.5 \sim 0.7)t$。

对于结构复杂且刚性较差的细长孔或轴及宽度较大（一般大于 1/2 长度）的零件表面，由于加工较困难，易产生较大的几何误差，可适当降低公差等级 1~2 级选用。

对于已对几何公差作出规定的，如与滚动轴承相配合的轴和壳体孔的圆柱度公差、机床导轨的直线度公差等，按相应的标准规定确定。

三、未注几何公差的规定

未注几何公差项目中的直线度、平面度、垂直度、对称度和圆跳动的未注公差值，参见国家标准 GB/T 1184—1996。

对于其他公差项目的未注公差值，按以下原则确定：

未注圆度公差值等于标准的直径公差值，但不能大于径向圆跳动的未注公差值。

未注圆柱度公差值未作规定，由该圆柱的圆度公差、素线直线度和相对素线平行度的注出或未注公差控制。

未注平行度公差值等于被测要素与基准要素之间的尺寸公差值；或者在被测要素的直线度或平面度的未注公差值中取较大者，并在两要素中取较长者作为基准。

未注同轴度公差值未作规定。必要时，可以取径向圆跳动的未注公差值。

未注线轮廓度、面轮廓度、倾斜度和位置度的公差值均由各要素的注出或未注线性尺寸公差或角度公差控制。

未注全跳动公差值未作规定，轴向全跳动未注公差等于端面对轴线的垂直度未注公差值；径向全跳动可由径向圆跳动公差和相对素线的平行度公差控制。

在图样上采用未注公差值时，应在图样的标题栏附近或在技术要求中标出未注公差的等级及标准编号。

本章小结

本章介绍了几何公差的特征项目与符号及标注方法、几何公差带的特点、各种几何公差的定义、形状误差的评定、位置误差的评定、形状误差的检测方法、位置误差的检测方法等基本内容。其中形状公差的四个项目是对单一要素的形状提出的，不涉及基准，因此公差带没有方向和位置的约束，而且这些项目对应的拟合（理想）要素都不涉及尺寸问题，因此公差带的位置是浮动的，将随零件的实际形状的变化而变化。

跳动公差带的轴线或圆心相对于基准轴线具有确定的方向或位置，但是跳动公差带的位置也是浮动的。跳动公差带可以综合控制被测要素的形状、方向和位置公差。由于跳动公差具有这种综合控制零件形位误差的功能，且测量方法简单，因此广泛用于旋转类零件。

通过完成实训内容应初步达到能对常用零件的几何误差进行检测的目的，在实训中注意培养分析能力和训练正确安装调试计量器具与辅助装置的能力，逐步提高检测的科学性和准确性。

思考与练习

一、填空题（将正确的答案填在横线上）

1. 用刀口形直尺测量直线度误差的方法是：将刀口形直尺的_____与实际轮廓紧贴，实际轮廓线与_____之间的_____就是直线度误差。

2. 检测外圆表面的圆度误差时，可用_____测出同一正截面的最大_____差，此差值的_____即为该截面的圆度误差。

3. 检测外圆表面的圆柱度误差时，可将工件放在平板上的 V 形架内，在工件回转一同过程中，测出该正截面上的_____与_____读数。按上述方法，连续测量若干正截面，取各截面内所测得的所有读数中_____，作为该圆柱面的圆柱度误差。

二、判断题（判断正误，并在括号内填"√"或"×"）

1. 几何公差框格的指引线的箭头指向被测要素公差带的宽度或直径方向。　　　　　　（　　）

2. 若几何公差框格中基准代号的字母标注为 $A—B$，则表示此几何公差有两个基准。　（　　）

3. 公差框格中所标注的公差值如无附加说明，则表示被测范围为箭头所指的整个轮廓要素或中心要素。　　　　　　　　　　　　　　　　　　　　　　　　　　　　　（　　）

4. 平面度公差可以用来控制平面上直线的直线度误差。　　　　　　　　　　　　　（　　）

5. 标注圆度公差时指引线的箭头应明显地与尺寸线错开，并且箭头的方向应与回转面的轴线垂直。　　　　　　　　　　　　　　　　　　　　　　　　　　　　　　（　　）

6. 圆度公差带是指半径为公差值 t 的圆内区域。　　　　　　　　　　　　　　　（　　）

7. 圆度公差的被测要素可以是圆柱面也可以是圆锥面。 （　　）

8. 和圆度公差一样，圆柱度公差的被测要素也可以是圆柱面或圆锥面。 （　　）

9. 面轮廓度公差带比线轮廓度公差带复杂，因而线轮廓度属形状公差，面轮廓度属位置公差。（　　）

10. 理论正确尺寸与其他尺寸在标注中的区别是，理论正确尺寸数字外加上方框。 （　　）

11. 同轴度和对称度公差的被测要素和基准要素可以是轮廓要素，也可以是中心要素。 （　　）

12. 跳动公差的被测要素为轮廓要素，而基准要素为中心要素，且为轴线。 （　　）

13. 圆跳动与全跳动的划分是依被测要素的大小而定的，当被测要素面积较大时为全跳动，反之为圆跳动。 （　　）

三、单项选择题（将下面题目中所有正确的论述选择出来）

1. 几何公差的基准代号中字母应（　　）。

　A. 按垂直方向书写　　　　　　　　　B. 按水平方向书写

　C. 书写的方向应和基准符号的方向一致　　D. 按任何方向书写均可

2. 在标注几何公差时，如果被测范围仅为被测要素的一部分时，应用（　　）表示出该范围，并标出尺寸。

　A. 粗点画线　　　　B. 粗实线　　　　C. 双点画线　　　　D. 细实线

3. 平面度公差带的形状是（　　）间的区域。

　A. 两平行直线　　　B. 两平行平面　　　C. 圆柱面　　　　D. 两同轴圆柱面

4. 圆度公差和圆柱度公差之间的关系是（　　）。

　A. 两者均控制圆柱体类零件的轮廓形状，因而两者可以替代使用

　B. 两公差带形状不同，因而两者相互独立，没有关系

　C. 圆度公差可以控制圆柱度误差

　D. 圆柱度公差可以控制圆度误差

5. 在倾斜度公差中，确定公差带方向的因素是（　　）。

　A. 被测要素的形状　　　　　　　　　B. 基准要素的形状

　C. 基准和理论正确角度　　　　　　　D. 被测要素和理论正确尺寸

6. 在三面体系中，（　　）应该选择零件上面积最大，定位稳定的表面。

　A. 辅助平面　　　B. 第一基准　　　C. 第二基准　　　D. 第三基准

四、综合题

试分别指出图4-102所示图样上标注的错误（在错的地方打上"×"），并进行正确标注（不得改变公差项目及被测要素）。

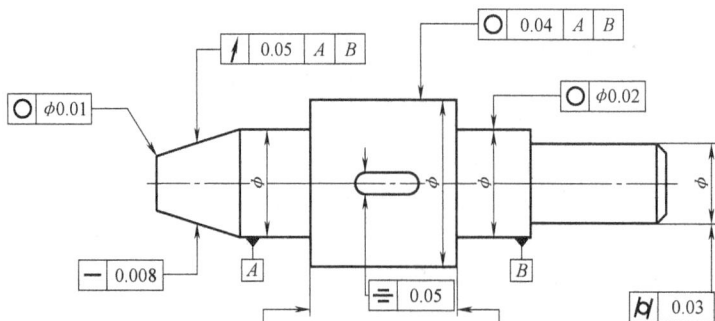

图4-102　零件图

第五章 公差原则

教学目标：1. 了解作用尺寸、实体尺寸和实效尺寸的基本概念和相关计算。
2. 掌握独立原则的含义及应用。
3. 掌握包容原则的基本内容、合格性判断及应用场合。
4. 掌握最大实体要求的基本内容、合格性判断及应用场合。
5. 了解最小实体要求的基本内容及应用。

零件几何参数是否准确，取决于尺寸误差和几何误差的综合影响。所以在设计零件时，对同一被测要素除了应给出尺寸公差外，还应该根据需要给出几何公差。确定尺寸公差和几何公差的关系的原则称为公差原则，它分为独立原则和相关要求两类，相关要求又分为包容要求（也称包容原则）、最大实体要求（也称最大实体原则）、最小实体要求（也称最小实体原则）和可逆要求。可逆要求不能单独采用，只能与最大实体要求或最小实体要求联合使用。

第一节 有关术语及定义

1. 作用尺寸

一个完工的零件总会存在着尺寸误差和几何误差，图 5-1 所示的轴和孔的配合，虽然轴的提取组成要素的局部尺寸处处合格，但由于轴线存在着直线度误差，这相当于轴的轮廓尺寸增大，从而导致轴与孔在配合时不能满足配合要求，甚至装配不上。

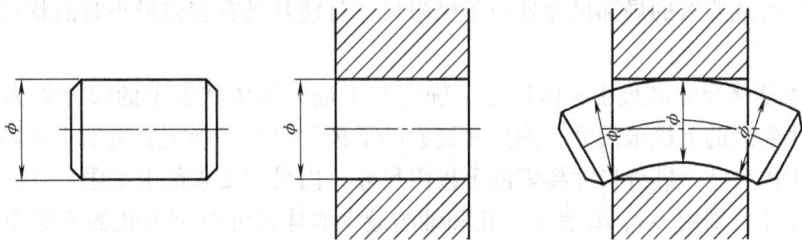

图 5-1 实际（组成）要素和几何误差的综合影响

作用尺寸是提取组成要素的局部尺寸和几何误差的综合结果，是装配时起作用的尺寸。作用尺寸分为体外作用尺寸和体内作用尺寸。

（1）体外作用尺寸 体外作用尺寸是指在被测提取（实际）要素的给定长度上，与实际外表面体外相接的最小理想面或与实际内表面体外相接的最大理想面的直径或宽度，如图 5-2 所示。内、外表面的体外作用尺寸分别用 D_{fe}、d_{fe} 表示。

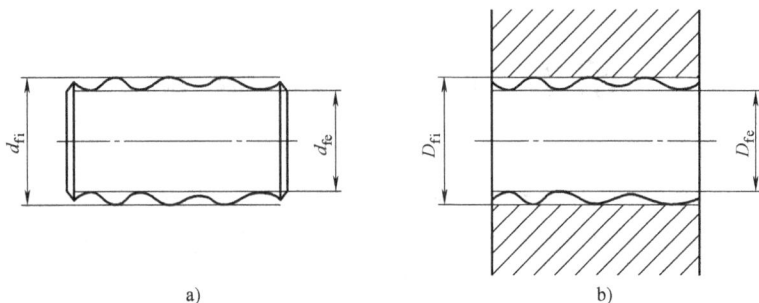

图 5-2　轴和孔的作用尺寸
a）轴的作用尺寸　b）孔的作用尺寸

（2）体内作用尺寸　体内作用尺寸是指在被测提取（实际）要素的给定长度上，与实际外表面体内相接的最大理想面或与实际表面体内相接的最小理想面的直径或宽度，如图 5-2 所示。内、外表面的体内作用尺寸分别用 D_{fi}、d_{fi} 表示。

对于关联要素，该理想面的轴线或中心平面必须与基准保持图样给定的几何关系。

作用尺寸不仅与提取（实际）要素的提取组成要素的局部尺寸有关，还与其几何误差有关。因此，作用尺寸是实际（组成）要素的局部尺寸和几何误差的综合尺寸。对一批零件而言，每个零件的局部尺寸都不一定相同，但每个零件的体外或体内作用尺寸只有一个。

对于被测实际轴，$d_{fe} \geq d_{fi}$；而对于被测实际孔，$D_{fe} \leq D_{fi}$。

实际间隙要考虑由尺寸误差和几何误差所形成的要素的综合状态，而此综合状态正是由要素的体外作用尺寸来表达的。体外作用尺寸是提取（实际）要素在配合中真正起作用的尺寸。

2. 实体状态和实体尺寸

（1）最大实体状态和最小实体状态　假定提取组成要素的局部尺寸处位于极限尺寸且使其具有实体最大时的状态称为最大实体状态。

假定提取组成要素的局部尺寸处位于极限尺寸且使其具有实体最小时的状态称为最小实体状态。

（2）最大实体尺寸和最小实体尺寸　确定要素最大实体状态下的尺寸称为最大实体尺寸，即外尺寸要素的上极限尺寸，内尺寸要素的下极限尺寸。确定要素最小实体状态下的尺寸称为最小实体尺寸，即外尺寸要素的下极限尺寸，内尺寸要素的上极限尺寸。内、外表面的最大实体尺寸分别用 D_M、d_M 表示。孔和轴的最大实体尺寸分别为孔的下极限尺寸和轴的上极限尺寸。即

$$D_M = D_{min}$$
$$d_M = d_{max}$$

内、外表面的最小实体尺寸分别用 D_L、d_L 表示。孔和轴的最小实体尺寸分别为孔的上极限尺寸和轴的下极限尺寸。即

$$D_L = D_{max}$$
$$d_L = d_{min}$$

例 5-1 求孔 φ50H7 和轴 φ50e6 的实体尺寸。

解： $D_M = D_{min} = 50.000\text{mm}$ $\quad D_L = D_{max} = 50.025\text{mm}$

$d_M = d_{max} = 49.975\text{mm}$ $\quad d_L = d_{min} = 49.959\text{mm}$

3. 实效尺寸和实效状态

（1）最大实体实效尺寸（MMVS）和最大实体实效状态（MMVC） 最大实体实效尺寸（MMVS）是尺寸要素的最大实体尺寸与其导出要素的几何公差（形状、方向或位置）共同作用产生的尺寸。对于内尺寸要素，最大实体实效尺寸（用 D_{MV} 表示）等于最大实体尺寸（用 D_M 表示）和几何公差 t 之差。对于外尺寸要素，最大实体实效尺寸（用 d_{MV} 表示）等于最大实体尺寸（用 d_M 表示）和几何公差 t 之和。用公式表示为

$$D_{MV} = D_M - t = D_{min} - t$$
$$d_{MV} = d_M + t = d_{max} + t$$

最大实体实效状态（MMVC）为其最大实体实效尺寸时的状态。

（2）最小实体实效尺寸（LMVS）和最小实体实效状态（LMVC） 最小实体实效尺寸（LMVS）是尺寸要素的最小实体尺寸与其导出要素的几何公差（形状、方向或位置）共同作用产生的尺寸。对于内尺寸要素，最小实体实效尺寸（用 D_{LV} 表示）等于最小实体尺寸（用 D_L 表示）和几何公差 t 之和。对于外尺寸要素，最小实体实效尺寸（用 d_{LV} 表示）等于最小实体尺寸（用 d_L 表示）和几何公差 t 之差。用公式表示为

$$D_{LV} = D_L + t = D_{max} + t$$
$$d_{LV} = d_L - t = d_{min} - t$$

最小实体实效状态（LMVC）为其最小实体实效尺寸时的状态。

实效尺寸与作用尺寸的关系：

1）区别：实效尺寸是实体尺寸和几何公差的综合尺寸。对一批零件而言是定值。作用尺寸是实际（组成）要素和几何误差的综合尺寸，对一批零件而言是变化值。

2）联系：实效尺寸是作用尺寸的极限值。

4. 边界

由设计给定的具有理想形状的极限包容面称为理想边界。这里的包容面的定义是广义的，它既包括内表面（孔），又包括外表面（轴）。边界的尺寸为极限包容面的直径或距离。

设计时，根据零件的功能和经济性要求，一般有以下几种理想边界。

（1）最大实体边界（MMB）和最小实体边界（LMB） 最大实体状态的理想形状的极限包容面称为最大实体边界，用 MMB 表示。最小实体状态的理想形状的极限包容面称为最小实体边界，用 LMB 表示。

单一要素的最大和最小实体边界没有方向或位置的约束，如图 5-3a 所示的单一要素孔和轴的最大、最小实体边界。关联要素的最大和最小实体边界应与图样上的基准保持给定的正确几何关系，如图 5-3b 所示的孔和轴的最大、最小实体边界与基准 A 保持垂直关系。

（2）实效边界 尺寸为最大实体实效尺寸的边界称为最大实体实效边界，用 MMVB 表示。尺寸为最小实体实效尺寸的边界称为最小实体实效边界，用 LMVB 表示。如图 5-4 所示的单一要素轴和孔的最大、最小实体实效边界。

对于关联要素，最大和最小实体实效边界的导出要素必须与基准保持图样上给定的几何关系。

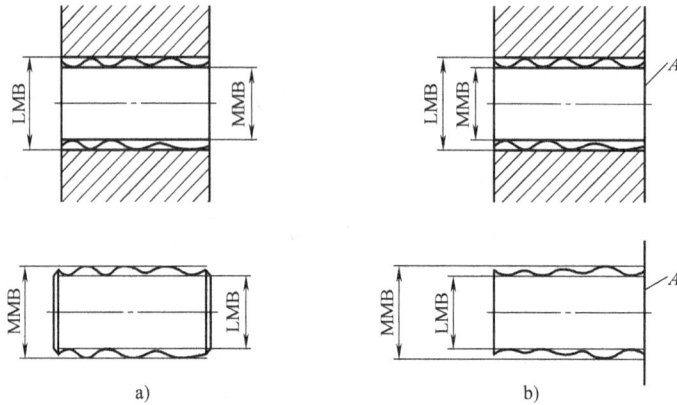

图 5-3 最大实体边界和最小实体边界

a）单一要素 b）关联要素

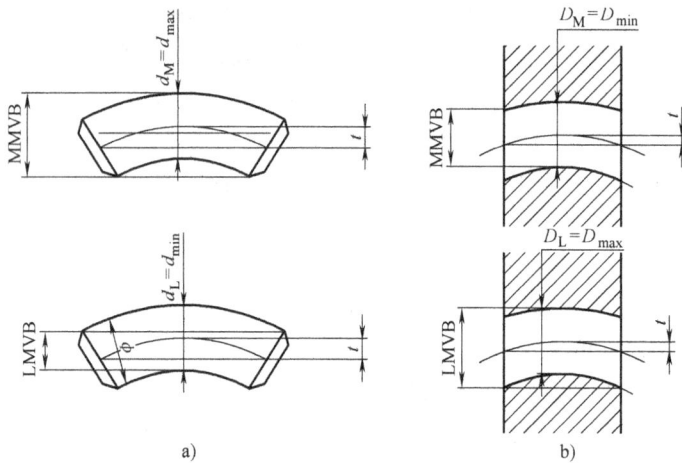

图 5-4 单一要素的最大实体实效边界和最小实体实效边界

a）外表面 b）内表面

例 5-2 如图 5-5 所示零件标注，求：1）零件的最大实体尺寸 d_M；2）最小实体尺寸 d_L；3）最大实体实效尺寸 d_{MV}；4）最小实体实效尺寸 d_{LV}。

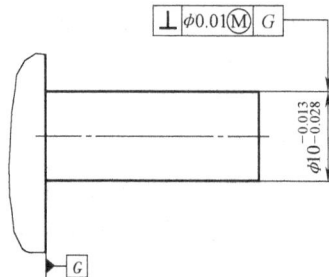

图 5-5 例 5-2 图

解：

1）$d_M = d_{max} = 10\text{mm} - 0.013\text{mm} = 9.987\text{mm}$。

2）$d_L = d_{min} = 10\text{mm} - 0.028\text{mm} = 9.972\text{mm}$。

3）$d_{MV} = d_M + t = d_{max} + t = 9.987\text{mm} + 0.01\text{mm} = 9.997\text{mm}$。

4）$d_{LV} = d_L - t = d_{min} - t = 9.972\text{mm} - 0.01\text{mm} = 9.962\text{mm}$。

第二节 独立原则（IP）

一、独立原则（IP）

独立原则是指图样上给定的每一个尺寸和几何（形状、方向或位置）要求均是独立的，应分别满足要求。独立原则是尺寸公差和几何公差相互关系遵循的基本原则。采用独立原则标注时，不需要附加任何表示互相关系的符号。

图5-6 所示为独立原则标注示例。图中销轴外圆柱面的实际（组成）要素和提取中心线必须位于各自的公差范围内才为合格。根据 $\phi 10_{-0.03}^{\ 0}$ mm 标注所确定的尺寸公差带，限制圆柱面实际（组成）要素必须在 $\phi9.97 \sim \phi10\text{mm}$ 之间，而不受提取中心线的直线度误差的影响。同理，不管销轴外圆柱面的实际（组成）要素为何值，取中心线的直线度误差都不允许大于 $\phi0.015\text{mm}$。

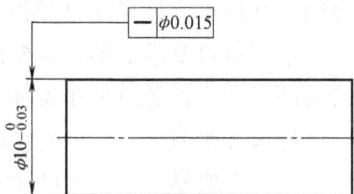

图5-6 独立原则标注示例

二、独立原则的应用

如图5-7 所示，独立原则适用于以下场合：

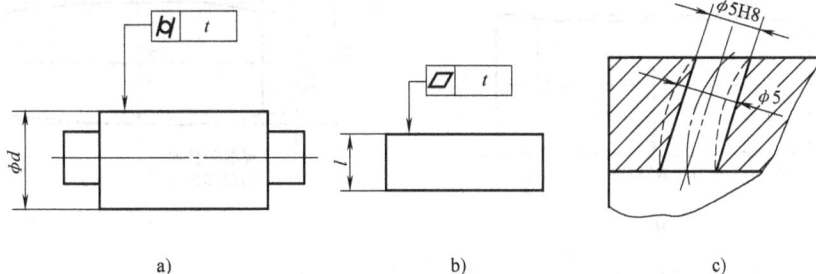

图5-7 独立原则的应用

a）印刷机的滚筒 b）测量平板 c）箱体上的通油孔

1）尺寸精度和几何精度都要求较高，并需要分别满足要求的场合。如齿轮箱体上的孔，为了保证其与轴承的配合和齿轮的正确啮合，必须分别保证孔的尺寸精度和孔的中心线的平行度要求，这时就适用独立原则。

2）尺寸精度与几何精度要求相差较大的场合。如滚筒类零件的尺寸精度要求低，圆柱度要求高；平板类零件的尺寸精度要求低，平面度要求高；连杆的小头孔尺寸精度和几何精度要求均较高。这时应分别满足要求。

3）尺寸精度与几何精度无关的场合。为保证运动精度、密封性等特殊要求，单独提出与尺寸精度无关的几何公差要求。如机床导轨为保证运动精度，提出直线度要求，与尺寸精度无关；气缸套内孔与活塞配合，为了内、外圆柱面均匀接触，并有良好的密封性能，在保证尺寸精度的同时，还要单独保证很高的圆度和圆柱度要求。

4）零件上的未注几何公差一律遵循独立原则。

运用独立原则时，需使用计量器具分别检测零件的尺寸和几何误差，检测较不方便。

第三节　包容要求（ER）

一、包容要求（ER）

包容要求属尺寸公差和几何公差的相关要求。它是用理想边界控制提取（实际）要素作用尺寸的要求。包容要求提取组成要素不得超越其最大实体边界（MMB），其局部尺寸不得超越其最小实体尺寸（LMS）。

采用包容要求的零件合格条件为：体外作用尺寸不得超过最大实体尺寸，提取组成要素的局部尺寸不得超过最小实体尺寸。用公式表示为

外尺寸要素　　　　$d_{fe} \leq d_M = d_{max}$，$d_a \geq d_L = d_{min}$

内尺寸要素　　　　$D_{fe} \geq D_M = D_{min}$，$D_a \leq D_L = D_{max}$

采用包容要求的尺寸要素应在其尺寸偏差或公差带代号之后加注符号Ⓔ，如图5-8所示。

图5-8　包容原则图样标注

提取圆柱面应在其最大实体边界（MMB）之内，该边界的尺寸为最大实体尺寸（MMS）ϕ150mm，其局部尺寸不得小于ϕ149.96mm，如图5-9a、图5-9b所示。

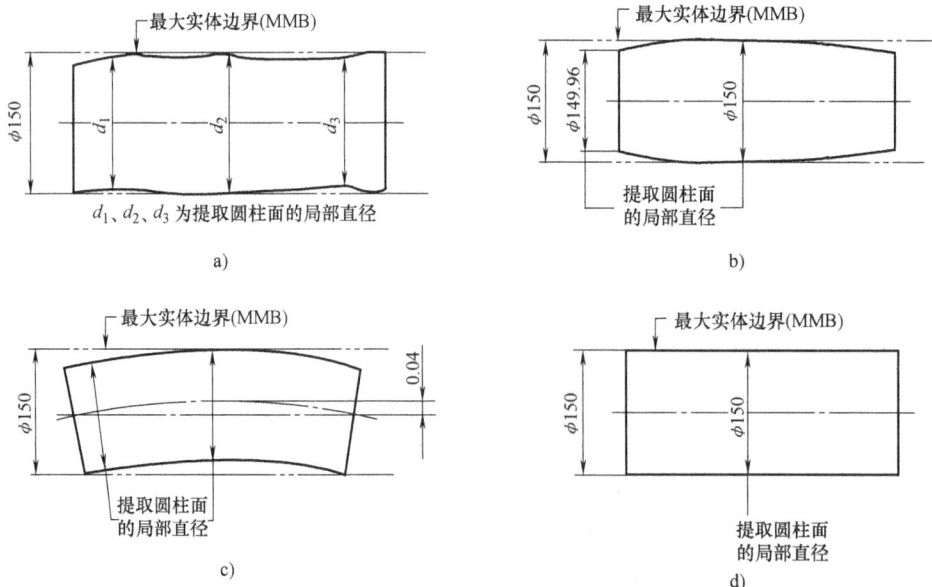

图5-9　包容原则最大实体边界

图5-9c表示，当轴径的实际（组成）要素偏离最大实体尺寸时，允许的直线度误差可以相应增大，增加量为最大实体尺寸和实际（组成）要素的差值（取绝对值）；当轴径的实际（组成）要素处处为最小实体尺寸时，轴线的直线度误差可为ϕ0.04mm。图5-9d表示，

当轴径的实际（组成）要素处处为最大实体尺寸时，轴线的直线度公差为零；因此，满足包容要求的轴径，其尺寸公差和直线度公差存在着相关要求。例如，当实际（组成）要素偏离最大实体尺寸 $\phi 0.02$mm，即为 $\phi 149.98$mm 时，允许的直线度误差为 $\phi 0.02$mm。

二、包容要求的应用

采用包容要求主要是为了保证配合性质，特别是配合公差较小的精密配合。

用最大实体边界综合控制实际（组成）要素和几何误差来保证必要的最小间隙（保证能自由装配）。用最小实体尺寸控制最大间隙，从而达到所要求的配合性质。如回转轴的轴颈和滑动轴承，滑动套筒和孔，滑块和滑块槽的配合等。

第四节　最大实体要求（MMR）

一、最大实体要求（MMR）和可逆要求（RPR）

最大实体要求是指尺寸要素的非理想要素不得违反其最大实体实效状态（MMVC）的一种尺寸要素要求，即尺寸要素的非理想要素不得超越其最大实体实效边界（MMVB）。

最大实体要求的可逆要求表示尺寸公差可以在实际几何误差小于几何公差之间的差值范围内增大，即当其提取组成要素的局部尺寸偏离最大实体尺寸时，允许将偏离值补偿给几何误差。

1. 最大实体要求应用于注有公差的要素

最大实体要求在图样上用符号Ⓜ标注在导出要素的几何公差值之后。

（1）最大实体要求应用于单一要素　如图 5-10a 为一外圆柱要素具有尺寸要求和对其轴线具有形状（直线度）要求的最大实体要求图例。

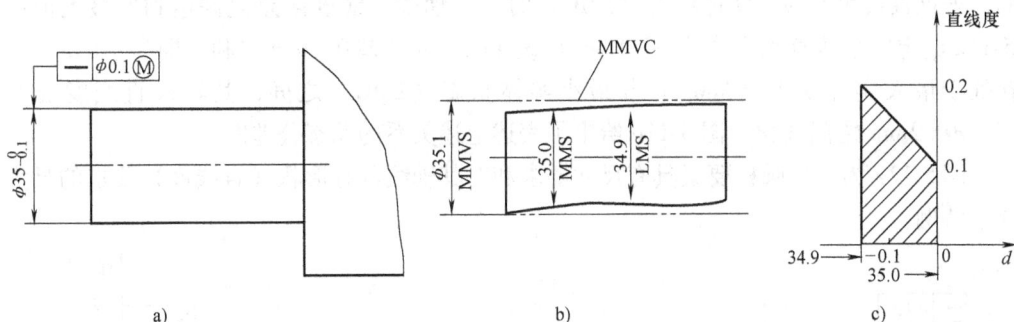

图 5-10　最大实体要求应用于单一要素的外尺寸（一）

a）图样标注　b）解释　c）动态公差图

图 5-10b 表明，轴的实际提取要素不得违反其最大实体实效状态（MMVC），其尺寸为最大实体实效尺寸 MMVS = 35.1mm。轴的实际提取要素各处的局部直径均应大于最小实体尺寸 LMS = 34.9mm，且均应小于最大实体尺寸 MMS = 35.0mm。最大实体实效状态的方向和位置无要求。

如图 5-10a 所示的轴线的直线度公差 $\phi 0.1mm$ 是该轴为其最大实体状态（MMC）时给定的；若该轴为其最小实体状态（LMC）时，其轴线直线度误差允许达到的最大值可为图 5-10a 给定的轴线直线度公差 $\phi 0.1mm$ 与该轴的尺寸公差 0.1mm 之和，即为 $\phi 0.2mm$；若该轴处于最大实体状态（MMC）与最小实体状态（LMC）之间，其轴线直线度误差在 $\phi 0.1 \sim \phi 0.2mm$ 之间变化。图 5-10c 给出了表述上述关系的动态公差图。

如图 5-11a 为一内圆柱要素具有尺寸要求和对其轴线具有形状（直线度）要求的最大实体要求图例。

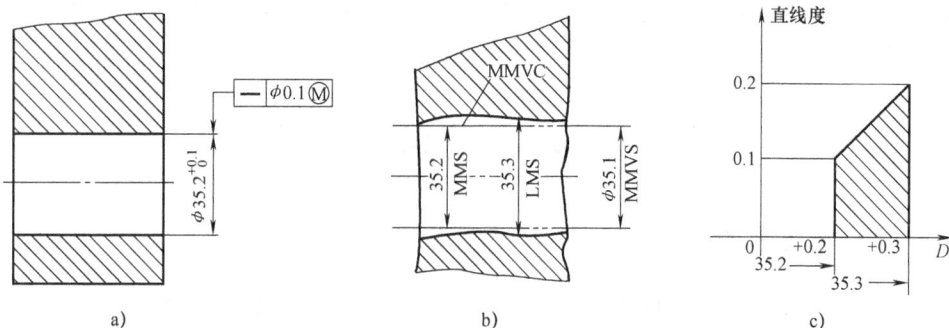

图 5-11　最大实体要求应用于单一要素的内尺寸（二）
a）图样标注　b）解释　c）动态公差图

图 5-11b 表明孔的实际提取要素不得违反其最大实体实效状态（MMVC），其直径为最大实体实效尺寸 MMVS = 35.1mm。孔的实际提取要素各处的局部直径均应小于最小实体尺寸 LMS = 35.3mm，且均应大于最大实体尺寸 MMS = 35.2mm。最大实体实效状态的方向和位置无要求。

如图 5-11a 所示的轴线的直线度公差 $\phi 0.1mm$ 是该孔为其最大实体状态（MMC）时给定的；若该轴线为其最小实体状态（LMC）时，其轴线直线度误差允许达到的最大值可为图 5-11a 给定的轴线直线度公差 $\phi 0.1mm$ 与该孔的尺寸公差 0.1mm 之和，即为 $\phi 0.2mm$；若该孔处于最大实体状态（MMC）与最小实体状态（LMC）之间，其轴线直线度公差在 $\phi 0.1 \sim \phi 0.2mm$ 之间变化。图 5-11c 给出了表述上述关系的动态公差图。

如图 5-12a 为一外圆柱要素具有尺寸要求和对其轴线具有形状（直线度）要求的最大实体要求特例。

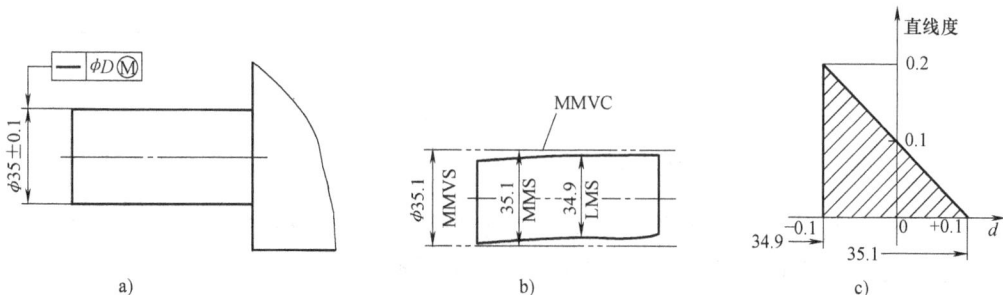

图 5-12　最大实体要求特例（具有 0 Ⓜ）
a）图样标注　b）解释　c）动态公差图

图 5-12b 表明，轴的提取要素不得违反其最大实体实效状态（MMVC），其直径为最大实体实效尺寸 MMVS＝35.1mm。轴的提取要素各处的局部直径均应大于最小实体尺寸 LMS＝34.9mm，且均应小于最大实体尺寸 MMS＝35.1mm。最大实体实效状态的方向和位置无要求。

如图 5-12a 所示的轴线的直线度公差 φ0.1mm 是该轴为其最大实体状态（MMC）时给定的，轴的直线度公差等于 0，即该轴为其最大实体状态（MMC）时不允许有轴线的直线度误差；若该轴为其最小实体状态（LMC）时，其轴线直线度误差允许达到的最大值可为图 5-12a 给定的轴线直线度公差 φ0mm 与该轴的尺寸公差 0.2mm 之和，即为 φ0.2mm，也即其轴线直线度误差允许达到的最大值只等于该轴的尺寸公差 0.2mm；若该轴处于最大实体状态（MMC）与最小实体状态（LMC）之间，其轴线直线度误差在 φ0～φ0.2mm 之间变化。图 5-12c 给出了表述上述关系的动态公差图。

（2）最大实体要求应用于关联要素　如图 5-13 所示为外圆柱要素具有尺寸要求和对其轴线具有方向（垂直度）要求的最大实体要求图例。

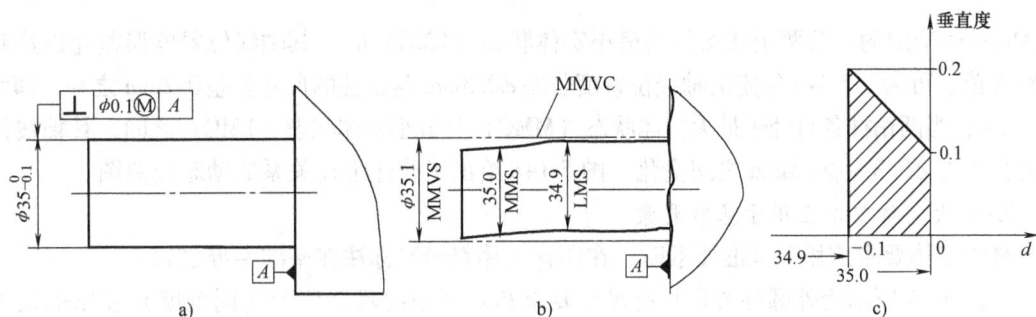

图 5-13　最大实体要求应用于关联要素的外尺寸（一）
a）图样标注　b）解释　c）动态公差图

该轴的提取要素不得违反其最大实体实效状态（MMVC），其最大实体实效尺寸 MMVS＝35.1mm。轴的提取要素各处的局部直径均应大于最小实体尺寸 LMS＝34.9mm，且均应小于最大实体尺寸 MMS＝35.0mm。最大实体实效状态的方向与基准垂直，但其位置无约束。

如图 5-13a 所示的两销柱的轴线垂直度公差 φ0.1mm 是该轴为其最大实体状态（MMC）时给定的；若该轴均为其最小实体状态（LMC）时，其轴线的垂直度度误差允许达到的最大值可为图 5-13a 给定的轴线位置度公差 φ0.1mm 与该轴的尺寸公差 0.1mm 之和即为 φ0.2mm；若该轴处于最大实体状态（MMC）与最小实体状态（LMC）之间，其轴线垂直度误差在 φ0.1～φ0.2mm 之间变化。图 5-13c 给出了表述上述关系的动态公差图。

如图 5-14 所示零件的预期功能是两销柱要与一个具有两个公称尺寸为 φ10mm 的孔相距 25mm 的板类零件装配，且要与平面 A 垂直。

两销柱的提取要素不得违反其最大实体实效状态（MMVC），其最大实体实效尺寸 MMVS＝10.3mm。两销柱的提取要素各处的局部直径均应大于 LMS＝9.8mm，且均应小于最大实体尺寸 MMS＝10.0mm。两个最大实体实效状态的位置处于其轴线彼此相距为理论正确尺寸 25mm，且与基准 A 保持理论正确垂直。

如图 5-14a 所示的两销柱的轴线位置度公差 φ0.3mm 是这两销柱均为其最大实体状态

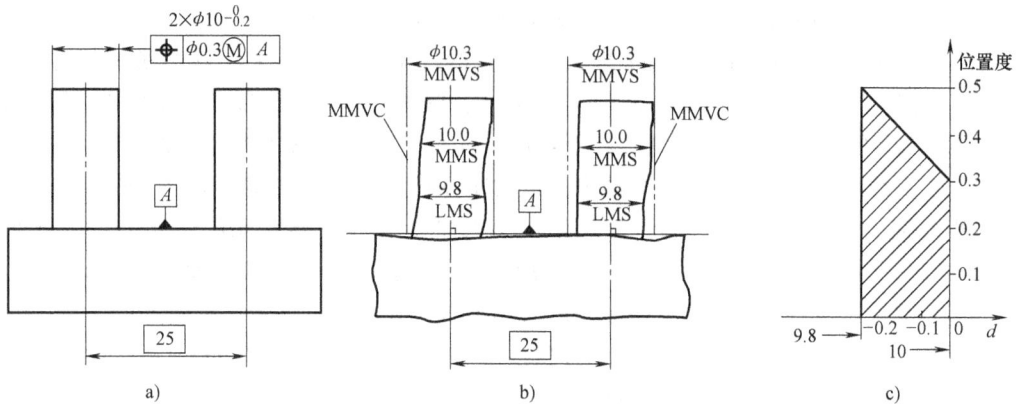

图 5-14　最大实体要求应用于关联要素（位置度）（二）

a）图样标注　b）解释　c）动态公差图

（MMC）时给定的；若两销柱均为其最小实体状态（LMC）时，其轴线位置度误差允许达到的最大值，可为图 5-14a 给定的轴线位置度公差 $\phi 0.3$mm 与销柱的尺寸公差 0.2mm 之和，即为 $\phi 0.5$mm；当两销柱各自处于最大实体状态（MMC）与最小实体状态（LMC）之间，其轴线位置度公差在 $\phi 0.3 \sim \phi 0.5$mm 之间变化。图 5-14c 给出了表述上述关系的动态公差图。

2. 最大实体要求应用于基准要素

最大实体要求应用于基准要素时，在图样上用符号Ⓜ标注在基准字母之后。

如图 5-15 所示为外圆柱要素具有尺寸要求和对其轴线具有位置（同轴度）要求的最大实体要求以及作为基准的外尺寸要素具有尺寸要求同时也用最大实体要求的图例。

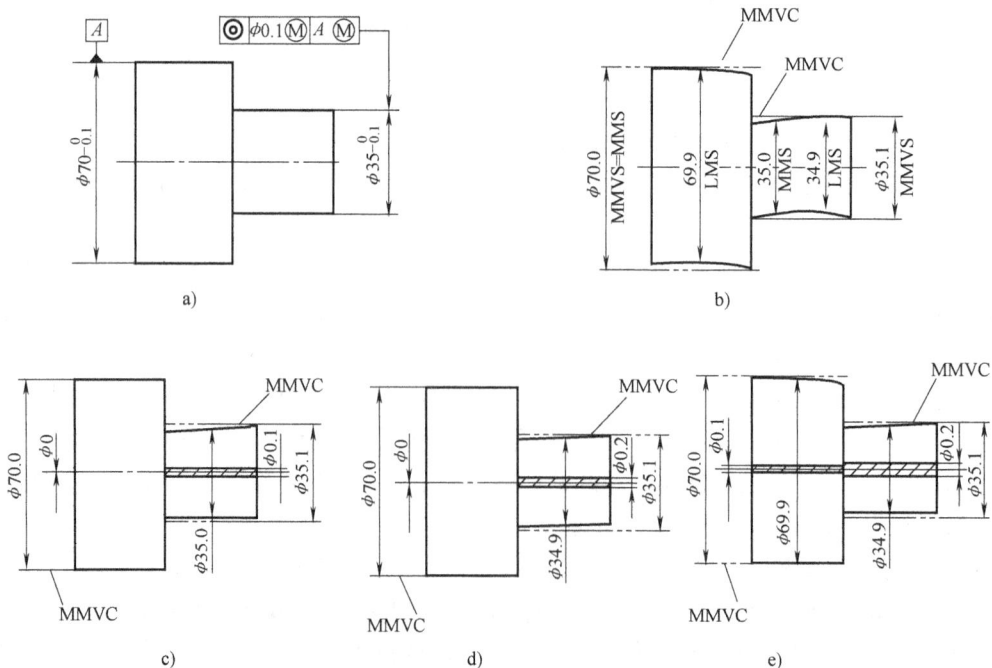

图 5-15　最大实体要求同时应用于提取要素和基准要素

a）图样标注　b）、c）、d）、e）解释

该轴的提取要素不得违反其最大实体实效状态（MMVC），其最大实体实效尺寸 MMVS = 35.1mm。轴的提取要素各处的局部直径均应大于最小实体尺寸 LMS = 34.9mm，且均应小于最大实体尺寸 MMS = 35.0mm。最大实体实效状态的位置要素与基准要素的最大实体实效状态同轴。基准要素的提取要素不得违反其最大实体实效状态（MMVC），其最大实体实效尺寸MMVS = MMS = 70.0mm。基准要素的提取要素各处的局部直径均应大于最小实体尺寸 LMS = 69.9mm。

如图 5-15a 所示的外尺寸要素的轴线相对于基准要素轴线的同轴度公差 $\phi 0.1$mm 是该外尺寸要素及其基准要素均为其最大实体状态（MMC）时给定的；若外尺寸要素为其最小实体状态（LMC），基准要素仍为其最大实体状态（MMC）时，外尺寸要素的轴线同轴度误差允许达到的最大值可为图 5-15a 给定的同轴度公差 $\phi 0.1$mm 与其尺寸公差 0.1mm 之和为 $\phi 0.2$mm；若外尺寸要素处于最大实体状态（MMC）与最小实体状态（LMC）之间，基准要素仍为其最大实体状态（MMC）时，其轴线同轴度误差在 $\phi 0.1 \sim \phi 0.2$mm 之间变化。

若基准要素偏离其最大实体状态（MMC），由此可使其轴线相对于正确位置有一些浮动（偏移、倾斜或弯曲）；若基准要素为其最小实体状态（LMC）时，其轴线相对于其理论正确位置的最大浮动量可以达到的最大值为 $\phi 0.1$（70.0～69.9）mm，在此情况下，若外尺寸要素也为其最小实体状态（LMC），其轴线与基准要素轴线的同轴度误差可能会超过 $\phi 0.3$mm（图 5-15a 中给定的同轴度公差 $\phi 0.1$mm、外尺寸要素的尺寸公差 0.1mm 与基准要素的尺寸公差 0.1mm 三者之和），同轴度误差的最大值可以根据零件的具体结构尺寸近似估算。

3. 最大实体要求的可逆要求（RPR）

可逆要求（RPR）是最大实体要求或最小实体要求的附加要求，在图样上标注®在几何公差数值后面的符号Ⓜ或Ⓛ之后，表示提取要素遵守最大实体要求的同时也遵守可逆要求。最大实体要求的可逆要求表示尺寸公差可以在实际几何误差小于几何公差之间的差值范围内增大。即当其提取组成要素的局部尺寸偏离最大实体尺寸时，允许将偏离值补偿给几何误差。

可逆要求用于最大实体要求时，除了具有上述最大实体要求用于被测要素时的含义外，还表示当几何误差小于给定的几何公差时，也允许实际（组成）要素超出最大实体尺寸；当几何误差为零时，允许尺寸的超出值最大，该值为几何公差值，从而实现尺寸公差与几何公差的相互转换。此时，被测要素仍遵守最大实体实效边界。

如图 5-16 所示零件的预期功能也是两销柱要与一个具有两个公称尺寸为 $\phi 10$mm 的孔相距 25mm 的板类零件装配，且要与平面 A 相垂直。

与前面相同，两销柱的提取要素不得违反其最大实体实效状态（MMVC），其最大实体实效尺寸 MMVS = 10.3mm。两销柱的提取要素各处的局部直径均应大于最小实体尺寸 LMS = 9.8mm，且均应小于最大实体尺寸 MMS = 10.0mm。两个最大实体实效状态的位置处于其轴线彼此相距为理论正确尺寸 25mm，且与基准 A 保持理论正确垂直。

如图 5-16a 所示的两销柱的轴线位置度公差 $\phi 0.3$mm 是这两销柱均为其最大实体状态（MMC）时给定的；若两销柱均为其最小实体状态（LMC）时，其轴线位置度误差允许达到的最大值，可为图 5-16a 给定的轴线位置度公差 $\phi 0.3$mm 与销柱的尺寸公差 0.2mm 之和，即为 $\phi 0.5$mm；当两销柱各自处于最大实体状态（MMC）与最小实体状态（LMC）之间，

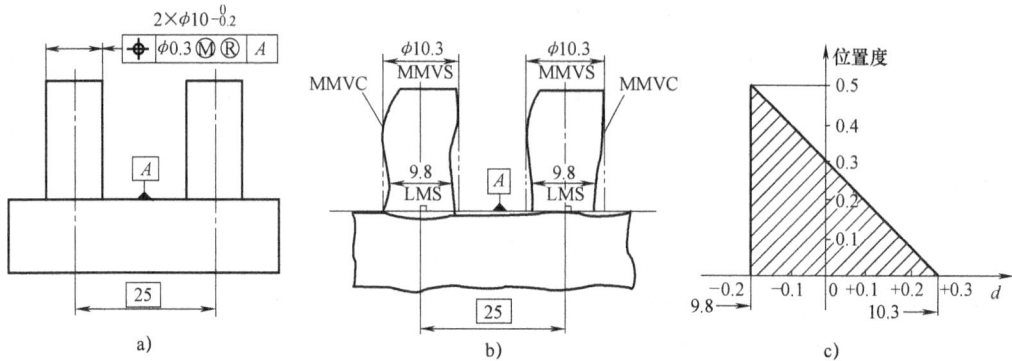

图 5-16 最大实体要求及附加可逆要求

a）图样标注   b）解释   c）动态公差图

其轴线位置度误差在 $\phi 0.3 \sim \phi 0.5 \mathrm{mm}$ 之间变化。由于附加了可逆要求（RPR），因此如果两销柱的轴线位置度误差小于给定的公差 $\phi 0.3 \mathrm{mm}$ 时，两销柱的尺寸公差允许大于 0.2mm，即提取要素各处的局部直径均可大于它们的最大实体尺寸（MMC = 10.0mm）；如果两销柱的轴线位置度误差等于零，则两销柱尺寸公差允许增大至 10.3mm。图 5-16c 给出了表述上述关系的动态公差图。

可逆要求常用于对零件配合性质要求不严，但要求顺利保证零件可装配性的场合。

可逆要求与最大实体要求或最小实体要求联用，起到了充分利用公差带，扩大了被测要素实际（组成）要素范围的作用，使实际（组成）要素超过了最大实体尺寸或最小实体尺寸，而体外作用尺寸或体内作用尺寸未超过最大实体实效边界或最小实体实效边界的废品变为合格品，从而提高了经济效益。在不影响使用要求的情况下可以选用可逆要求。

二、最大实体要求的应用

最大实体要求是从装配互换性基础上建立起来的，主要应用在要求装配互换性的场合。常用于零件精度低（尺寸精度、几何精度较低），配合性质要求不严，但要求能自由装配的零件，以获得最大的技术经济效益。例如用于法兰盘上的连接用孔组或轴承端盖上的连接用孔组的位置度公差。

最大实体要求用于零件的导出要素（轴线、圆心、球心或中心平面），多用于位置度公差。

第五节 最小实体要求（LMR）

一、最小实体要求（LMR）和可逆要求（RPR）

最小实体要求是指尺寸要素的非理想要素不得违反其最小实体实效状态（LMVC）的一种公差原则，即尺寸要素的非理想要素不得超越其最小实体实效边界（LMVB）。

最小实体要求的可逆要求表示尺寸公差可以在实际几何误差小于几何公差之间的差值范围内增大，即当其提取组成要素的局部尺寸偏离最小实体尺寸时，允许将偏离值补偿给尺寸公差。

当提取要素采用最小实体要求时，被测要素的几何公差值是在该要素处于最小实体状态时给定的。当被测要素的实际（组成）要素偏离其最小实体状态时，允许的几何公差值可以相应地增加。在图样上标注时，应在几何公差值后加注符号Ⓛ。

当提取要素符合最小实体要求时，应遵守最小实体实效边界。被测要素的体内作用尺寸不得超越其最小实体实效尺寸，它的提取组成要素的局部尺寸不得超过其最大实体尺寸和最小实体尺寸。用公式表示为

外尺寸要素 $\quad d_{fe} \geq d_{LV} = d_{min} - t, \ d_{max} \geq d_a \geq d_{min}$

内尺寸要素 $\quad D_{fi} \leq D_{LV} = D_{max} + t, \ D_{max} \geq D_a \geq D_{min}$

如图 5-17a 为一外圆柱要素与一个作为基准的同心内尺寸要素具有位置度要求的最小实体要求图例。

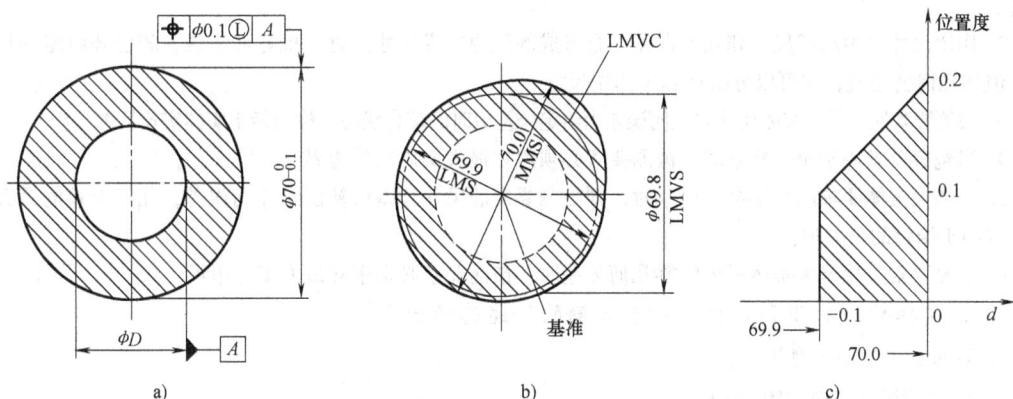

图 5-17 最小实体要求应用
a) 图样标注 b) 解释 c) 动态公差图

图 5-17b 表明，外尺寸要素的提取要素不得违反其最小实体实效状态（LMVC），其尺寸为最小实体实效尺寸 LMVS = 69.8mm。外尺寸要素的提取要素各处的局部直径均应小于最大实体尺寸 MMS = 70.0mm，且应大于最小实体尺寸 LMS = 69.9mm。最小实体实效状态的方向与基准 A 平行，并且其位置在于基准 A 同轴的理论正确位置上。

如图 5-17a 所示的轴线的位置度公差 ϕ0.1mm 是该外尺寸要素为其最小实体状态（LMC）时给定的；若该外尺寸要素为其最大实体状态（MMC）时，其轴线位置度误差允许达到的最大值可为图 5-17a 给定的轴线位置度公差 ϕ0.1mm 与该轴的尺寸公差 0.1mm 之和，即为 ϕ0.2mm；若该轴处于最小实体状态（LMC）与最大实体状态（MMC）之间，其轴线位置度误差在 ϕ0.1 ~ ϕ0.2mm 之间变化。图 5-17c 给出了表述上述关系的动态公差图。

与最大实体要求类似，可逆要求可用于最小实体要求，也可用于基准要素。

二、最小实体要求的应用

最小实体要求也主要适用于导出要素。最小实体要求常用于保证零件的最小壁厚，以保证必要的强度要求的场合，例如空心圆柱的凸台、带孔的小垫圈等的位置度公差等。

本 章 小 结

　　本章通过介绍几个公差原则，使弄清楚几何公差与尺寸公差之间的关系，更好地理解图样中有关几何公差和尺寸公差之间的关系，从而正确判断出零件的合格性，加深对在不同的生产实践中应采取正确的零件合格性的判断原则和方法。

思考与练习

一、判断题（判断正误，并在括号内填"√"或"×"）

1. 尺寸公差与几何公差采用独立原则时，零件加工的实际要素和几何误差中有一项超差，则该零件不合格。　　　　　　　　　　　　　　　　　　　　　　　　　　　　　　（　　）

2. 作用尺寸是由局部尺寸和几何误差综合形成的理想边界尺寸。对一批零件来说，若已知给定的尺寸公差值和几何公差值，则可以分析计算出作用尺寸。　　　　　　　　　　　　（　　）

3. 被测要素处于最小实体尺寸和几何误差为给定公差值时的综合状态，称为最小实体实效状态。（　　）

4. 当包容要求用于单一要素时，被测要素必须遵守最大实体实效边界。　　　　　　　　（　　）

5. 当最大实体要求应用于被测要素时，则被测要素的尺寸公差可补偿给几何误差，几何误差的最大允许值应小于给定的公差值。　　　　　　　　　　　　　　　　　　　　　　　　　　（　　）

6. 被测要素采用最大实体要求的零几何公差时，被测要素必须遵守最大实体边界。　　（　　）

二、选择题（将下列题目中所有正确的论述选择出来）

1. 某轴 $\phi10_{-0.015}^{\ 0}$ mm ⒠则_____。

　　A. 被测要素遵守 MMC 边界

　　B. 被测要素遵守 MMVC 边界

　　C. 当被测要素尺寸为 $\phi10$mm 时，允许形状误差最大可达 0.015mm

　　D. 当被测要素尺寸为 $\phi9.985$mm 时，允许形状误差最大可达 0.015mm

　　E. 局部实际要素应大于等于最小实体尺寸

2. 被测要素采用最大实体要求的零几何公差时_____。

　　A. 位置公差值的框格内标注符号 ⒠

　　B. 位置公差值的框格内标注符号 $\phi0$ ⓜ

　　C. 实际被测要素处于最大实体尺寸时，允许的几何误差为零

　　D. 被测要素遵守的最大实体实效边界等于最大实体边界

　　E. 被测要素遵守的是最小实体实效边界

3. 符号 | ⊥ | $\phi0.1$ⓛ | A | 含义是_____。

　　A. 被测要素为单一要素

　　B. 被测要素遵守最小实体要求

　　C. 被测要素遵守的最小实体实效边界不等于最小实体边界

　　D. 当被测要素处于最小实体尺寸时，允许的垂直度误差为零

　　E. 在任何情况下，垂直度误差为零

4. 下列论述正确的有_____。

　　A. 孔的最大实体实效尺寸 $= D_{max} -$ 几何公差

  B. 孔的最大实体实效尺寸 = 最大实体尺寸 − 几何公差

  C. 轴的最大实体实效尺寸 = d_{max} + 几何公差

  D. 轴的最大实体实效尺寸 = 实际要素 + 几何误差

  E. 最大实体实效尺寸 = 最大实体尺寸

5. 某孔 $\phi 10 ^{+0.015}_{0}$ Ⓔ mm 则_____。

  A. 被测要素遵守 MMC 边界

  B. 被测要素遵守 MMVC 边界

  C. 当被测要素尺寸为 $\phi 10$mm 时，允许几何误差最大可达 0.015mm

  D. 当被测要素尺寸为 $\phi 10.01$mm 时，允许几何误差可达 0.01mm

  E. 局部实际要素尺寸应大于或等于最小实体尺寸

第六章　表面粗糙度及检测

教学目标：1. 理解表面粗糙度的概念，了解表面粗糙度对零件使用性
　　　　　　　能的影响。
　　　　　　2. 了解表面粗糙度的主要参数的含义。
　　　　　　3. 理解表面粗糙度符号、代号的意义，掌握表面粗糙度符
　　　　　　　号、代号的标注方法。
　　　　　　4. 了解表面粗糙度的选用原则和检测方法。

　　在切削加工过程中，由于刀痕、切屑分离时的变形、刀具和已加工表面间的摩擦及工艺系统的高频振动等原因，在零件已加工表面上总会出现较小间距和微小峰谷所组成的微观几何形状特征，此特征称为表面粗糙度。如图 6-1 为车削后的轴表面放大图。

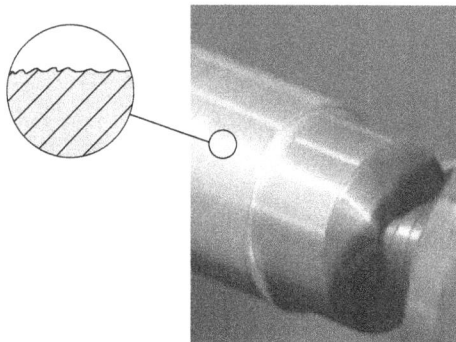

图 6-1　车削后的轴表面放大图

第一节　表面粗糙度及评定参数

一、表面粗糙度的形成

　　表面粗糙度是表述零件表面峰谷的高低程度和间距状况的微观几何形状特性的术语。

　　经过加工的零件的表面几何形状误差可分为宏观几何形状误差、表面波度和表面粗糙度三类，如图 6-2 所示。一般把波度宽和高之比小于 40 的称为表面粗糙度，比值大于 1 000 为几何形状误差，介于两者之间称为表面波度。表面波度具有较明显的周期性的波距和波高，只在高速切削（主要是磨削）条件下才时而出现，是由于加工系统振动造成的。宏观几何形状误差产生的原因是加工机床和刀具、夹具本身的形状、方向和位置误差，以及加工中的力变形、热变

形和较大的振动等。表面粗糙度、表面波纹度及表面几何形状总是同时生成并存在于同一表面。

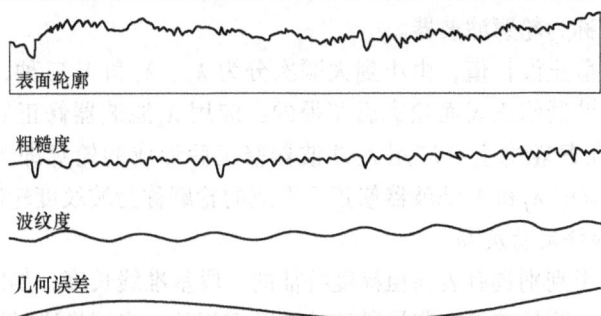

图 6-2　加工后的零件表面几何形状误差示意图

二、表面粗糙度对零件使用性能的影响

1）表面粗糙度影响零件的耐磨性。表面越粗糙，配合表面间的有效接触面积越小，压强越大，磨损就越快。

2）表面粗糙度影响配合性质的稳定性。对间隙配合来说，表面越粗糙，就越易磨损，使用工作过程中间隙逐渐增大；对过盈配合来说，由于装配时将微观凸峰挤平，减小了实际有效过盈，降低了联接强度。

3）表面粗糙度影响零件的疲劳强度。粗糙零件的表面存在较大的波谷，它们像尖角缺口和裂纹一样，对应力集中很敏感，从而影响零件的疲劳强度。

4）表面粗糙度影响零件的抗腐蚀性。粗糙的表面，易使腐蚀性气体或液体通过表面的微观凹谷渗入到金属内层，造成表面腐蚀。

5）表面粗糙度影响零件的密封性。粗糙的表面之间无法严密地贴合，气体或液体通过接触面间的缝隙渗漏。

6）表面粗糙度影响零件的接触刚度。接触刚度是零件结合面在外力作用下，抵抗接触变形的能力。

7）影响零件的测量精度。零件被测表面和测量工具测量面的表面粗糙度都会直接影响测量的精度，尤其是在精密测量时。

三、基本术语及定义

评定表面结构参数的有关检验规范方面的基本术语有取样长度和评定长度、轮廓滤波器和传输带及其极限值判断规则。

1. 表面轮廓

表面轮廓是指定平面与实际表面相交所得轮廓，按照相截的方向不同可分为横向轮廓和纵向轮廓。在评定或检测表面粗糙度时，通常都是指横向轮廓，即垂直于表面加工纹理的平面与表面相交所得的轮廓线，如图 6-3 所示。

2. 轮廓滤波器

粗糙度等三类轮廓总是同时存在并叠加在同一表面轮廓上，因此，在测量评定三类轮廓上的参数时，必须先将

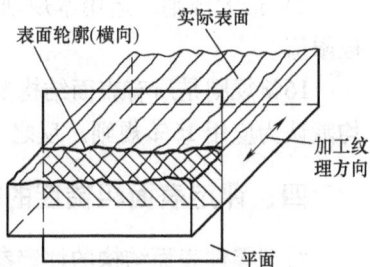

图 6-3　表面轮廓

表面轮廓在特定范围上进行滤波，以及分离获得所需波长范围的轮廓。这种可将轮廓分成长波和短波成分的仪器称为轮廓滤波器。

按滤波器的不同截止波长值，由小到大顺次分为 λ_s、λ_c 和 λ_f 三种，粗糙度等三类轮廓就是分别应用这些滤波器修正表面轮廓后获得的：应用 λ_s 滤波器修正后形成的轮廓称为原始轮廓（P 轮廓）；在 P 轮廓上再应用 λ_c 滤波器修正后形成的轮廓即为粗糙度轮廓（R 轮廓）；对 P 轮廓连续应用 λ_f 和 λ_c 滤波器修正后形成的轮廓称为波纹度轮廓（W 轮廓）。

3. 取样长度 lr 和评定长度 ln

取样长度是指用于判别具有表面粗糙度特征的一段基准线长度，如图 6-4 所示。由于表面落轮廓的不规则性，测量结果与测量段的长度密切相关。当测量段过短时，各处的测量结果会产生很大差异；当测量段过长时，测量的高度值中将不可避免地包含波纹度的幅值。因此，选取一段适当长度进行测量能限制和削弱表面波度对表面粗糙度测量结果的影响，这段长度称为取样长度。

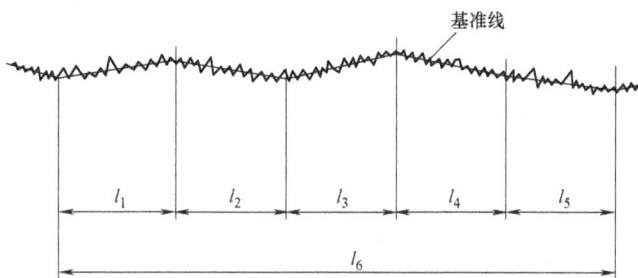

图 6-4　取样长度和评定长度

由于被测表面上微观起伏的不均匀性，在一个取样长度上测量，不能充分合理地反映实际表面粗糙特征，为取得表面粗糙度最可靠的值，一般取几个连续的取样长度进行测量，并以各取样长度内测量值的平均值作为测得的参数值。这段在 X 轴方向上用于评定轮廓的包含着一个或几个取样长度的测量段称为评定长度 ln。

当未注明取样长度个数时，评定长度即默认 5 个取样长度，否则应注明个数。

4. 极限值判断规则

完工零件的表面按检验规范测得轮廓参数值后，需与图样上给定的极限值比较，以判断其是否合格。极限值判断规则有两种：

1）16% 规则。运用本规则时，当被测表面测得的全部参数值中超过极限值的个数不多于总个数的 16% 时，该表面是合格的。

2）最大规则。运用本规则时，被检的整个表面上测得的参数值一个也不应超过给定的极限值。

16% 规则是所有表面结构要求标注的默认规则，即当参数代号后未写"max"字样时，均默认为应用 16% 规则。反之，则应用最大规则。

四、评定表面粗糙度的轮廓参数

对于零件表面结构的评定参数，目前我国机械图样中最常用的评定参数是轮廓参数。

（1）最大轮廓峰高 Rp　最大轮廓峰高是指在一个取样长度内最大的轮廓峰高，如图 6-5

所示。

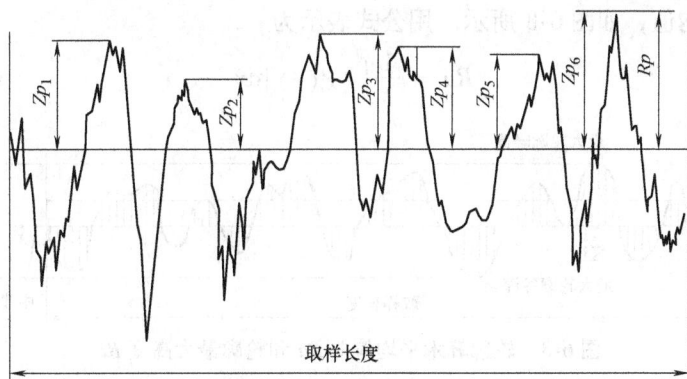

图6-5 最大轮廓峰高

（2）最大轮廓谷深 Rv　最大轮廓谷深是指在一个取样长度内最大的轮廓谷深，如图6-6所示。

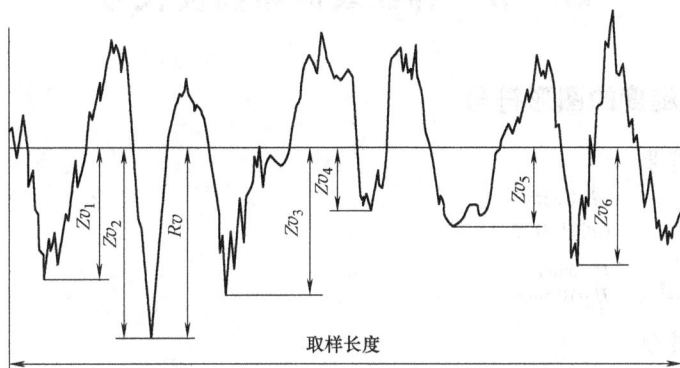

图6-6 最大轮廓谷深

（3）轮廓最大高度 Rz　轮廓最大高度是指在一个取样长度内，最大的轮廓峰高和最大的轮廓谷深之和，如图6-7所示。

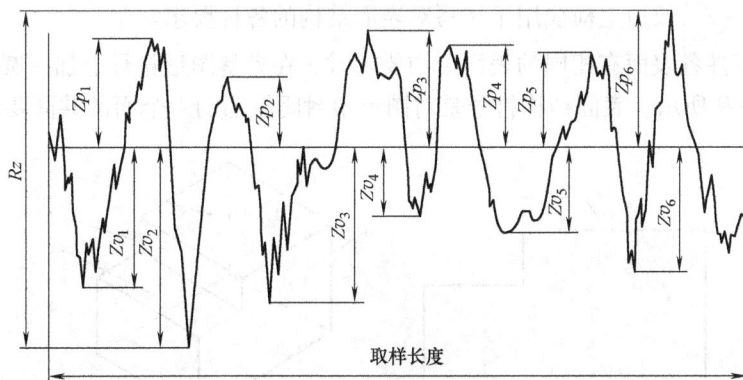

图6-7 轮廓最大高度

参数 Rz 对于较小的表面或需控制应力集中而导致疲劳破坏的表面，常选取 Rz 作为评定参数。

（4）评定轮廓的算术平均偏差 Ra Ra 是在取样长度 lr 内，轮廓上各点纵坐标值 $Z(x)$ 绝对值的算术平均值，如图 6-8 所示。用公式表示为

$$Ra = \frac{1}{l} \int_0^l |Z(x)| \, \mathrm{d}x$$

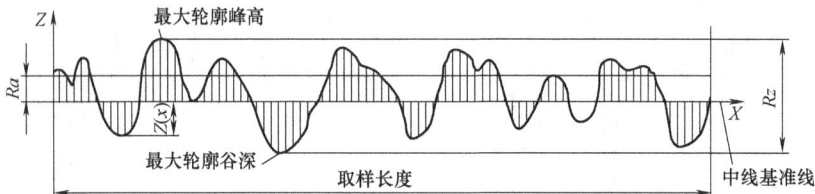

图 6-8　轮廓算术平均偏差 Ra 和轮廓最大高度 Rz

参数 Ra 定义直观，反映的几何特征准确，用轮廓仪测量快速方便，且表面起伏的取样较多，能比较客观地反映表面粗糙度，所以世界各国一般用 Ra 作为表面粗糙度的主要评定参数。

第二节　标注表面粗糙度代号

一、表面粗糙度的图形符号

1. 基本图形符号

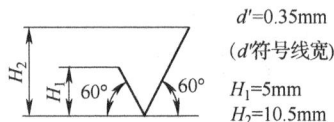

d'=0.35mm
（d'符号线宽）
H_1=5mm
H_2=10.5mm

2. 扩展图形符号

1）$\sqrt{}$ 表示用去除材料方法获得的表面。

2）$\sqrt{}$ 表示用不去除材料方法获得的表面。

3. 完整展图形符号

$\sqrt{}$　$\sqrt{}$　$\sqrt{}$　长边上横线用于注写对表面结构的各种要求。

当图样对零件各表面有相同的表面结构要求时，在完整图形符号上加一圆圈，标注在轮廓线上。如图 6-9 所示。表面结构符号是对图形中封闭轮廓的六个面的共同要求。

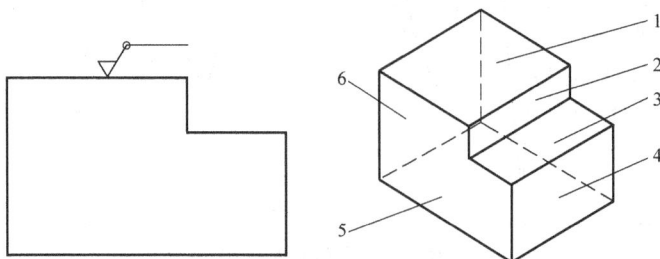

图 6-9　对零件各表面有相同的表面结构要求的注法

二、表面结构要求在图形符号中的注写位置

为了明确表面结构要求，除了标注表面结构参数和数值外，必要时应标注补充要求，包含传输带、取样长度、加工工艺、表面纹理及方向、加工余量等。这些要求在图形符号中的注写位置如图 6-10 所示。

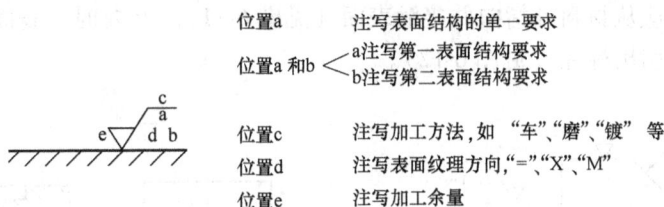

位置a　　　注写表面结构的单一要求

位置a 和b ⟨ a注写第一表面结构要求
　　　　　　 b注写第二表面结构要求

位置c　　　注写加工方法，如"车"、"磨"、"镀" 等

位置d　　　注写表面纹理方向，"="、"X"、"M"

位置e　　　注写加工余量

图 6-10　表面结构要求的注写位置

三、表面结构代号

表面结构符号中注写了具体参数代号及数值等要求后称为表面结构代号。表面结构代号的示例及含义见表 6-1。

表 6-1　表面结构代号的示例及含义

序　号	代号示例	含义及解释	补充说明
1	$Ra\ 0.8$	表示不允许去除材料，单向上限值，默认传输带，R 轮廓，算术平均偏差为 0.8μm，评定长度为 5 个取样长度（默认），16% 规则（默认）	参数代号与极限值之间应留空格。本例未标注传输带，应理解为默认传输带，此时取样长度可在 GB/T 10610 和 GB/T 6062 中查取
2	$Rzmax\ 0.2$	表示去除材料，单向上限值，默认传输带，R 轮廓，轮廓最大高度的最大值为 0.2μm，评定长度为 5 个取样长度（默认），最大规则	示例 1~4 均为单向极限要求，且均为单向上限值，则均可不加注 "U"；若为单向下限值，则应加注 "L"
3	$0.008\sim0.8/Ra\ 3.2$	表示去除材料，单向上限值，传输带 0.008~0.8mm，R 轮廓，算术平均偏差为 3.2μm，评定长度为 5 个取样长度（默认），16% 规则（默认）	传输带 "0.008~0.8" 中的前后数值分别为短波和长波滤波器的截止波长（λs 和 λc），以示波长范围，此时取样长度等于 λc，即 $lr = 0.8\text{mm}$
4	$-0.8/Ra3\ 2$	表示去除材料，单向上限值，传输带 0.0025~0.8mm，R 轮廓，算术平均偏差为 3.2μm，评定长度包含 3 个取样长度，16% 规则（默认）	传输带仅注出一个截止波长值（本例 0.8 表示 λc 值）时，另一截止波长值 λs 应理解为默认值，由 GB/T 6062 中查知 $\lambda s = 0.0025\text{mm}$
5	$U\ Ramax\ 3.2$ $L\ Ra\ 0.8$	表示不允许去除材料，双向极限值，两极限值均使用默认传输带，R 轮廓。上限值：算术平均偏差为 3.2μm，评定长度为 5 个取样长度（默认），最大规则。下限值：算术平均偏差为 0.8μm，评定长度为 5 个取样长度（默认），16% 规则（默认）	本例为双向极限要求，用 "U" 和 "L" 分别表示上限值和下限值，在不致引起歧义时，可不加注 "U" 和 "L"

四、表面结构要求在图样中的注法

1）表面结构要求对每一表面一般只注一次，并尽可能注在相应的尺寸及其公差的同一视图上。除非另有说明，所标注的表面结构要求是对完工零件表面的要求。

2）表面结构的注写和读取方向与尺寸的注写和读取方向一致。表面结构要求可标注在轮廓线上，其符号应从材料外指向并接触表面（见图6-11）。必要时，表面结构也可用带箭头或黑点的指引线引出标注（见图6-12）。

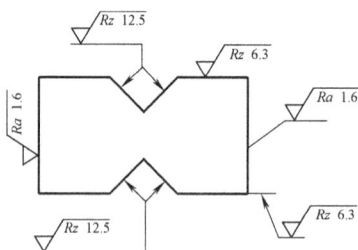

图6-11 表面结构要求在轮廓线上的标注   图6-12 用指引线引出标注表面结构要求

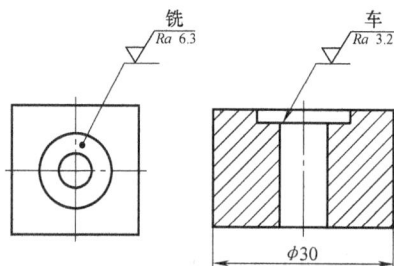

3）在不致引起误解时，表面结构要求可以标注在给定的尺寸线上（见图6-13）。

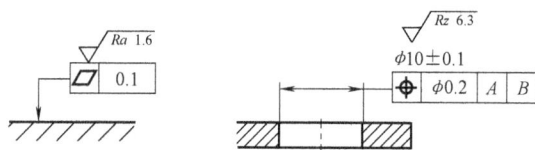

4）表面结构要求可标注在几何公差框格的上方（见图6-14）。

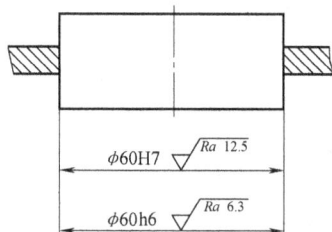

图6-13 表面结构要求标注在给定的尺寸线上   图6-14 表面结构要求标注在几何公差框格的上方

5）圆柱和棱柱的表面结构要求只标注一次（见图6-15）。如果每个棱柱表面有不同的表面结构要求，则应分别单独标出（见图6-16）。

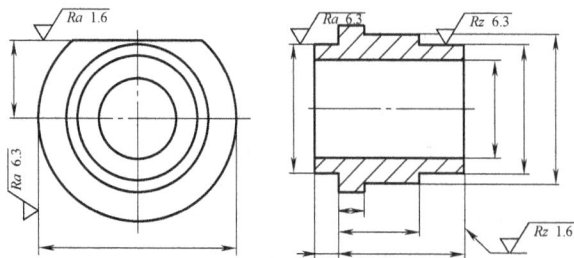

图6-15 表面结构要求标注在圆柱特征的延长线上   图6-16 圆柱和棱柱的表面结构要求的注法

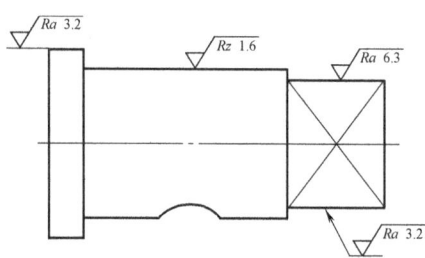

五、表面结构要求在图样中的简化注法

1. 有相同表面结构要求的简化注法

如果在工件的多数（包含全部）表面有相同的表面结构要求时，则其表面结构要求可

统一标注在图样的标题栏附近（不同的表面结构要求应直接标注在图样上）。此时，表面结构要求的符号后面应有：

1）在圆括号内给出无任何其他标注的基本符号（见图6-17a）。

2）在圆括号内给出不同的表面结构要求（见图6-17b）。

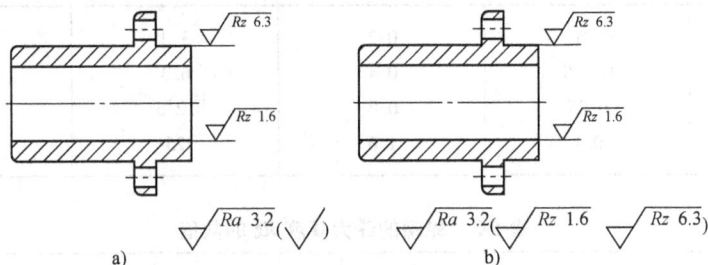

图6-17　大多数表面有相同表面结构要求的简化注法

a）注法一　　b）注法二

2. 多个表面有共同要求的注法

（1）用带字母的完整符号的简化注法　如图6-18所示，用带字母的完整符号以等式的形式在图样或标题栏附近对有相同表面结构要求的表面进行简化标注。

图6-18　在图纸空间有限时的简化注法

（2）只用表面结构符号的简化标注　如图6-19所示，用表面结构符号以等式的形式给出多个表面共同的表面结构要求。

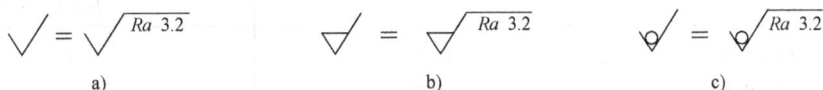

图6-19　多个表面结构要求的简化注法

a）未指定工艺方法　b）要求去除材料　c）不允许去除材料

第三节　选用表面粗糙度

零件表面粗糙度的正确选择，具有重要的技术和经济意义。它主要是根据零件的工作条件和使用要求，同时还要考虑到实际工艺的可能性和经济性，选择时一般包括评定参数和参数大小的确定。

一、评定参数的选用

表面粗糙度参数从轮廓的算术平均偏差 Ra 和轮廓的最大高度 Rz 中选取。

GB/T 3505—2009 标准中规定幅度参数（峰和谷）常用的参数范围内（Ra 0.025 ~ 6.3μm 或 Rz 0.1 ~ 25μm），推荐优先选用 Ra 参数。轮廓的算术平均偏差 Ra 的数值规定见表6-2。轮廓的最大高度 Rz 的数值规定见表6-3。

表6-2 轮廓的算术平均偏差 Ra 的数值　　　（单位：μm）

Ra	0.012	0.2	3.2	50
	0.025	0.4	6.3	100
	0.05	0.8	12.5	
	0.1	1.6	25	

表6-3 轮廓的最大高度 Rz 的数值　　　（单位：μm）

Rz	0.025	0.4	6.3	100	1600
	0.05	0.8	12.5	200	
	0.1	1.6	25	400	
	0.2	3.2	50	800	

取样长度的数值可从表6-4给出的系列中选取。

表6-4 取样长度的数值　　　（单位：mm）

lr	0.08	0.25	0.8	2.5	8	25

一般情况下，在测量 Ra 和 Rz 时，推荐按表6-5和6-6选用对应的取样长度，此时取样长度的标注在图样上或技术文件中可省略，如有特殊要求时，应给出相应的取样长度值，并相应的图样上或技术文件中注出。

表6-5 Ra 的参数值与取样长度 ln 的对应关系

Ra/μm	lr/mm	ln/mm ($ln = 5 \times lr$)
≥0.008 ~ 0.02	0.08	0.4
>0.02 ~ 0.1	0.25	1.25
>0.1 ~ 2.0	0.8	4.0
>2.0 ~ 10.0	2.5	12.5
>10.0 ~ 80.0	8.0	40.0

表6-6 Rz 的参数值与取样长度 ln 的对应关系

Rz/μm	lr/mm	ln/mm ($ln = 5 \times lr$)
≥0.025 ~ 0.10	0.08	0.4
>0.10 ~ 0.50	0.25	1.25
>0.50 ~ 10.0	0.8	4.0
>10.0 ~ 50.0	2.5	12.5
>50 ~ 320	8.0	40.0

二、评定表面粗糙度要求的一般规则

零件表面粗糙度参数值的选择既要满足零件表面的功能要求，也要考虑到经济性。在具体选择时可用类比法确定。一般选择原则如下：

1）在规定表面粗糙度要求时，应给出表面粗糙度参数值和测定时的取样长度两项基本要求。必要时也可规定表面加工纹理、加工方法或加工顺序和不同区域的粗糙度等附加要求。

2）表面粗糙度的标注方法应符合 GB/T 131—2006 的规定，缺省评定长度值应符合 GB/T 10610—2009 的规定。

3）为保证制品表面质量，可按功能要求规定表面粗糙度参数值，否则，可不规定其参数值，也不需要检查。

4）表面粗糙度参数的数值应在垂直于基准面的各截面上获得。对给定的表面，如截面方向与高度参数（Ra、Rz）最大值的方向一致时，可不规定测量截面的方向，否则应在图样中标出。

5）对表面粗糙度的要求不适用于表面缺陷。在评定过程中，不应把表面缺陷（如沟槽、气孔、划痕等）包含进去，必要时，应单独规定对表面缺陷的要求。

6）根据表面功能和生产的经济合理性，当选用 GB/T 1031—2009 标准中表1、表2、表3 系列值不能满足要求时，可选取国标中补充系列值。

此外，用类比法选择表面粗糙度参数时，应注意：

① 在满足零件表面使用功能的前提下，尽可能选用较大的表面粗糙度参数值。

② 同一零件上下工作表面应比非工作表面参数值小。

③ 在一般情况下，摩擦表面比非摩擦表面参数值小，滚动摩擦比滑动摩擦表面参数值小。

④ 运动速度高、承受载荷大，承受交变载荷以及容易产生应力集中的部位，如圆角、沟槽等处，参数值要小。

⑤ 防腐性、密封性要求高时，其参数值要小。

⑥ 配合性质要求稳定时，参数值应小；配合性质相同时，小尺寸比大尺寸的参数值小。

⑦ 尺寸精度、形位精度要求高时，应取小的参数值；公差等级相同时，轴比孔的参数值小；对于手柄、手轮等外观要求高的零件，尺寸精度虽然低但参数值要小。

⑧ 凡有关标准已对表面粗糙度的要求做出规定（如与滚动轴承配合的轴颈和外壳孔、键槽、各级精度齿轮的主要表面等），则应按标准选用确定的表面粗糙度参数值。

⑨ 通常尺寸公差、表面形状公差小时，表面粗糙度参数值也小。但表面粗糙度参数值和尺寸公差、表面形状公差之间并不存在确定的函数关系，如手轮、手柄的尺寸公差较大，但表面粗糙度参数值却较小。一般情况下，它们之间有一定的对应关系。设表面形状公差值为 T，尺寸公差值为 IT，它们之间可参照以下对应关系：

若 $T \approx 0.6$IT，则 $Ra \leq 0.05$IT，$Rz \leq 0.2$IT。

若 $T \approx 0.4$IT，则 $Ra \leq 0.25$IT，$Rz \leq 0.1$IT。

若 $T \approx 0.25$IT，则 $Ra \leq 0.012$IT，$Rz \leq 0.05$IT。

表 6-7 列出了表面粗糙度的表面特征、经济加工方法及应用举例，供类比时参考。

表 6-7　　表面粗糙度的表面特征、经济加工方法及应用举例

$Ra/\mu m$	表面微观特征	主要方法举例	应用举例
>40 ~ 80	明显可见刀痕	粗车、粗刨、粗铣、钻、毛锉、粗砂轮加工等	表面粗糙度值最低的加工面，一般很少应用
>20 ~ 40	可见刀痕		
>10 ~ 20	微见刀痕	粗车、刨、立铣、平铣、钻等	不接触表面、不重要表面，如螺钉、倒角、机座底面等
>5 ~ 10	可见加工痕迹	精车、精铣、精刨、铰、镗、粗磨等	没有相对运动的零件接触面，如箱、盖套筒等要求紧贴的表面、键和键槽工作表面；相对运动速度不高的接触面，如支架孔、衬套，带轮轴孔的工作表面
>2.5 ~ 5	微见加工痕迹		
>1.25 ~ 2.5	看不见加工痕迹		
>0.63 ~ 1.25	可辨加工痕迹方向	精车、精铰、精拉、精镗、精磨等	要求很好密合的接触面，如与滚动轴承配合的表面、销孔等；相对运动速度较高的接触面，如滑动轴承的配合表面、齿轮轮齿的工作表面
>0.32 ~ 0.63	微辨加工痕迹方向		
>0.16 ~ 0.32	不可辨加工痕迹方向		
>0.08 ~ 0.16	暗光泽面	研磨、抛光、超级精细研磨等	精密量具表面、极重要零件的摩擦面，如气缸的内表面、精密机床的主轴轴颈，坐标镗床的主轴轴颈
>0.04 ~ 0.08	亮光泽面		
>0.02 ~ 0.04	镜状光泽面		
>0.01 ~ 0.02	雾光泽面		
>0.01	镜面		

第四节　检测表面粗糙度

目前表面粗糙度常用的检测方法有比较法、光切法、干涉法和针描法。

1. 比较法

比较法是将被测工件表面与标有一定评定参数值的表面粗糙度比较样块直接进行比较，通过人的视觉、触觉或放大镜来判断被检表面粗糙的一种方法。比较法虽然不能得出具体的表面粗糙度值，但由于它简单方便，效率高，对中、低精度的工件表面作出表面粗糙度是否合格的可靠判断，故在生产中应用广泛。

触觉比较法是用手指甲以适当速度分别沿比较样块和工件表面划过时，凭主观触觉比较评估工件的表面粗糙度。当表面微观不平的波纹距为 0.1mm 左右时，手指在比较样块和被检表面上移动的速度以 25mm/s 左右为宜。触觉比较法可评估的值为 Ra $1 \sim 10\mu m$。

视觉比较法是将比较样块和被检工件表面放置在一起，在相同的照明条件下，用肉眼直接观察评定。这种比较方法的评定范围是 Ra $3.2 \sim 60\mu m$。对 Ra 值为 $0.4 \sim 1.6\mu m$ 的表面，可用 5 倍或 10 倍的放大镜进行目测评估；对值小于 Ra $0.1\mu m$ 的表面，不宜用比较样块检验。

为使用比较判断准确，粗糙度样板的材料、形状和加工方法应尽可能与被检验工件相同，现已由专业厂按车、铣、刨、磨、钻、镗等复制成套标准样块供应，也可以从生产的零件中挑选样品，经精密仪器检定后，作标准样块使用。如图 6-20 所示为表面

粗糙度的比较样块，样块为圆柱形或半圆柱形的车削加工金属制件，可与工件表面进行比较。

2. 光切法

光切法是利用光切原理检测表面粗糙度的方法。常用的仪器是光切显微镜（又称双管显微镜），如图 6-21 所示是上海光学仪器厂生产的 JBQ（9J）型光切显微镜的外形结构。底座 6 上装有立柱 5，显微镜的主体通过横臂 2 和立柱联接，转动升降螺母 4 将横臂沿立柱上下移动，此时显微镜进行粗调焦，并用锁紧螺钉 1 将横臂固定在立柱上。显微镜的光学系统压缩在封闭的横臂内。横臂上装有可替换的物镜组 8、测微目镜 9 等。微调旋钮 3 用于显微镜的精细调焦。仪器的工作台 7 利用其螺旋测微器对工件进行坐标测量与调整。对平的工件可直接放在工作台上进行测量，对圆柱形的工件，可放在仪器工作台上的 V 形架上进行测量。

图 6-20　表面粗糙度比较样块

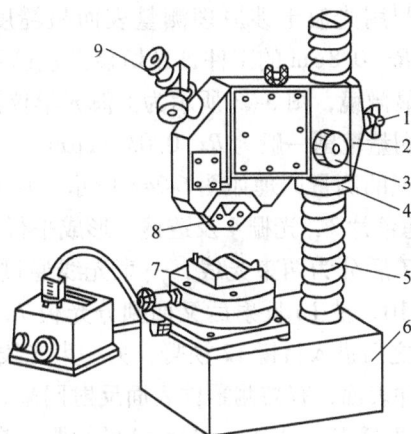

图 6-21　光切显微镜的外形结构

1—锁紧螺钉　2—横臂　3—微调旋钮　4—升降螺母　5—立柱
6—底座　7—工作台　8—物镜组　9—测微目镜

图 6-22 是光切显微镜的工作原理图。狭缝被光源发出的光线照射后，通过物镜发出一

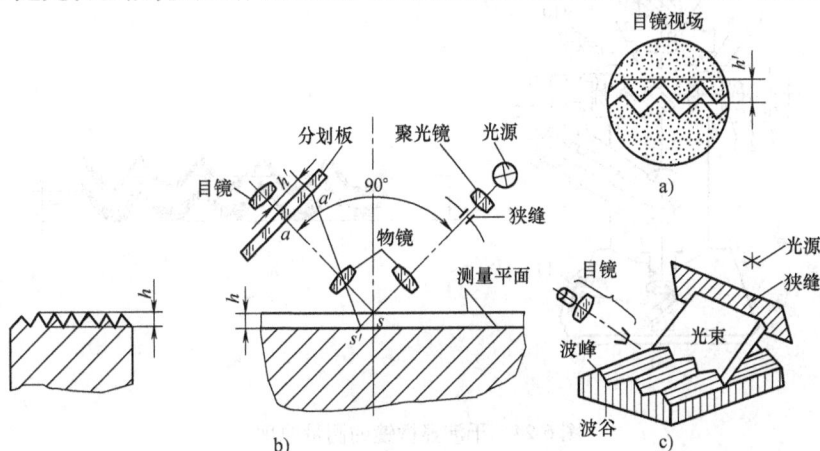

图 6-22　光切显微镜的工作原理图

束光带以倾斜45°方向照射在被测量的表面上。被测表面的微观形状，被光亮的具有平直边缘的狭缝像的亮带照射后，表面的波峰在 s 点产生反射，波谷在 s' 点产生反射，通过观测显微镜的物镜，它们各自成像在分划板的 a 和 a' 点。在目镜中观察到的即为具有与被测表面一样的齿状亮带，通过目镜的分划板与测微器测出 a 点至 a' 点之间的距离 h'，被测表面的微观不平度 h 即为

$$h = \frac{h'}{V}\cos45°$$

式中　V——物镜放大倍数。

光切显微镜适用于测量用车、铣、刨等加工方法加工的金属零件的平面或外圆表面。光切法主要用于测量值 Rz 0.2~25μm，测量范围为 Rz 0.2~25μm。

3. 干涉法

干涉法是利用光波干涉原理测量表面粗糙度值的一种测量方法。对值小于 Rz 0.8μm 的工件，光切显微镜已不能分辨表面的峰谷，可用干涉显微镜，图6-23 所示为上海光学仪器厂生产的 6JA 型干涉显微镜。测量范围一般为 Rz 0.03~1μm。

干涉显微镜的测量原理如图6-24a 所示。从光源 1 发出的光线经聚光镜 2、滤色片 3、光栅 4 及透镜 5 形成平行光线，射向底面半镀银的分光板 7 后分为两束光线，一束光线通过补偿镜 8、物镜 9到屏幕反射镜 10，被 10 反射后又回到分光板 7，再经过聚光镜 11到反射镜 13，之后进入目镜 12 视野；另一束光线向上，经过物镜 6投射到被测零件表面，有被测零件表面反射回来，也通过分光板 7、

图6-23　干涉显微镜

聚光镜 11 到反射镜 13，再进入目镜 12 的视野。自目镜视野内可观察到两束光因光程差而形成的干涉图像。如被测表面粗糙不平，干涉带成弯曲形状，如图6-24b所示。由测微目镜读出相邻两干涉带的距离 a 及干涉带弯曲高度 b，被测表面轮廓的微观不平度 h 可由下式求得，单位为 μm。

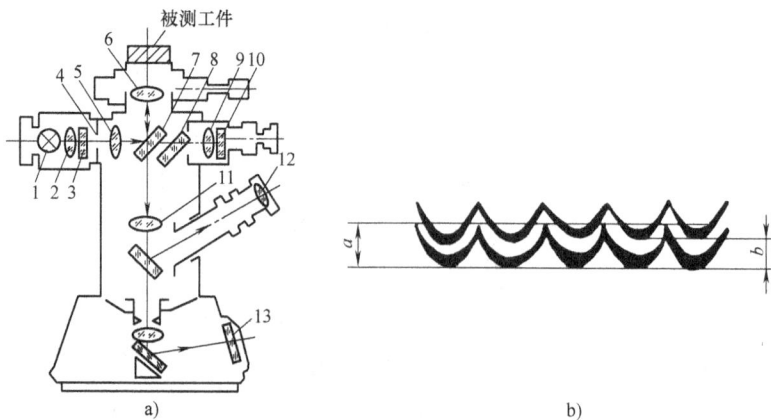

图6-24　干涉显微镜的测量原理
1—光源　2、11—聚光镜　3—滤色片　4—光栅　5—透镜　6、9—物镜　7—分光板
8—补偿镜　10、13—反射镜　12—目镜

$$h = \frac{a}{b} \frac{\lambda}{2}$$

式中　λ——光波波长，白光波长 $\lambda = 0.66\mu m$。

4. 针描法

针描法又称感触法或触针法，是利用金刚石触针直接垂直于被测表面，并以恒定的速度轻划。由于表面粗糙不平，使触针在垂直于被测轮廓表面方向产生上下移动。这种移动经变换形成电信号，通过电子装置加以放大，然后通过指示表面直接读出被测表面轮廓的算术平均偏差值 Ra；或通过记录纸自动描绘出图形，而后进行数据处理，得到 Rz 值。

电动轮廓仪就是利用针描法来测量表面粗糙度的仪器，如图 6-25 所示。电动轮廓仪的测量参数的范围一般为 Ra 0.01 ~ 5μm。它具有性能稳定、测量迅速、数字显示、放大倍数高、使用方便等优点，因此在计量室和生产现场都被广泛应用。

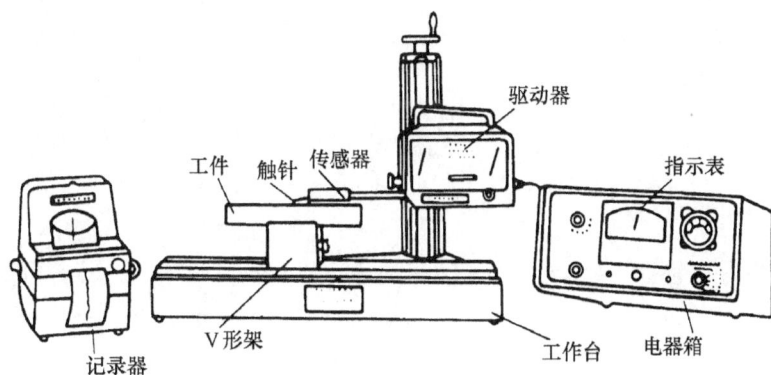

图 6-25　电动轮廓仪

本 章 小 结

本章介绍了表面粗糙度的概念、取样长度和评定长度、基准线、轮廓的幅度参数、轮廓的间距参数、表面粗糙度的参数选择和标注方法以及常用的表面粗糙度检测方法。

思考与练习

一、填空题（将正确的答案填在横线上）

1. 表面粗糙度参数值选择的基本原则是：在满足表面_____的前提下，尽量选用_____的表面粗糙度数值。选择时一般采用_____法。

2. 检测表面粗糙度的方法分_____法和仪器检测法两大类，传统的仪器检测方法有：_____、_____和_____。

3. 用来检测表面粗糙度的仪器有：_____、_____、_____、_____。

二、判断题（判断正误，并在括号内填 "√" 或 "×"）

1. 设计时，若尺寸公差和表面形状公差较小时，其相应的表面粗糙度值也应较小。　　　　　　　（　　）

2. 比较法通常用于检测表面粗糙度要求中、低精度的表面，这是因为比方法简便易行。 （　）

3. 采用比较法检测表面精糙度的高度参数值时，应使比较样块与被测检表面的加工纹理方向保持一致。 （　）

三、单项选择题（在下列选项中选择一个正确答案，并将基序号填在括号内）

1. 关于表面粗糙度参数值的选择，下列说法正确的是（　　）。

　A. 同一零件上，非工作表面一般比工作表面的表面粗糙度数值要小

　B. 圆角、沟槽等易引起应力集中的结构，其表面粗糙度数值要小

　C. 非配合表面比配合表面的表面粗糙度数值要小

　D. 配合性质相同，零件尺寸越大，则表面粗糙度数值应越小

2. 电动轮廓仪是利用感触法测量被测表面粗糙度 Ra 值的仪器，其测量范围一般为 Ra（　　）μm。

　A. 0.5 ~ 50　　　　　B. 0.03 ~ 1　　　　　C. 0.01 ~ 5　　　　　D. 0.1 ~ 25

第七章　圆锥公差配合及检测

> **教学目标:** 1. 理解锥度与圆锥角的常用术语和定义。
> 2. 了解圆锥公差项目的内容和含义。
> 3. 了解圆锥配合的特点和种类。
> 4. 掌握圆锥角度的常用检测方法。

圆锥配合在机器、设备中应用非常广泛。由于圆锥配合在结构上比较复杂,影响互换性的参数也较多,因此加工和检测也比较困难。为了保证圆锥配合的互换性,我国发布了 GB/T 157—2001《产品几何量技术规范(GPS)圆锥的锥度和锥角系列》、GB/T 11334—2005《产品几何量技术规范(GPS)圆锥公差》、GB/T 12360—2005《产品几何量技术规范(GPS)圆锥配合》、GB/T 15754—1995《技术制图 圆锥的尺寸和公差标注》等国家标准。

第一节　锥度与圆锥角

一、常用术语及定义

(1) 圆锥表面　与轴线成一定角度,且一端相交于轴线的一条直线段(母线),围绕着该轴线旋转形成的表面,如图 7-1a 所示。

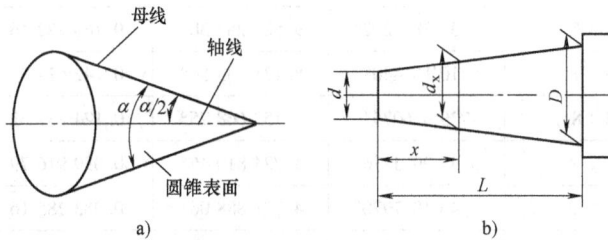

图 7-1　圆锥的常用术语

(2) 圆锥　由圆锥表面与一定尺寸所限定的几何体。

(3) 圆锥角 α　在通过圆锥轴线的截面内,两条素线间的夹角,用 α 表示,如图 7-1a 所示。圆锥角半角指圆锥素线与圆锥轴线之间的夹角,它等于圆锥角的一半,即 $\alpha/2$。

(4) 圆锥直径　圆锥直径指与圆锥轴线垂直的截面内的直径。圆锥直径分为三部分,外圆锥最大直径和最小直径,用 D_e、d_e 表示。内圆锥最大直径和最小直径,用 D_i、d_i 表示。任意给定截面(距端面有一定距离)的圆锥直径用 d_x 表示,如图 7-1b 所示。

(5) 圆锥长度 L　圆锥长度指最大圆锥直径与最小圆锥直径之间的距离。内、外圆锥长

度分别用 L_i、L_e表示。

（6）锥度 C 锥度指圆锥最大直径与最小直径之差再与圆锥长度之比，用 C 表示。

$$C = \frac{D - d}{L} = 2\tan\alpha = 1 : \frac{1}{2}\cot\frac{\alpha}{2}$$

锥度常用比例或分数表示，例如 $C = 1 : 20$ 或 $C = 1/20$ 等。

二、锥度与锥角系列

国家标准 GB/T 157—2001《产品几何量技术规范（GPS） 圆锥的锥度和锥角系列》将锥度和锥角系列分为两类：一类为一般用途圆锥的锥度和圆锥角系列，见表 7-1；另一类为特殊用途圆锥的锥度和圆锥角，见表 7-2。

表 7-1 一般用途圆锥的锥度和圆锥角系列（摘自 GB/T 157—2001）

基 本 值		推 算 值			
		圆锥角 α			锥度 C
系列 1	系列 2	(°) (′) (″)	(°)	rad	
120°		—	—	2.094 395 10	1 : 0.288 675 1
90°				1.570 796 33	1 : 0.500 000 0
	75°	—	—	1.308 996 94	1 : 0.651 612 7
60°				1.047 197 55	1 : 0.866 025 4
45°				0.785 398 16	1 : 1.207 106 8
30°		—	—	0.523 598 78	1 : 1.866 025 4
1 : 3		18°55′28.7199″	18.924 644 42°	0.330 297 35	—
	1 : 4	14°15′0.1177″	14.250 032 70°	0.248 709 99	—
1 : 5		11°25′16.2706″	11.421 186 27°	0.199 337 30	—
	1 : 6	9°31′38.2202″	9.527 283 38°	0.166 282 46	—
	1 : 7	8°10′16.4408″	8.171 233 56°	0.142 614 93	—
	1 : 8	7°9′9.6075″	7.152 668 75°	0.124 837 62	—
1 : 10		5°43′29.3176″	5.724 810 45°	0.099 916 79	—
	1 : 12	4°46′18.7970″	4.771 888 06°	0.083 285 16	—
	1 : 15	3°49′5.8975″	3.818 304 87°	0.066 641 99	—
1 : 20		2°51′51.0925″	2.864 192 37°	0.049 989 59	—
1 : 30		1°54′34.8570″	1.909 682 51°	0.033 330 25	—
1 : 50		1°8′45.1586″	1.145 877 40°	0.019 999 33	—
1 : 100		34′22.6309″	0.572 953 02°	0.009 999 92	—
1 : 200		17′11.3219″	0.286 478 30°	0.004 999 99	—
1 : 500		6′52.5295″	0.114 591 52°	0.002 000 00	—

注：系列 1 中 120°~1 : 3 的数值近似按 R10/2 优先数系列，1 : 5~1 : 500 按 R10/3 优先数系列（见 GB/T 321）。

表 7-2　特殊用途圆锥的锥度和圆锥角系列（摘自 GB/T 157—2001）

基　本　值	推　算　值				标准号 GB/T (ISO)	用　途
	圆锥角 α			锥度 C		
	(°) (′) (″)	(°)	rad			
11°54′	—		0.207 694 18	1 : 4.797 4511	(5237) (8489 – 5)	纺织机械 和附件
8°40′	—		0.151 261 87	1 : 6.598 441 5	(8489 – 3) (8489 – 4) (324.575)	
7°	—		0.122 173 05	1 : 8.174 927 7	(8489 – 2)	
1 : 38	1°30′27.7080″	1.507 696 67°	0.026 314 27	—	(368)	
1 : 64	0°53′42.8220″	0.895 228 34°	0.015 624 68	—	(368)	
7 : 24	16°35′39.4443″	16.594 290 08°	0.289 625 00	1 : 3.428 571 4	3 837.3 (297)	机床主轴 工具配合
1 : 12.262	4°40′12.1514″	4.670 042 06°	0.081 507 61	—	(239)	贾各锥度 No.2
1 : 12.972	4°24′52.9039″	4.414 695 52°	0.077 050 97	—	(239)	贾各锥度 No.1
1 : 15.748	3°38′13.4429″	3.637 067 47°	0.063 478 80	—	(239)	贾各锥度 No.33
6 : 100	3°26′12.1776″	3.436 716 00°	0.059 982 01	1 : 16.666 666 7	1952 (594 – 1) (595 – 1) (595 – 2)	医疗设备
1 : 18.779	3°3′1.2070″	3.050 335 27°	0.053 238 39	—	(239)	贾各锥度 No.3
1 : 19.002	3°0′52.3956″	3.014 554 34°	0.052 613 90	—	1443 (296)	莫氏锥度 No.5
1 : 19.180	2°59′11.7258″	2.986 590 50°	0.052 125 84	—	1443 (296)	莫氏锥度 No.6
1 : 19.212	2°58′53.8255″	2.981 618 20°	0.052 039 05	—	1443 (296)	莫氏锥度 No.0
1 : 19.254	2°58′30.4217″	2.975 117 13°	0.051 925 59	—	1443 (296)	莫氏锥度 No.4
1 : 19.264	2°58′24.8644″	2.973 573 43°	0.051 898 65	—	(239)	贾各锥度 No.6
1 : 19.922	2°52′31.4463″	2.875 401 76°	0.050 185 23	—	1443 (296)	莫氏锥度 No.3
1 : 20.020	2°51′40.7960″	2.861 332 23°	0.049 939 67	—	1443 (296)	莫氏锥度 No.2
1 : 20.047	2°51′26.9283″	2.857 480 08°	0.049 872 44	—	1443 (296)	莫氏锥度 No.1
1 : 20.288	2°49′24.7802″	2.823 550 06°	0.049 280 25	—	(239)	贾各锥度 No.0
1 : 23.904	2°23′47.6244″	2.396 562 32°	0.041 827 90	—	1443 (296)	布朗夏普锥度 No.1 ~ No.3
1 : 28	2°2′45.8174″	2.046 060 38°	0.035 710 49	—	(8382)	复苏器（医用）
1 : 36	1°35′29.2096″	1.591 447 11°	0.027 775 99		(5356 – 1)	麻醉器具
1 : 40	1°25′56.3516″	1.432 319 89°	0.024 998 70			

1. 一般用途圆锥的锥度和锥角

适用于一般机械零件中的光滑圆锥表面，不适用棱锥、锥螺纹和锥齿轮等零件。

（1）锥度 C：$1:500 \sim 1:0.2886571$

（2）锥角：$6'52.5295'' \sim 120°$

系列 1：$120°$，$90°$，$60°$，$45°$，$30°$，$1:3$，$1:5$，$1:10\cdots$

系列 2：$75°$，$1:4$，$1:6$，$1:7$，$1:8$，$1:12$，$1:15$

设计时，优先选用第一系列，当不满足要求时，才选用第二系列。

2. 特殊用途圆锥的锥度与圆锥角

适用于纺织机械和附件、机床主轴、$0 \sim 6$ 号莫氏锥度等。

第二节　圆 锥 公 差

一、有关圆锥公差的术语及定义

（1）公称圆锥　设计给定的理想形状的圆锥。可以用两种形式确定：

1）以一个公称圆锥直径（D，d，d_x）、公称圆锥长度 L、公称圆锥角 α、公称锥度 C 确定。

2）以两个公称圆锥直径和公称圆锥长度 L 确定。

（2）实际圆锥　实际存在并与周围介质分隔的圆锥。实际圆锥直径用 d_a 表示。

（3）极限圆锥　与公称圆锥共轴且圆锥角相等，直径分别为上极限直径和下极限直径的两个圆锥。极限圆锥是实际圆锥允许变动的界限，极限圆锥与公称圆锥的顶角相等。

二、圆锥公差项目

《产品几何量技术规范（GPS）　圆锥公差》（GB/T 11334—2005）规定了四项圆锥公差项目：圆锥直径公差 T_D、圆锥角公差 AT、圆锥的形状公差 T_F 和给定截面圆锥直径公差 T_{DS}。

1. 圆锥直径公差 T_D

（1）定义　圆锥直径公差是指圆锥直径的允许变动量，它等于两个极限圆锥直径之差，并适用于圆锥的全长。可表示为

$$T_D = D_{\max} - D_{\min} = d_{\max} - d_{\min}$$

圆锥直径公差值 T_D 是以基本圆锥直径为公称尺寸（一般取上极限圆锥直径 D）从尺寸标准公差表中选取。

（2）圆锥直径公差区　圆锥直径公差区是由两个极限圆锥所限度的区域，如图 7-2 所示。

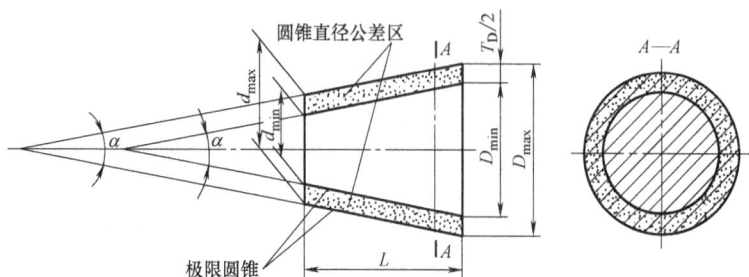

图 7-2　极限圆锥与圆锥直径公差区

（3）圆锥直径公差值及有关规定 T_D 的公差等级和数值及公差带的代号以公称圆锥直径（一般取最大圆锥直径 D）为公称尺寸按《产品几何量技术规范（GPS） 极限与配合》标准规定选取。

对于有配合要求的圆锥，其内、外圆锥直径公差带位置按《产品几何量技术规范（GPS） 圆锥配合》中有关规定选取，对于无配合要求的圆锥，建议选用基本偏差 JS 和 js 确定内、外圆锥的公差带位置。

2. 圆锥角公差 AT

（1）定义 圆锥角的允许变动量称为圆锥角公差。其数值为上极限与下极限圆锥角之差。可表示为

$$AT = \alpha_{max} - \alpha_{min}$$

（2）圆锥角公差区 圆锥角公差的公差区是两个机械圆锥角所限度的区域，如图 7-3 和图 7-4 所示。

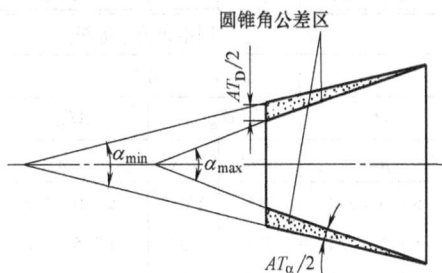

图 7-3 极限圆锥角与圆锥角公差区（单向）

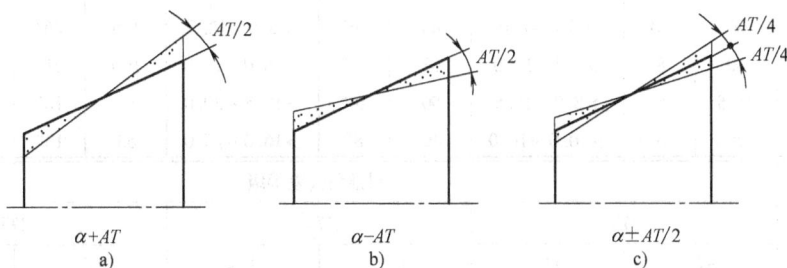

图 7-4 圆锥角的极限偏差（双向）

（3）圆锥角公差值及有关规定 国家标准规定，圆锥角公差 AT 共分为 12 个公差等级，用符号 $AT1$，$AT2$，…，$AT12$ 表示。其中 $AT1$ 精度最高，等级依次降低，$AT12$ 精度最低。

$AT4 \sim AT6$ 用于高精度的圆锥量和角度样板。

$AT7 \sim AT9$ 用于工具圆锥、圆锥销、传递大转矩的磨擦圆。

$AT10 \sim AT11$ 用于圆锥套、锥齿轮之类中等精度零件。

$AT12$ 用于低精度零件。

圆锥角公差数值见表 7-3。

表7-3 圆锥角公差数值（摘自 GB/T 11334—2005）

公称圆锥长度 L/mm		圆锥角公差等级					
		AT1		AT2		AT3	
		AT_α	AT_D	AT_α	AT_D	AT_α	AT_D
大于	至	μrad	(") μm	μrad	(") μm	μrad	(") μm
		μrad	(")	μm	μrad	(")	μm	μrad	(")	μm

大于	至	μrad	(")	μm	μrad	(")	μm	μrad	(")	μm
6	10	50	10	>0.3~0.5	80	16	>0.5~0.8	125	26	>0.8~1.3
10	16	40	8	>0.4~0.6	63	13	>0.6~1.0	100	21	>1.0~1.6
16	25	31.5	6	>0.5~0.8	50	10	>0.8~1.3	80	16	>1.3~2.0
25	40	25	5	>0.6~1.0	40	8	>1.0~1.6	63	13	>1.6~2.5
40	63	20	4	>0.8~1.3	31.5	6	>1.3~2.0	50	10	>2.0~3.2
63	100	16	3	>1.0~1.6	25	5	>1.6~2.5	40	8	>2.5~4.0
100	160	12.5	2.5	>1.3~2.0	20	4	>2.0~3.2	31.5	6	>3.2~5.0
160	250	10	2	>1.6~2.5	16	3	>2.5~4.0	25	5	>4.0~6.3
250	400	8	1.5	>2.0~3.2	12.5	2.5	>3.2~5.0	20	4	>5.0~8.0
400	630	6.3	1	>2.5~4.0	10	2	>4.0~6.3	16	3	>6.3~10.0

公称圆锥长度 L/mm		圆锥角公差等级					
		AT4		AT5		AT6	
		AT_α	AT_D	AT_α	AT_D	AT_α	AT_D
大于	至	μrad	(")	μm	μrad	(') (")	μm	μrad	(') (")	μm
6	10	200	41	>1.3~2.0	315	1'05"	>2.0~3.2	500	1'43"	>3.2~5.0
10	16	160	33	>1.6~2.5	250	52"	>2.5~4.0	400	1'22"	>4.0~6.3
16	25	125	26	>2.0~3.2	200	41"	>3.2~5.0	315	1'05"	>5.0~8.0
25	40	100	21	>2.5~4.0	160	33"	>4.0~6.3	250	52"	>6.3~10.0
40	63	80	16	>3.2~5.0	125	26"	>5.0~8.0	200	41"	>8.0~12.5
63	100	63	13	>4.0~6.3	100	21"	>6.3~10.0	160	33"	>10.0~16.0
100	160	50	10	>5.0~8.0	80	16"	>8.0~12.5	125	26"	>12.5~20.0
160	250	40	8	>6.3~10.0	63	13"	>10.0~16.0	100	21"	>16.0~25.0
250	400	31.5	6	>8.0~12.5	50	10"	>12.5~20.0	80	16"	>20.0~32.0
400	630	25	5	>10.0~16.0	40	8"	>16.0~25.0	63	13"	>25.0~40.0

公称圆锥长度 L/mm		圆锥角公差等级					
		AT7		AT8		AT9	
		AT_α	AT_D	AT_α	AT_D	AT_α	AT_D
大于	至	μrad	(') (")	μm	μrad	(') (")	μm	μrad	(') (")	μm
6	10	800	2'45"	>5.0~8.0	1 250	4'18"	>8.0~12.5	2 000	6'52"	>12.5~20
10	16	630	2'10"	>6.3~10.0	1 000	3'26"	>10.0~16.0	1 600	5'30"	>16~25
16	25	500	1'43"	>8.0~12.5	800	2'45"	>12.5~20.5	1 250	4'18"	>20~32
25	40	400	1'22"	>10.0~16.0	630	2'10"	>16.0~20.5	1 000	3'26"	>25~40
40	63	315	1'05"	>12.5~20.0	500	1'43"	>20.0~32.0	800	2'45"	>32~50
63	100	250	52"	>16.0~25.0	400	1'22"	>25.0~40.0	630	2'10"	>40~63
100	160	200	41"	>20.0~32.0	315	1'05"	>32.0~50.0	500	1'43"	>50~80
160	250	160	33"	>25.0~40.0	250	52"	>40.0~63.5	400	1'22"	>63~100
250	400	125	26"	>32.0~50.0	200	41"	>50.0~80.0	315	1'05"	>80~125
400	630	100	21"	>40.0~63.0	160	33"	>63.0~100.0	250	52"	>100~160

（续）

公称圆锥长度 L/mm		圆锥角公差等级							
		AT10		AT11			AT12		
		AT_α	AT_D	AT_α		AT_D	AT_α		AT_D
大于	至	μrad　(′)　(″)	μm	μrad	(′)　(″)	μm	μrad	(′)　(″)	μm
6	10	3 150　10′49″	>20～32	5 000	17′10″	>32～50	8 000	27′28″	>50～80
10	16	2 500　8′35″	>25～40	4 000	13′44″	>40～63	6 300	21′38″	>63～100
16	25	2 000　6′52″	>32～50	3 150	10′49″	>50～80	5 000	17′10″	>80～125
25	40	1600　5′30″	>40～63	2 500	8′35″	>63～100	4 000	13′44″	>100～160
40	63	1 250　4′18″	>50～80	2 000	6′52″	>80～125	3 150	10′49″	>125～200
63	100	1 000　3′26″	>63～100	1 600	5′30″	>100～160	2 500	8′35″	>160～250
100	160	800　2′45″	>80～125	1 250	4′18″	>125～200	2 000	6′52″	>200～320
160	250	630　2′10″	>100～160	1 000	3′26″	>160～250	1 600	5′30″	>250～400
250	400	500　1′43″	>125～200	800	2′45″	>200～320	1 250	4′18″	>320～500
400	630	400　1′22″	>160～250	630	2′10″	>250～400	1 000	3′26″	>400～630

注：1μrad 等于半径为1m，弧长为1μm 所对应的圆心角。5μrad≈1″（秒）；300μrad≈1′（分）。

3. 圆锥的形状公差 T_F

（1）定义　圆锥的形状公差 T_F 包括圆锥素线直线度公差和截面圆度公差，如图 7-2 所示。对于要求不高的圆锥工件，其形状公差一般也用直径公差 T_D 控制。对于要求较高的圆锥工件，应单独按要求给出直线度公差和圆度公差，或者给出轮廓度公差。面轮廓度公差不仅可以控制直线度误差和圆度误差，而且还可以控制圆锥角偏差。

（2）圆锥的形状公差值及有关规定　圆锥的形状公差 T_F 在一般情况下不单独给出，而是由对应的两极限圆锥公差带限制；当对形状精度有更高要求时，应单独给出相应的形状公差。其数值可从 GB/T 1184—1996《形状和位置公差　未注公差》的附录中选取，但应不大于圆锥直径公差值的一半。

4. 给定截面圆锥直径公差 T_{DS}

（1）定义　给定截面圆锥直径公差 T_{DS} 指在垂直圆锥轴线的给定截面内，圆锥直径的允许变动量；给定截面圆锥直径公差区是在给定圆锥截面内，由直径等于两极限圆锥直径的同心圆所限定的区域，如图 7-5 所示。

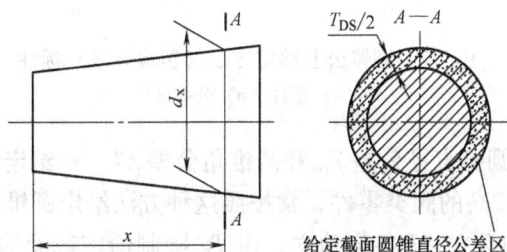

图 7-5　给定截面圆锥直径公差与公差区

（2）公差值及有关规定

$$T_{DS} = d_{x\max} - d_{x\min}$$

T_{DS}是以给定截面圆锥直径 dx 为公称尺寸，按《产品几何量技术规范（GPS） 极限与配合》中规定的标准公差选择。

要注意 T_{DS} 与圆锥直径公差 T_D 的区别，T_D 对整个圆锥上任意截面的直径都起作用，其公差区限度的是空间区域，而 T_{DS} 只对给定的截面起作用，其公差区限度的是平面区域。

三、圆锥公差的给定方法

在实际应用中，对一个具体的圆锥零件，并不都需要在全长上同时给定上述四项公差，而是根据零件的不同适用要求进行选择。国家标准 GB/T 11334—2005《产品几何量技术规范（GPS） 圆锥公差》规定了两种圆锥公差的给定方法。

（1）给出圆锥的公称圆锥角 α（或锥度 C）和圆锥直径公差 T_D　对于一般用途的圆锥零件，常按照这种方法给定圆锥公差。由 T_D 确定两个极限圆锥，圆锥角误差和圆锥的形状误差都应在两个极限圆锥所限定的区域内，如图7-6 所示。所给出的圆锥直径公差具有综合性，如图7-7 所示。

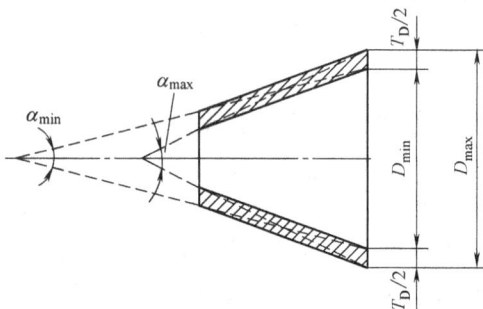

图7-6　用圆锥直径公差 T_D 控制圆锥误差的标注示例

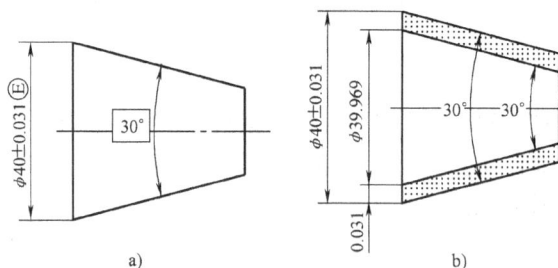

图7-7　圆锥公差给定方法（包容要求）标注
a）标注　b）公差区

（2）给出给定截面圆锥直径公差 T_{DS} 和圆锥角公差 AT　对给定截面的直径要求较高的圆锥零件，如要求密封性较高的阀类零件，常按照这种方法给定圆锥公差。此时，给定截面圆锥直径公差 T_{DS} 和圆锥角公差 AT 各自独立，由 T_{DS} 限制给定截面的圆锥直径误差，由 AT 限制圆锥的圆锥角误差，如图7-8 所示。如果对圆锥的形状精度有更高要求，则可以再给出圆锥的形状公差 T_F。

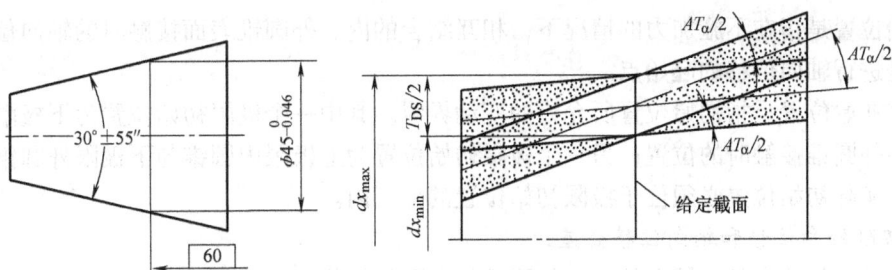

图 7-8　给定截面圆锥直径公差 T_{DS} 与圆锥角公差
AT 的关系（圆锥公差给定方法二标注）

第三节　圆 锥 配 合

一、圆锥配合的特点

1）间隙或过盈可以调整。通过内外圆锥面的轴向位移，可以调整间隙或过盈来满足不同的工作要求；能补偿磨损，延长使用寿命，且装卸方便。

2）对中性好，即易保证配合的同轴度要求。由于间隙可以调整，因而可以消除间隙，实现内外圆锥轴线的对中。容易拆卸，且经多次拆卸不降低同轴度。

3）圆锥结合具有较好的自锁性和密封性。

4）能传递一定的转矩，传递副简单可靠，装卸方便。

5）结构复杂，影响互换性的参数比较多，加工和检验都比较困难，不适合与孔轴轴向相对位置要求较高的场合。

二、圆锥配合的定义和种类

圆锥配合是指公称尺寸相同的内、外圆锥直径之间，由于结合不同所形成的相互关系。

圆锥配合可以分为三类，间隙配合、过渡配合和过盈配合。

① 间隙配合：配合具有间隙，间隙的大小可以调整，相配合的内、外圆锥能相对运动。例如机床顶尖、车床主轴的圆锥轴颈与滑动轴承的配合。

② 过渡配合：配合具有良好的密封性，可以防止漏气、漏水。例如内燃机中阀门和阀门座的配合。但是紧密配合的内、外圆锥的表面需要经过研磨，所以就不再具有互换性。

③ 过盈配合：配合具有良好的自锁性，过盈量大小可以调整，用以传递转矩。例如铣床主轴锥孔与铣刀锥柄的配合。

1. 圆锥配合的形成

圆锥配合的间隙或过盈的大小可由内、外圆锥间的轴向相对位置的改变来调整。因此可分为结构型圆锥配合和位移型圆锥配合两种。

2. 初始位置和极限初始位置

初始位置是指在不施加力的情况下，相互结合的内、外圆锥表面接触时的轴向位置。初始位置是进行轴向位移的起始点。

极限初始位置是指初始位置所允许的变动界限。其中一个极限初始位置为下极限内圆锥与上极限外圆锥接触时的位置；另一个极限初始位置为上极限内圆锥与下极限外圆锥接触时的位置。实际初始位置必须位于极限初始位置的范围内。

3. 极限轴向位移和轴向位移公差

极限轴向位移指相互结合的内、外圆锥从实际初始位置移动到终止位置的距离所允许的界限。分为最小轴向位移和最大轴向位移。

最小轴向位移 E_{amin} 指在终止位置得到最小间隙 X_{min} 或最小过盈 Y_{min} 的轴向位移。

最大轴向位移 E_{amax} 指在终止位置得到最大间隙 X_{max} 或最大过盈 Y_{max} 的轴向位移，实际轴向位移应在 E_{amin} 至 E_{amax} 范围内。

轴向位移公差 T_E 指轴向位移允许的变动量，它等于最大轴向位移与最小轴向位移之差，即

$$T_E = E_{amax} - E_{amin}$$

对于间隙配合

$$E_{amin} = |X_{min}|/C$$

$$E_{amax} = |X_{max}|/C$$

$$T_E = |X_{max} - X_{min}|/C$$

对于过盈配合

$$E_{amin} = |Y_{min}|/C$$

$$E_{amax} = |Y_{max}|/C$$

$$T_E = |Y_{max} - Y_{min}|/C$$

式中　C——轴向位移折算为径向位移的系数，即等于锥度。

三、圆锥直径公差带的选择

1. 结构型圆锥配合的内、外圆锥直径公差带的选择

结构型圆锥配合的配合性质由相互结合的内、外圆锥直径公差带之间的关系决定。内圆锥直径公差带在外圆锥直径公差带之上时为间隙配合，内圆锥直径公差带在外圆锥直径公差带之下时为过盈配合，内、外圆锥直径公差带交叠时为过渡配合。

结构型圆锥配合的内、外圆锥直径差值和基本偏差可以分别从 GB/T 1800.1—2009 规定的标准公差系列和基本偏差系列中选取。公差带可以从 GB/T 1801—2009 规定的公差带中选取。倘若 GB/T 1801—2009 中规定的公差带不能满足设计要求，则可按 GB/T 1800.1—2009 中规定的任一标准公差和任一基本偏差组成所需要的公差带。

结构型圆锥配合也分为基孔制配合和基轴制配合。为了减少定值刀具、量规的规格和数目，获得最佳技术经济效益，应优先选用基孔制配合。

2. 位移型圆锥配合的内、外圆锥直径公差带的选择

位移型圆锥配合的配合性质由内、外圆锥接触时的初始位置开始的轴向位移决定，或者由装配力决定。因此，内、外圆锥直径公差带仅影响装配时的初始位置，不影响配合性质。

位移型圆锥配合的内、外圆锥直径公差带的基本偏差，采用 H/h 或 JS/js。其轴向位移的极限值按极限间隙或极限过盈来计算。

第四节 检测圆锥角或锥度

一、圆锥角（或锥度）的常用检测方法

检测圆锥角（或锥度）的方法一般可分为直接测量法、量规检验法和间接测量法三种。

1. 直接测量法

直接测量是从通用量具（如游标万能角度尺、光学量角器）和仪器（如测角仪，光学分度头、光学倾斜仪等）的分度盘上直接读出被测角度。对于精度较低的工件，常用游标万能角度尺进行测量。对于中、高精度圆锥角和锥度的工件，常用光学分度头和测量仪进行测量。

（1）游标万能角度尺的结构 如图 7-9 所示，游标万能角度尺由刻有角度线的主尺 1 和固定在扇形板 8 上的游标 3 组成。扇形板 8 可以在主尺 1 上回转移动，形成与游标卡尺相似的结构。直尺 6 可用支架 7 固定在扇形板 8 上，直尺 6 可用支架 7 固定在直角尺 2 上。如果拆下直角尺 2，也可将直尺 6 固定在扇形板 8 上。按照不同方式组合游标尺、直角尺和直尺，就能测量不同的角度值。

（2）游标万能角度尺的刻线原理及读数方法 游标万能角度尺的测量和读数原理类似于游标卡尺，其分度值通常为 5′和 2′。如图 7-10 所示为常用的分度值为 2′的游标万能角度尺，读数时首先从主尺上读出游标"0"线左边角度的整度数（°），主尺上每一格为 1°；再用游标"0"线与主尺刻线对齐的游标上的刻线格数，乘以游标万能角度尺的分度值，得到角度的"′"值；最后将两者相加就是被测圆锥的角度值。

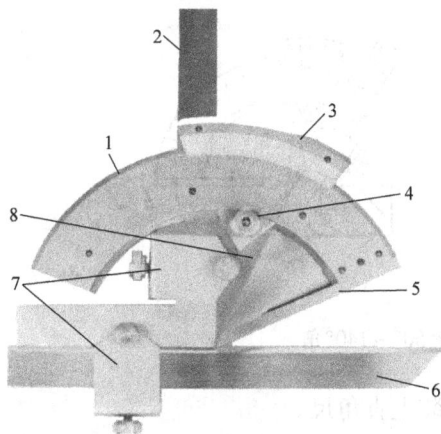

图 7-9 游标万能角度尺

1—主尺 2—直角尺 3—游标 4—锁紧装置
5—基尺 6—直尺 7—支架 8—扇形板

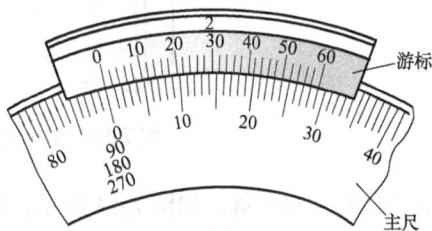

图 7-10 游标万能角度尺的刻线原理和读数方法

如图 7-11 所示，图 7-11a 的读数值为 69°42′，图 7-11b 的读数值为 34°8′。

（3）游标万能角度尺的测量范围 万能角度尺的测量范围为 0°~320°，在实际测量中，应根据角度的大小，选择不同的测量方法。

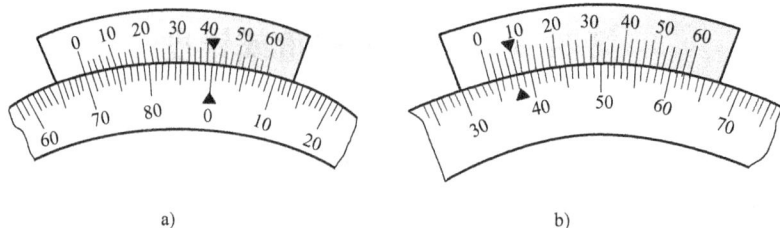

a)   b)

图 7-11　游标万能角度尺的读数示例

1）0°~50°角：如图 7-12 所示，被测工件放在基尺和直尺的测量面之间。

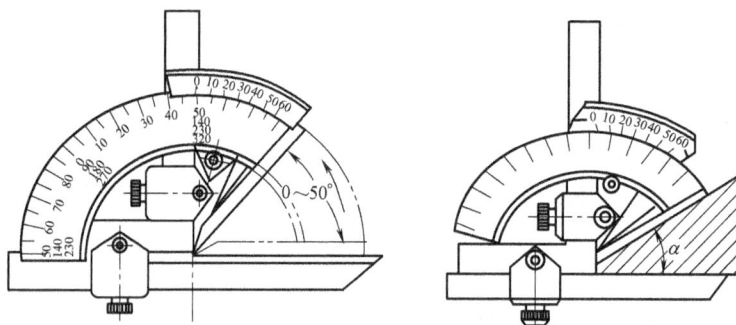

图 7-12　游标万能角度尺测量 0°~50°角

2）50°~140°角：如图 7-13 所示，卸下直角尺，用直尺替代。

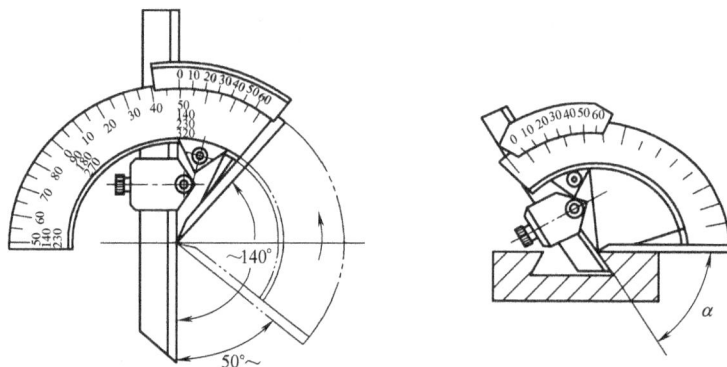

图 7-13　游标万能角度尺测量 50°~140°角

3）140°~230°角：如图 7-14 所示，卸下直尺，装上直角尺。

4）230°~320°角：如图 7-15 所示，卸下直角尺、直尺和支架，由基尺和尺身上的扇形板组成测量面，β 为 230°~320°，α 为 40°~130°。

2. 量规检验法

量规检验法就是用圆锥量规检验工件的被测圆锥角和锥度。圆锥量规分为圆锥塞规和圆锥环规，分别用来检验内圆锥和外圆锥，如图 7-16 所示。检验前，要在量规圆锥面的素线的全长上，涂 3~4 条极薄的显示剂，然后量规与被测圆锥面对研（来回旋转角度应小于 180°），根据被测圆锥面上的着色或量规上擦掉的痕迹，来判断被测圆锥角和锥度是否合格。

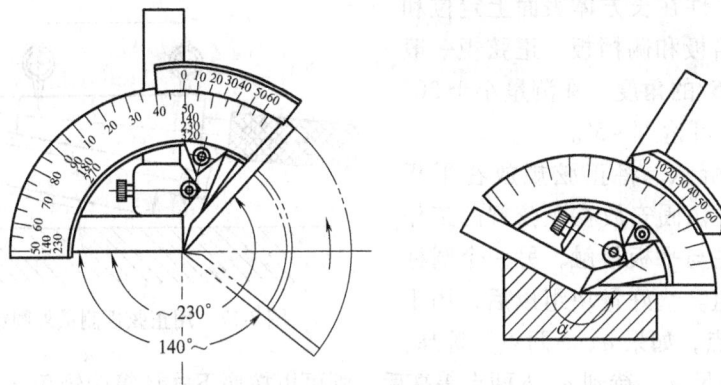

图 7-14　游标万能角度尺测量 140°～230°角

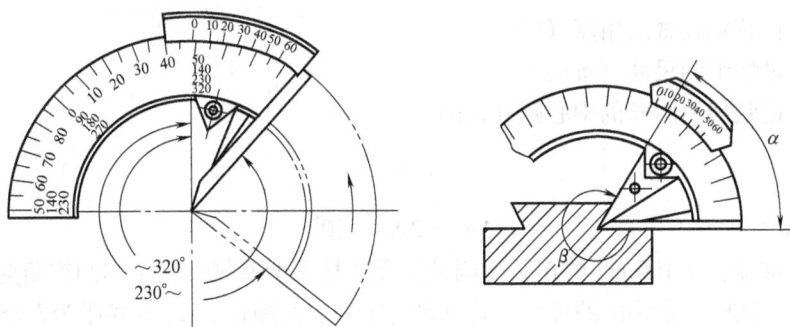

图 7-15　游标万能角度尺测量 230°～320°角

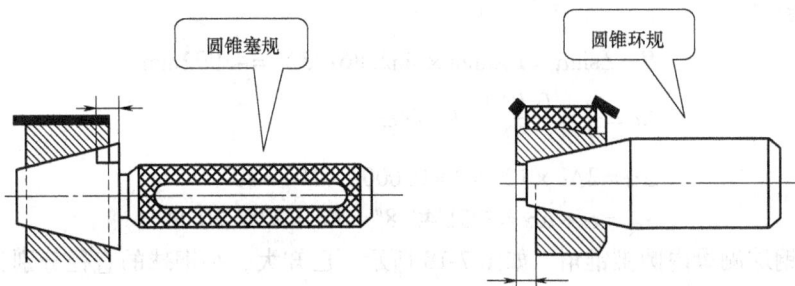

图 7-16　圆锥塞规和圆锥环规

圆锥量规还可以用来检验圆锥的基面距偏差。在量规的基面端刻有相距为 m 的两条刻线或小台阶，m 相当于圆锥的基面距公差。如果被测圆锥的基面端位于量规的两条刻线之间，则表示合格。

3. 间接测量法

间接测量法是指测量与被测圆锥角度有关的线性尺寸，然后通过三角函数关系式计算出被测角度。常用的计量器具有正弦规、滚柱或钢球。

（1）用正弦规测量外圆锥锥角　利用正弦定义测量角度和锥度等的量规；如图 7-17 所示。它主要由钢制长方体和固定在其两端的两个相同直径的钢圆柱体组成。两圆柱的轴心线距离 L 一般为 100mm 或 200mm，要求很精确；中心连线与长方体工作平面要求严格平行。

为了便于被测工件在长方体表面上定位和定向，装有后挡板和侧挡板。正弦规一般用于测量小于45°的角度，在测量小于30°的角度时，精度可达3″~5″。

如图7-17所示，将正弦规放在平板上，将被测工件稳固安放在正弦规的工作面上，一个圆柱与平板接触，另一个圆柱下面垫以量块组。垫好量块组以后，用千分表测a、b两点，如果a、b两点不等高，

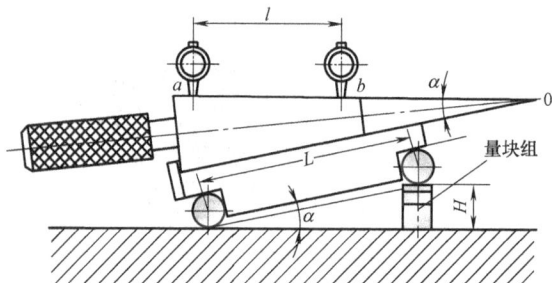

图7-17　用正弦规测量外圆锥锥角

则改变量块组的尺寸，待到a、b两点等高后，则可以按照下式计算圆锥角α

$$\alpha = \arcsin \frac{H}{L}$$

式中　α——正弦规放置的角度（°）；

　　　　H——量块组的尺寸（mm）；

　　　　L——正弦规两圆柱的中心距（mm）。

锥度偏差　　　　　　　　　　$$\Delta c = \frac{n}{l}$$

圆锥角偏差　　　　　　　　　$$\Delta \alpha = 2\Delta c \times 10^5$$

　　例　用中心距$L = 100$mm的正弦规测量莫氏2号锥度塞规，其基本圆锥角为2°51′40.8″（2.861332°），试确定量块组的尺寸。若测量时千分表两测量点a，b相距为$l = 50$mm，两点处的读数差$n = 0.010$mm，且a点比b高（即a点的读数比b点大），试确定该锥度塞规的锥度误差，并确定实际锥角的大小。

　　解：计算

$$H = L\sin\alpha = 100\text{mm} \times \sin 2.861332° = 4.992\text{mm}$$

$$\Delta c = \frac{n}{l} = \frac{0.010}{50} = 0.0002$$

$$\Delta \alpha = 2\Delta c \times 10^5 = 2 \times 0.0002 \times 10^5 = 40″$$

$$\alpha_{实} = \alpha + \Delta \alpha = 2°51′40.8″ + 40″ = 2°52′20.8″$$

　　（2）用钢球测量内圆锥锥角　如图7-18所示，已知大、小钢球的直径分别为D_1和D_2，先将小钢球放入锥孔，测得小钢球距孔口平面的距离为H；再将大钢球放入锥孔，测得大钢球距孔口平面的距离为h，则可以按照下式计算圆锥角α

$$\sin \frac{\alpha}{2} = \frac{D_1 - D_2}{\pm 2L_1 + 2L_2 - D_1 + D_2}$$

　　当大球突出于基准面时，式中$2L_1$前面的符号取"＋"；反之以"－"号。根据值，可确定实际被测圆锥角的数值。

　　（3）用滚柱和量块组测量外圆锥锥角　如图7-19所示，先将两个尺寸相同的滚柱夹在圆锥的小端处，测得m值；再将这两个滚柱放在尺寸组合相同的量块上，测得M值，则可以按照下式计算圆锥锥角α

$$\tan \frac{\alpha}{2} = \frac{M - m}{2h}$$

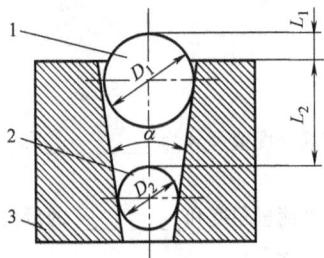

图 7-18 用钢球测量内圆锥锥角

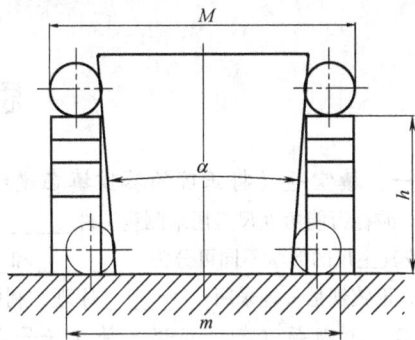

图 7-19 用滚柱和量块组测量外圆锥锥角

二、实训——检测角度和锥度

1. 游标万能角度尺测量角度

（1）主要技术指标：

1）测量范围：0~320°测量外角：0~180°测量内角：40°~180°。

2）分度值：2′。

3）直尺长度：150mm。

4）示值误差：±2′。

（2）测量步骤 松开游标万能角度尺锁紧装置，使游标万能角度尺两测量边与被测角度贴紧，目测观察应封锁可见光隙，锁紧后即可读数。测量时须注意保持游标万能角度尺与被测件之间的正确位置。

（3）填写检测报告 按要求将被测件的相关信息、测量结果及测量条件填入检测报告单中。

2. 正弦规测量锥度

1）根据被测零件的基本圆锥角按 $H = L\sin\alpha$ 算出量块组高度 H。

2）组合量块。

3）在正弦规的一个圆柱下面垫入组合好的量块组。

4）将零件放在正弦规的工作平台上，其前端靠在正弦规的前挡板上。

5）用千分表分别测量 a、b 两点数值，用金属直尺或游标卡尺量出 a、b 点之间的距离 l。

6）计算锥度误差 $\Delta c = (a-b)/l$ （rad）

换算后 $\Delta\alpha = 2\Delta c \times 10^5$ （′）。

当 $\Delta c < 0$ 时则锥角小于公称圆锥角，反之则大于公称圆锥角。

本章小结

本章介绍了圆锥配合的基本参数、圆锥配合的形成方法、圆锥配合的种类、圆锥配合的使用要求、圆锥几何参数偏差对圆锥互换性的影响、圆锥公差及标注方法等基本内容。通过完成实训任务应初步达到正确使用游标万能角度尺和正弦规的目的。在实训中要多注意多练习游标万能角度尺的组合、对齐、读数和正弦规测量装置的安装、调试、操作、读数，逐步提高检测的准确性。

思考与练习

一、填空题（将正确的答案填在横线上）

1. 游标万能角度尺是用来测量工件_____的量具。按其分度值可分为_____和_____两种，按其主尺的形状不同可分为_____和_____两种。

2. 正弦规是一种采用_____原理、利用_____法来测量角度和_____的量具。

二、判断题（判断正误，并在括号内填"√"或"×"）

1. 由于游标万能角度尺是万能的，因而Ⅰ型游标万能角度尺可以测量0°～360°内任意角度。　　（　　）

2. 利用游标万能角度尺的基尺和直尺、直角尺、扇形板的不同搭配，可测量不同范围内的角度。

　　（　　）

3. 正弦规的结构简单，因此只能测量精度较低的角度。　　（　　）

4. 正弦规只能测外圆锥面，但不能测量内圆锥面。　　（　　）

三、单项选择题（在下列选项中选择一个正确答案，并将其序号填在括号内）

1. 将游标万能角度尺的基尺、直尺和夹块全部取下，直接用基尺和扇形板的测量面进行测量，所测量的范围为（　　）。

   A. 0°～50°　　　　B. 50°～140°　　　　C. 140°～230°　　　　D. 230°～320°

2. 关于游标万能角度尺，下列说法中错误的是（　　）。

   A. 游标万能角度尺是用来测量工件内外角度的一种通用量具

   B. 游标万能角度尺的刻线原理与游标卡尺相似，也是利用尺身与游标的标尺间距之差来进行小数部分读数的

   C. 游标万能角度尺在使用时，要根据被测工件的不同角度，正确搭配使用直尺和直角尺

   D. Ⅱ型游标万能角度度可以测量0°～360°的任意角度

3. 关于正弦规，下列说法中错误的是（　　）。

   A. 正弦规量角度采用的是间接测量法

   B. 正弦规测量角度必须同量块和指示量仪（指示表）结合起来使用

   C. 正弦规只能测量外圆锥角，而不能测量内圆锥角

   D. 正弦规有很高的精度，可以作精密测量用

四、综合题

1. 读出图7-20所表示的游标万能角度尺的角度数值。

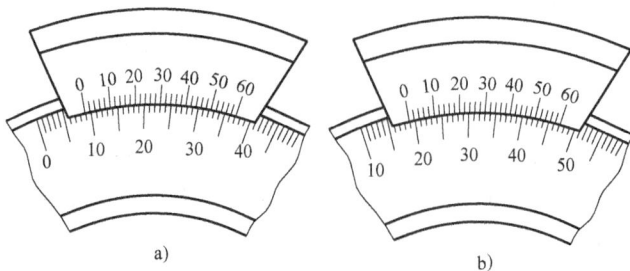

图7-20　游标万能角度尺的读数练习

2. 用200mm中心距的正弦规测量圆锥角为8°32′的圆锥零件。试求量块组的高度 h（$\sin 8°32′ = 0.1484$）。若用正弦规测量某样板的角度，量块组所垫高度刚好等于50mm。试求样板的顶角。

3. 用中心距 $L=100mm$ 的正弦规测量某锥度塞规，其基本圆锥角为 $3°0'52.4''$（$3.014554°$），按正弦规方法进行测量。

1）试确定量块组的尺寸。

2）测量时，指示表两测量点 a、b 相距为 $l=80mm$，两点处的读数差 $n=0.008mm$，且 a 点比 b 低（即 a 点的读数比 b 点小），试确定该锥度塞规的锥度误差。

3）试确定实际圆锥角的大小。

第八章　螺纹联接的公差及检测

> **教学目标**：1. 了解螺纹的种类和应用。
> 2. 了解普通螺纹的基本牙型；理解普通螺纹的主要几何参数。
> 3. 理解普通螺纹联接的基本要求；了解螺纹几何参数误差对螺纹互换性的影响。
> 4. 理解作用中径的概念及中径合格条件。
> 5. 了解普通螺纹公差标准的结构及公差带特点。
> 6. 理解螺纹标记的含义；掌握螺纹公差表格的查阅方法。
> 7. 理解用螺纹工作量规对螺纹进行综合检验的方法；理解测量螺纹中径的三针法。

在机电产品中，我们经常见到通过螺纹联接的方式，把许多零、部件组合在一起形成一个整体，如将部件或整机通过螺栓固定在机座上；将构件通过螺纹联接形成桥梁、厂房等不同的桁架结构；通过螺纹联接的方式形成运动副传递运动和转矩。

第一节　螺　　纹

一、螺纹的分类及使用要求

（1）按牙型分　螺纹可分为三角形螺纹、梯形螺纹、锯齿形螺纹和矩形螺纹。

（2）按用途分　螺纹可分为紧固螺纹、传动螺纹和紧密螺纹。紧固螺纹又称普通螺纹，其基本牙型为三角形，主要用于零、部件的联接与紧固。传动螺纹主要用于传递运动，要求传递动力可靠，传递位移准确，且具有一定间隙。如机床传动中的丝杠和螺母、量具中的测微螺杆和螺母、千斤顶中的起重螺杆和螺母等。传动螺纹的牙型主要采用梯形、锯齿形、矩形等。紧密螺纹是指用于有密封要求的螺纹联接，具有一定的过盈，如液压、气动、管道等联接螺纹。要求螺纹具有良好的旋合性和密封性，使用过程中不得漏油、漏水、漏气。

（3）按旋向分　螺纹可分为左旋和右旋。

本章主要讨论紧固（普通）螺纹的公差配合与检测。

二、普通螺纹的主要几何参数

螺纹的几何参数取决于螺纹轴向剖面内的基本牙型。内、外螺纹的大径、中径和小径的公称尺寸都定义在基本牙型上。

（1）基本牙型 普通螺纹的基本牙型是指在螺纹轴向剖面内，将正三角形（原始三角形）截去顶部和底部所形成的内、外螺纹共有的理论牙型，如图 8-1 所示。

（2）大径（D，d） 大径是指与外螺纹的牙顶或内螺纹的牙底相切的假想圆柱体的直径。内螺纹的大径 D 又称为底径，外螺纹的大径 d 又称为顶径。大径是普通内、外螺纹的公称直径。相配合的内、外螺纹的大径公称尺寸相等，即 $D = d$。

（3）小径（D_1，d_1） 小径是指与外螺纹的牙底或内螺纹的牙顶相切的假想圆柱体的直径。内螺纹的小径 D_1 又称为顶径，外螺纹的小径 d_1 又称为底径。相配合的内、外螺纹的小径公称尺寸相等，即 $D_1 = d_1$。

图 8-1 普通螺纹的基本牙型

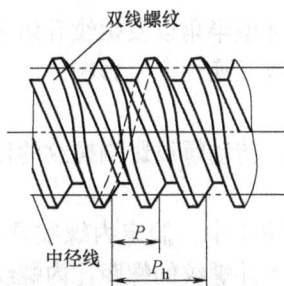

（4）中径（D_2，d_2） 中径是一个假想圆柱的直径。该圆柱的母线通过牙型上沟槽和凸起宽度相等的地方。该假想圆柱称为中径圆柱。中径圆柱的母线称为中径线，轴线即为螺纹轴线，相配合的内、外螺纹中径的公称尺寸相等，即 $D_2 = d_2$。螺纹配合一般只有螺纹牙侧面接触，而在顶径和底径处应有间隙。螺纹中径的大小，直接影响螺纹牙型相对于螺纹轴线的径向位置，直接影响螺纹的旋合性能，它是螺纹极限与配合中一个重要的几何参数。

（5）螺距（P）与导程（P_h） 螺距是指相邻两牙在中径线上对应两点间的轴向距离。如图 8-2 螺距与导程之间的关系。

（6）牙型角（α）、牙型半角（$\alpha/2$） 牙型角是指在螺纹牙型上相邻两牙侧间的夹角，对于米制普通螺纹 $\alpha = 60°$。牙型半角是指在螺纹牙型上牙侧与螺纹轴线的垂直线间的夹角。普通螺纹的牙型半角为 $30°$。

（7）螺纹旋合长度 螺纹旋合长度是指两个相互配合的螺纹沿螺纹轴线方向彼此旋合部分的长度，如图 8-3 所示。

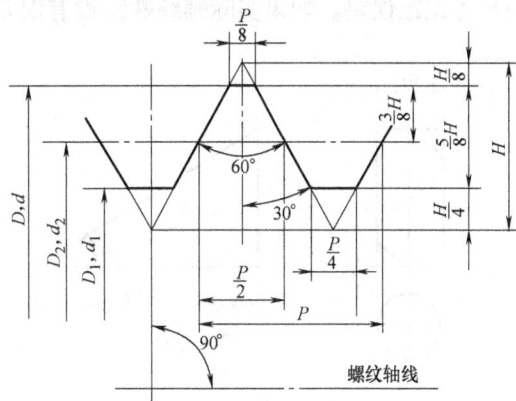

图 8-2 螺纹的螺距与导程

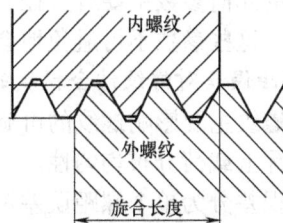

图 8-3 螺纹的旋合长度

（8）牙型高度 牙型高度是指在螺纹牙型上，牙顶和牙底之间在垂直于螺纹轴线方向上的距离，大小为 $5H/8$。

（9）螺纹升角（ϕ） 在螺纹中径圆柱上，螺纹线的切线与垂直于螺纹轴线的平面之间的夹角，如图 8-4 所示。

（10）单一中径 D_{2a}、d_{2a}　单一中径是一个假想圆柱或圆锥的直径，该圆柱或圆锥的母线通过牙型上的沟槽宽度等于 1/2 基本螺距的地方，如图 8-5 所示。其中 P 为基本螺距，ΔP 为螺距误差。如果实际螺纹螺距没有误差，螺纹中径与单一中径一致。

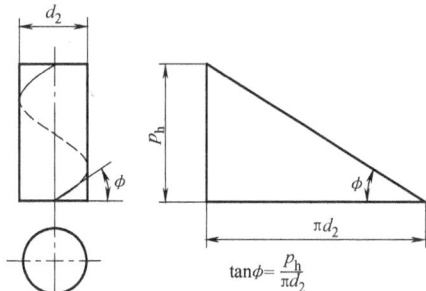

图 8-4　螺纹升角

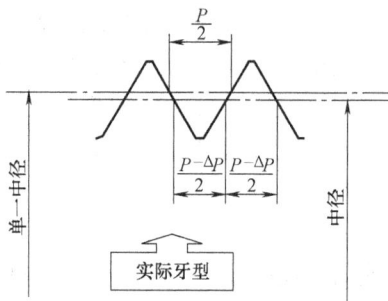

图 8-5　螺纹单一中径

（11）作用中径　作用中径是指在规定的旋合长度内，恰好包容实际螺纹的一个假想螺纹的中径。这个假想螺纹具有理想的螺距、半角以及牙型高度，并在牙顶处和牙底处留有间隙，以保证包容时不与实际螺纹的大、小径发生干涉，如图 8-6 所示。

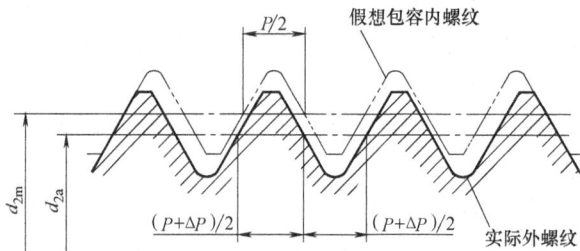

图 8-6　螺纹作用中径

三、螺纹几何参数偏差对螺纹结合精度的影响

螺纹的几何参数主要有大径、小径、中径、螺距、牙型半角以及螺纹升角等，在加工制造过程中，这些参数不可避免地会产生误差，将会对螺纹互换性产生影响。

1. 螺距误差对螺纹结合精度的影响

紧固螺纹主要影响螺纹的可旋合性和联接的可靠性。传动螺纹影响螺纹的传动精度，并影响螺纹牙上载荷分布均匀性。

螺距误差分为单个螺距误差和累积螺距误差。在图 8-7 中，假定内螺纹具有基本牙型，外螺纹的中径及牙型半角与内螺纹相同，但螺距有误差，外螺纹的螺距比内螺纹的小，结果内、外螺纹的牙型产生干涉（阴影重叠部分）而无法自由旋合。

在实际生产中，为了使有螺距误差的外螺纹旋入标准的内螺纹，应将外螺纹的中径减小一个数值 f_p。同理，为了使有螺距误差的内螺纹旋入标准的外螺纹，应将内螺纹的中径加大一个数值 f_p，这个 $f_p(\mu m)$ 值叫做螺距偏差的中径当量。即

$$f_p = |\Delta P_\Sigma| \cot\alpha/2$$

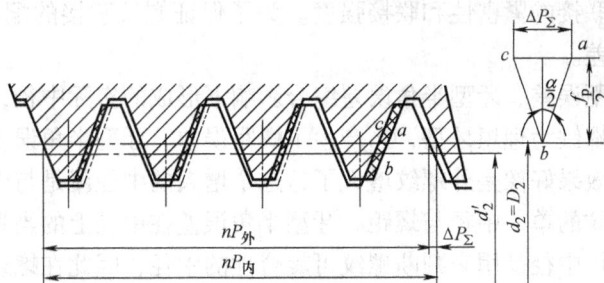

图 8-7　螺距误差对螺纹结合精度的影响

2. 牙型半角误差对螺纹结合精度的影响

牙型半角误差是指实际牙型半角与公称牙型半角之差。牙型半角误差产生的原因主要是实际牙型角的角度误差或牙型角方向偏斜，旋合时，牙型将产生干涉，如图 8-8 所示。

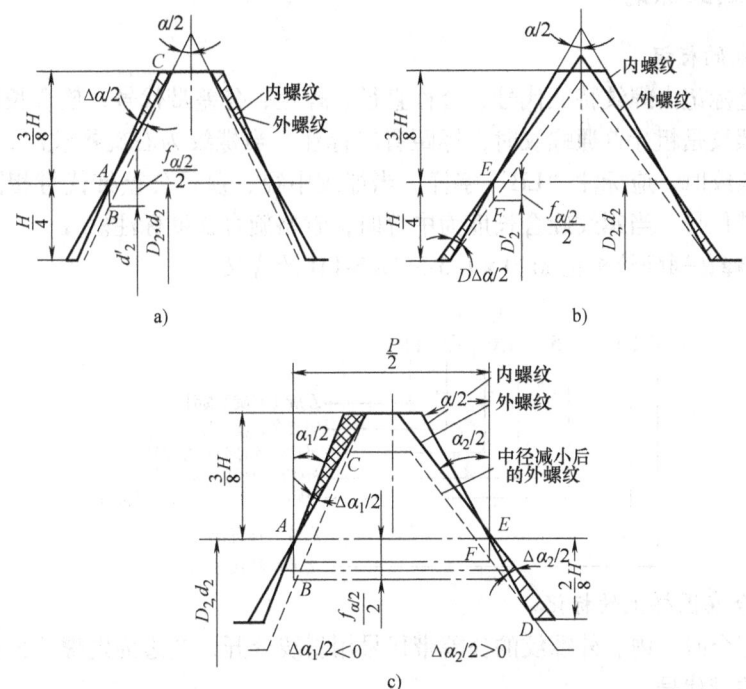

图 8-8　牙型半角误差对螺纹结合精度的影响

在图 8-8 中，假设内螺纹具有基本牙型，外螺纹中径及螺距与内螺纹相同，仅牙型半角有误差。在图 8-8a 中，外螺纹的左右牙型半角相等，但小于内螺纹牙型半角，则在其牙顶部分的牙侧发生干涉。在图 8-8b 中，外螺纹的左右牙型半角相等，但大于内螺纹牙型半角，则在其牙根部分的牙侧发生干涉。在图 8-8c 中，外螺纹的左右牙型半角误差不相同，两侧干涉区的干涉量也不相同。

3. 中径误差对螺纹结合精度的影响

在螺纹的制造过程中，螺纹中径也会出现误差，此时如果外螺纹的中径大于内螺纹的中径时，外螺纹就无法旋合拧入；而当外螺纹的中径过小，外螺纹拧入后内、外螺纹的间隙过大，配合过松，影响联接的紧密性和联接强度。为了保证螺纹联接的配合质量和联接强度，必须控制严格中径误差。

作用中径是在螺距误差、牙型半角误差综合影响下形成的实际中径，也是螺纹旋合时起作用的中径。假设内螺纹为理想牙型，当产生了螺距误差、牙型半角误差的外螺纹与其旋合时，使旋合变紧，其效果好像是外螺纹增大了；这个增大的中径就是与内螺纹旋合时起作用的中径，它等于外螺纹的单一中径与螺距、牙型半角误差在中径上的当量之和。

由上述可知，作用中径是用来判断螺纹可旋合性的中径，因此在螺纹加工中应将作用中径及实际中径（单一中径）限制在一定范围内。

从保证螺纹联接的要求出发，螺纹中径的合格性条件应遵循泰勒原则（包容要求），即螺纹的作用中径不能超越最大实体中径，任意位置的实际中径（单一中径）不能超越最小实体中径。

四、识读螺纹标记

1. 单个螺纹的标记

螺纹的完整标记由螺纹特征代号、公称直径、螺距、公差带代号、旋合长度代号和旋向代号组成。当螺纹是粗牙普通螺纹时，螺距省略标注。当螺纹为右旋螺纹时，不标注旋向；当螺纹为左旋螺纹时，应标注"LH"字样。当螺纹中径、顶径公差带代号相同时，则应只标注一个公差带代号。当螺纹旋合长度为中等时，省略旋合长度标注。

例 8-1　解释普通螺纹标记 M20×1.5-5g6g-S-LH 的含义。

解：

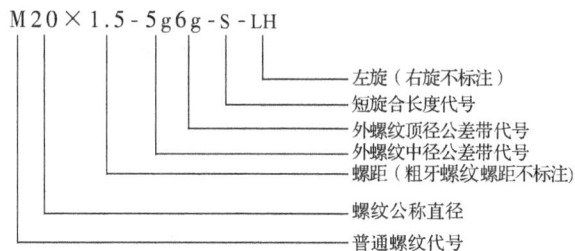

2. 螺纹配合在图样上的标记

标注螺纹配合时，内、外螺纹的公差带代号用斜线分开，左边为内螺纹公差带代号，右边为外螺纹公差带代号。

例 8-2　解释螺纹标记 M20×2-6H/5g6g-S

解：

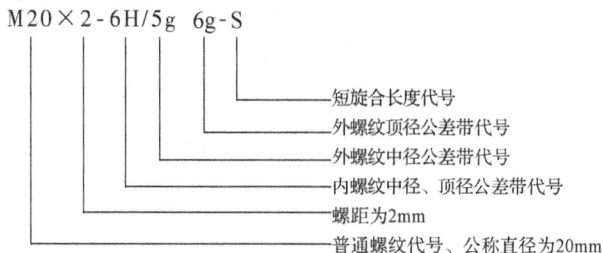

第二节 普通螺纹公差标准

一、普通螺纹的公差与配合

螺纹公差制的基本结构由公差等级系列和基本偏差系列组成的。螺纹公差带与旋合长度组成螺纹公差等级，分精密、中等和粗糙三级。国家标准中没有对普通螺纹的牙型半角误差和螺距累积误差制定极限误差或公差，而是用中径公差进行控制。

普通螺纹的公差带包括公差等级和基本偏差。普通螺纹公差带以基本牙型为零线，沿着螺纹牙型的牙侧、牙顶和牙底分布，在垂直于螺纹轴线的方向上测量。

1. 公差等级

普通螺纹国家标准 GB/T 197—2003 对内、外螺纹规定了不同的公差等级。螺纹中径、顶径的公差等级见表 8-1。

表 8-1 螺纹公差等级

螺纹直径		公差等级
内螺纹	中径 D_2	4, 5, 6, 7, 8
	顶径（小径）D_1	
外螺纹	中径 d_2	3, 4, 5, 6, 7, 8, 9,
	顶径（大径）d	4, 6, 8

一般情况下，螺纹的 6 级公差为常用公差等级，3 级公差值最小，精度最高；9 级精度最低。螺纹的公差值除与公差等级有关外，还与基本螺距有关，公差值是由经验公式计算而来，国家标准规定的各公差值见表 8-2 ~ 表 8-5。考虑到内螺纹加工难，在公差等级和螺距的基本值均一样的情况下，内螺纹的公差值比外螺纹的公差值大 32%。

表 8-2 内螺纹中径公差（摘自 GB/T 197—2003） （单位：μm）

基本大径 D/mm		螺距 P/mm	公差等级				
>	≤		4	5	6	7	8
0.99	1.4	0.2	40	—	—	—	—
		0.25	45	56	—	—	—
		0.3	48	60	75	—	—
1.4	2.8	0.2	42	—	—	—	—
		0.25	48	60	—	—	—
		0.35	53	67	85	—	—
		0.4	56	71	90	—	—
		0.45	60	75	95	—	—
2.8	5.6	0.35	56	71	90	—	—
		0.5	63	80	100	125	—
		0.6	71	90	112	140	—
		0.7	75	95	118	150	—
		0.75	75	95	118	150	—
		0.8	80	100	125	160	200

（续）

基本大径 D/mm		螺距	公 差 等 级				
>	≤	P/mm	4	5	6	7	8
5.6	11.2	0.75	85	106	132	170	—
		1	95	118	150	190	236
		1.25	100	125	160	200	250
		1.5	112	140	180	224	280
11.2	22.4	1	100	125	160	200	250
		1.25	112	140	180	224	280
		1.5	118	150	190	236	300
		1.75	125	160	200	250	315
		2	132	170	212	265	335
		2.5	140	180	224	280	355
22.4	45	1	106	132	170	212	—
		1.5	125	160	200	250	315
		2	140	180	224	280	355
		3	170	212	265	335	425
		3.5	180	224	280	355	450
		4	190	236	300	375	475
		4.5	200	250	315	400	500
45	90	1.5	132	170	212	265	335
		2	150	190	236	300	375
		3	180	224	280	355	450
		4	200	250	315	400	500
		5	212	265	335	425	530
		5.5	224	280	355	450	560
		6	236	300	375	475	600
90	180	2	160	200	250	315	400
		3	190	236	300	375	475
		4	212	265	335	425	530
		6	250	315	400	500	630
		8	280	355	450	560	710
180	355	3	212	265	335	425	530
		4	236	300	375	475	600
		6	265	335	425	530	670
		8	300	375	475	600	750

表 8-3　外螺纹中径公差（摘自 GB/T 197—2003）　　　　（单位：μm）

基本大径 d/mm		螺距	公 差 等 级						
>	≤	P/mm	3	4	5	6	7	8	9
0.99	1.4	0.2	24	30	38	48	—	—	—
		0.25	26	34	42	53	—	—	—
		0.3	28	36	45	56	—	—	—

（续）

基本大径 d/mm		螺距 P/mm	公差等级						
>	≤		3	4	5	6	7	8	9
1.4	2.8	0.2	25	32	40	50	—	—	—
		0.25	28	36	45	56	—	—	—
		0.35	32	40	50	63	80	—	—
		0.4	34	42	53	67	85	—	—
		0.45	36	45	56	71	90	—	—
2.8	5.6	0.35	34	42	53	67	85	—	—
		0.5	38	48	60	75	95	—	—
		0.6	42	53	67	85	106	—	—
		0.7	45	56	71	90	112	—	—
		0.75	45	56	71	90	112	—	—
		0.8	48	60	75	95	118	150	190
5.6	11.2	0.75	50	63	80	100	125	—	—
		1	56	71	90	112	140	180	224
		1.25	60	75	95	118	150	190	236
		1.5	67	85	106	132	170	212	265
11.2	22.4	1	60	75	95	118	150	190	236
		1.25	67	85	106	132	170	212	265
		1.5	71	90	112	140	180	224	280
		1.75	75	95	118	150	190	236	300
		2	80	100	125	160	200	250	315
		2.5	85	106	132	170	212	265	335
22.4	45	1	63	80	100	125	160	200	250
		1.5	75	95	118	150	190	236	300
		2	85	106	132	170	212	255	335
		3	100	125	160	200	250	315	400
		3.5	106	132	170	212	265	335	425
		4	112	140	180	224	280	355	450
		4.5	118	150	190	236	300	375	475
45	90	1.5	80	100	125	160	200	250	315
		2	90	112	140	180	224	280	355
		3	106	132	170	212	265	335	425
		4	118	150	190	236	300	375	475
		5	125	160	200	250	315	400	500
		5.5	132	170	212	265	335	425	530
		6	140	180	224	280	355	450	560

（续）

基本大径 d/mm		螺距	公差等级						
>	≤	P/mm	3	4	5	6	7	8	9
90	180	2	95	118	150	190	236	300	375
		3	112	140	180	224	280	355	450
		4	125	160	200	250	315	400	500
		6	150	190	236	300	375	475	600
		8	170	212	265	335	425	530	670
180	355	3	125	160	200	250	315	400	500
		4	140	180	224	280	355	450	560
		6	160	200	250	315	400	500	630
		8	180	224	280	355	450	560	710

表 8-4　内螺纹小径公差（摘自 GB/T 197—2003）　　　　（单位：μm）

螺距 P/mm	公差等级				
	4	5	6	7	8
0.2	38	—	—	—	—
0.25	45	56	—	—	—
0.3	53	67	85	—	—
0.35	63	80	100	—	—
0.4	71	90	112	—	—
0.45	80	100	125	—	—
0.5	90	112	140	180	—
0.6	100	125	160	200	—
0.7	112	140	180	224	—
0.75	118	150	190	236	—
0.8	125	160	200	250	315
1	150	190	236	300	375
1.25	170	212	265	335	425
1.5	190	236	300	375	475
1.75	212	265	335	425	530
2	236	300	375	475	600
2.5	280	355	450	560	710
3	315	400	500	630	800
3.5	355	450	560	710	900
4	375	475	600	750	950
4.5	425	530	670	850	1 060
5	450	560	710	900	1 120
5.5	475	600	750	950	1 180
6	500	630	800	1 000	1 250
8	630	800	1 000	1 250	1 600

表 8-5 外螺纹大径公差（摘自 GB/T 197—2003） （单位：μm）

螺距 P/mm	公 差 等 级		
	4	6	8
0.2	36	56	—
0.25	42	67	—
0.3	48	75	—
0.35	53	85	—
0.4	60	95	—
0.45	63	100	—
0.5	67	106	—
0.6	80	125	—
0.7	90	140	—
0.75	90	140	—
0.8	95	150	236
1	112	180	280
1.25	132	212	335
1.5	150	236	375
1.75	170	265	425
2	180	280	450
2.5	212	335	530
3	236	375	600
3.5	265	425	670
4	300	475	750
4.5	315	500	800
5	335	530	850
5.5	355	560	900
6	375	600	950
8	450	710	1 180

2. 基本偏差

基本偏差决定了普通螺纹公差带相对于基本牙型的位置。国家标准对大径、中径和小径规定了相同的基本偏差。对内螺纹规定了两种基本偏差 G、H，其基本偏差为 EI≥0。对外螺纹规定了四种基本偏差 e、f、g、h，其基本偏差为 es≤0，如图 8-9 所示。

内螺纹的公差带在基本牙型零线以上，以下极限偏差（EI）为基本偏差，H 的基本偏差为零，G 的基本偏差为正值。外螺纹的公差带在基本牙型零线以下，以上极限偏差（es）为基本偏差，h 的基本偏差为零，e、f、g 的基本偏差为负值。

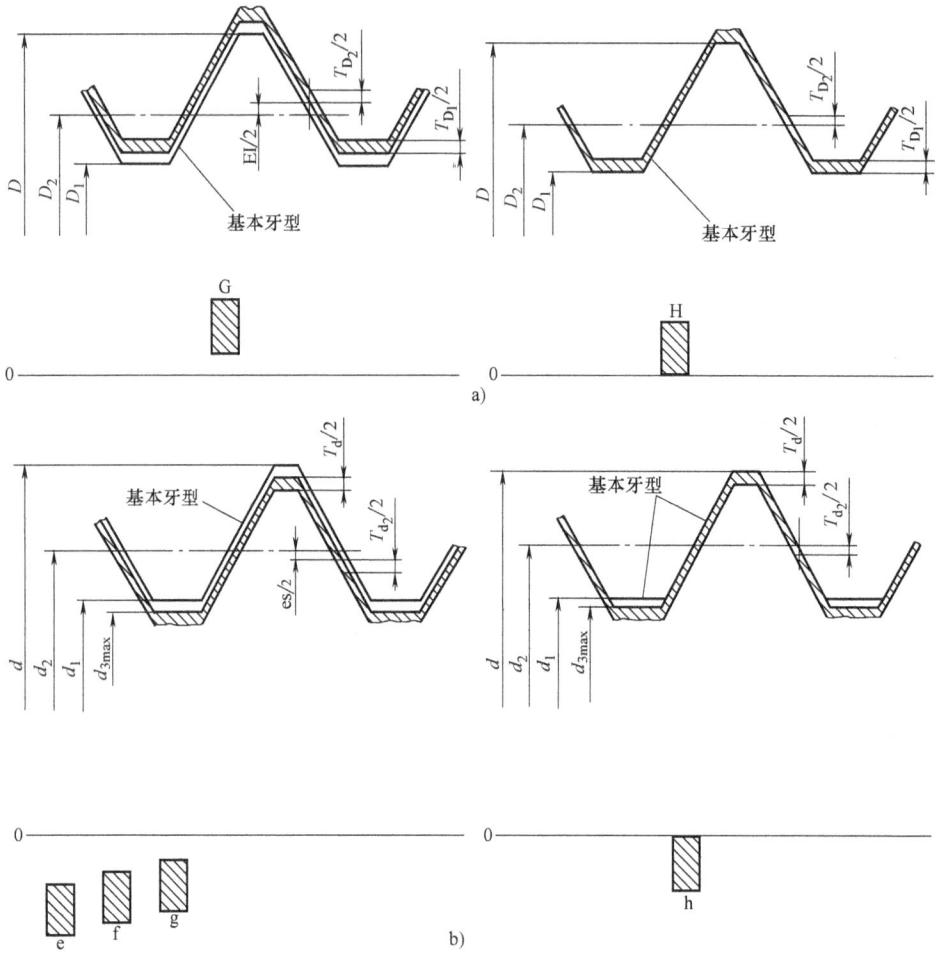

图 8-9 内、外螺纹的公差带

a）内螺纹 b）外螺纹

内、外螺纹的基本偏差值见表 8-6。

表 8-6 内、外螺纹的基本偏差（摘自 GB/T 197—2003） （单位：μm）

螺距 P/mm	基本 偏 差					
	内 螺 纹		外 螺 纹			
	G	H	e	f	g	h
	EI	EI	es	es	es	es
0.2	+17	0	—	—	-17	0
0.25	+18	0	—	—	-18	0
0.3	+18	0	—	—	-18	0
0.35	+19	0	—	-34	-19	0
0.4	+19	0	—	-34	-19	0
0.45	+20	0	—	-35	-20	0

（续）

螺距 P/mm	基本偏差					
	内 螺 纹		外 螺 纹			
	G	H	e	f	g	h
	EI	EI	es	es	es	es
0.5	+20	0	−50	−36	−20	0
0.6	+21	0	−53	−36	−21	0
0.7	+22	0	−56	−38	−22	0
0.75	+22	0	−56	−38	−22	0
0.8	+24	0	−60	−38	−24	0
1	+26	0	−60	−40	−26	0
1.25	+28	0	−63	−42	−28	0
1.5	+32	0	−67	−45	−32	0
1.75	+34	0	−71	−48	−34	0
2	+38	0	−71	−52	−38	0
2.5	+42	0	−80	−58	−42	0
3	+48	0	−85	−63	−48	0
3.5	+53	0	−90	−70	−53	0
4	+60	0	−95	−75	−60	0
4.5	+63	0	−100	−80	−63	0
5	+71	0	−106	−85	−71	0
5.5	+75	0	−112	−90	−75	0
6	+80	0	−118	−95	−80	0
8	+100	0	−140	−118	−100	0

二、螺纹旋合长度

国家标准规定了长、中、短 3 种旋合长度，分别用代号 L、N、S 表示。一般情况下选用中等旋合长度 N，只有当结构或强度上需要时，才用短旋合长度 S 或长旋合长度 L。螺纹旋合长度见表 8-7。

表 8-7 螺纹旋合长度（摘自 GB/T 197—2003）　　　　　　（单位：mm）

基本大径 D、d		螺距 P	旋合长度			
			S		N	L
>	≤		≤	>	≤	>
0.99	1.4	0.2	0.5	0.5	1.4	1.4
		0.25	0.6	0.6	1.7	1.7
		0.3	0.7	0.7	2	2
1.4	2.8	0.2	0.5	0.5	1.5	1.5
		0.25	0.6	0.6	1.9	1.9
		0.35	0.8	0.8	2.6	2.6
		0.4	1	1	3	3
		0.45	1.3	1.3	3.8	3.8

（续）

基本大径 D、d		螺距 P	旋 合 长 度			
			S	N		L
>	≤		≤	>	≤	>
2.8	5.6	0.35	1	1	3	3
		0.5	1.5	1.5	4.5	4.5
		0.6	1.7	1.7	5	5
		0.7	2	2	6	6
		0.75	2.2	2.2	6.7	6.7
		0.8	2.5	2.5	7.5	7.5
5.6	11.2	0.75	2.4	2.4	7.1	7.1
		1	3	3	9	9
		1.25	4	4	12	12
		1.5	5	5	15	15
11.2	22.4	1	3.8	3.8	11	11
		1.25	4.5	4.5	13	13
		1.5	5.6	5.6	16	16
		1.75	6	6	18	18
		2	8	8	24	24
		2.5	10	10	30	30
22.4	45	1	4	4	12	12
		1.5	6.3	6.3	19	19
		2	8.5	8.5	25	25
		3	12	12	36	36
		3.5	15	15	45	45
		4	18	18	53	53
		4.5	21	21	63	63
45	90	1.5	7.5	7.5	22	22
		2	9.5	9.5	28	28
		3	15	15	45	45
		4	19	19	56	56
		5	24	24	71	71
		5.5	28	28	85	85
		6	32	32	95	95
90	180	2	12	12	36	36
		3	18	18	53	53
		4	24	24	71	71
		6	36	36	106	106
		8	45	45	132	132
180	355	3	20	20	60	60
		4	26	26	80	80
		6	40	40	118	118
		8	50	50	150	150

　　螺纹的旋合长度与螺纹精度有关，当公差等级一定时，螺纹旋合长度越长，螺距累积偏差越大，加工就越困难。因此，公差等级相同而旋合长度不同的螺纹公差等级就不相同。内、外螺纹精度与旋合长度的关系见图 8-10。根据不同使用场合，国家标准按螺纹公差等级和旋合长度将螺纹精度分为精密、中等和粗糙三级。螺纹公差等级的高低代表着螺纹加工的难易程度。精密级用于精密螺纹，要求配合性质变动小时采用；中等级用于一般用途的机械和构件；粗糙级用于精度要求不高或制造比较困难的螺纹，如在热轧棒料上和深不通孔内加工螺纹。

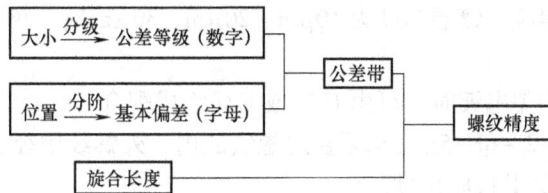

图 8-10　螺纹公差带、旋合长度与螺纹精度的关系

　　一般以中等旋合长度下的 6 级公差等级作为中等精度，精密与粗糙都与此相比较而言。

三、选用螺纹公差带与配合

　　用螺纹公差等级和基本偏差可以组成各种不同的公差带，它的写法是公差等级在前，偏差代号在后，如 7H、6G、6h、5g 等。在生产中，为了减少螺纹刀具和螺纹量具的规格和数量，同时又能满足各种使用要求，提高经济效益，规定了内、外螺纹的选用公差带，见表 8-8 和表 8-9。一般情况下，选用中等精度、中等旋合长度的公差带，即内螺纹公差带 6H、外螺纹公差带 6h、6g 应用较广。表中有些螺纹公差带是由两个公差带代号组成的，前面一个为中径公差带，后面一个为大径公差带。当大径与中径公差带相同时，合写为一个公差代号。

表 8-8　内螺纹的推荐公差带

公差精度	公差带位置 G			公差带位置 H		
	S	N	L	S	N	L
精密	—	—	—	4H	5H	6H
中等	(5G)	6G	(7G)	5H	6H	7H
粗造	—	(7G)	(8G)	—	7H	8H

表 8-9　外螺纹的推荐公差带

公差精度	公差带位置 e			公差带位置 f			公差带位置 g			公差带位置 h		
	S	N	L	S	N	L	S	N	L	S	N	L
精密	—	—	—	—	—	—	—	(4g)	(5g4g)	(3h4h)	4h	(5h4h)
中等	—	6e	(7e6e)	—	6f	—	(5g6g)	6g	(7g6g)	(5h6h)	6h	(7h6h)
粗造	—	(8e)	(9e8e)	—	—	—	—	8g	(9g8g)	—	—	—

内、外螺纹配合时选用范围如下：

1）优先采用 H/g，H/h 或 G/h 的配合，保证连接强度、接触高度和装拆方便。

2）大批量生产的螺纹，为了装拆方便，应选用 H/g 或 G/h 组成配合

3）对单件小批生产的螺纹，可用 H/h 组成配合，以适应手工拧紧和装配速度不高等使用特性。

4）高温状态下工作的螺纹，防止因高温形成金属氧化皮或介质沉积使螺纹卡死，可采用能保证间隙的配合；当温度在 450℃ 以下时，可用 H/g 组成配合；温度在 450℃ 以上时，可选用 H/e 配合，如火花塞螺纹就是选用的这种配合。

5）需要镀涂的外螺纹，镀层厚度为 10μm、20μm、30μm 时，可分别选用 e、f、g 与 H 组成配合。

6）当内、外螺纹均需电镀时，可由 G/e 或 G/f 组成配合。

例 8-3   查出 M20×2 - 6H/5g6g 细牙普通螺纹的内、外螺纹中径、内螺纹小径和外螺纹大径的极限偏差，并计算其极限尺寸。

解：

（1）确定内、外螺纹大径、小径和中径的公称尺寸   由标记可知，螺纹的公称直径为 20mm，因而

$$D = d = 20\text{mm}$$

从普通螺纹基本牙型各参数中的关系可知

$$D_1 = D - 1.0825P = 20\text{mm} - 1.0825\text{mm} \times 2 = 17.835\text{mm}$$

$$d_1 = d - 1.0825P = 20\text{mm} - 1.0825\text{mm} \times 2 = 17.835\text{mm}$$

$$D_2 = D - 0.6495P = 20\text{mm} - 0.6495\text{mm} \times 2 = 18.701\text{mm}$$

$$d_2 = d - 0.6495P = 20\text{mm} - 0.6495\text{mm} \times 2 = 18.701\text{mm}$$

（2）查出极限偏差

根据公称直径、螺距和公差带代号，由表查出

内螺纹中径 D_2（6H）：$\text{ES} = +212\mu\text{m} = +0.212\text{mm}$

$$\text{EI} = 0$$

内螺纹小径 D_1（6H）：$\text{ES} = +375\mu\text{m} = +0.375\text{mm}$

$$\text{EI} = 0$$

外螺纹中径 d_2（5g）：$\text{es} = -38\mu\text{m} = -0.038\text{mm}$

$$\text{ei} = -163\mu\text{m} = -0.163\text{mm}$$

外螺纹大径 d_2（6g）：$\text{es} = -38\mu\text{m} = -0.038\text{mm}$

$$\text{ei} = -318\mu\text{m} = -0.318\text{mm}$$

（3）计算内、外螺纹的极限尺寸

内螺纹：$D_{2\text{max}} = D_2 + \text{ES} = 18.701\text{mm} + 0.212\text{mm} = 18.913\text{mm}$

$$D_{2\text{min}} = D_2 + \text{EI} = 18.701\text{mm} + 0 = 18.701\text{mm}$$

$$D_{1\text{max}} = D_1 + \text{ES} = 17.835\text{mm} + 0.375\text{mm} = 18.210\text{mm}$$

$$D_{1\text{min}} = D_1 + \text{EI} = 17.835\text{mm} + 0 = 17.835\text{mm}$$

外螺纹：$d_{2\text{max}} = d_2 + \text{es} = 18.701\text{mm} + (-0.038)\text{mm} = 18.663\text{mm}$

$$d_{2\text{min}} = d_2 + \text{ei} = 18.701\text{mm} + (-0.163)\text{mm} = 18.538\text{mm}$$

$$d_{max} = d_2 + es = 20mm + (-0.038)mm = 19.962mm$$
$$d_{min} = d_2 + ei = 20mm + (-0.318)mm = 19.682mm$$

第三节　梯形螺纹

像机床丝杠、起重机螺杆等各种传动螺纹，其螺纹牙型多采用梯形螺纹。因为梯形螺纹能够满足传动螺纹的使用要求，具有传动效率高、精度高和加工方便等优点。梯形螺纹属于间隙配合，在中径、大径和小径处都具有一定的间隙用以储存润滑油。

1. 梯形螺纹的主要参数

梯形螺纹的牙型与公称尺寸按国家标准 GB/T 5796.3—2005 规定，如图 8-11 所示。其特点是外螺纹的大径（d）、小径（d_3）的公称尺寸分别小于内螺纹的大径（D_4）、小径（D_1）的公称尺寸；而它们的中径尺寸（D_2，d_2）相同。

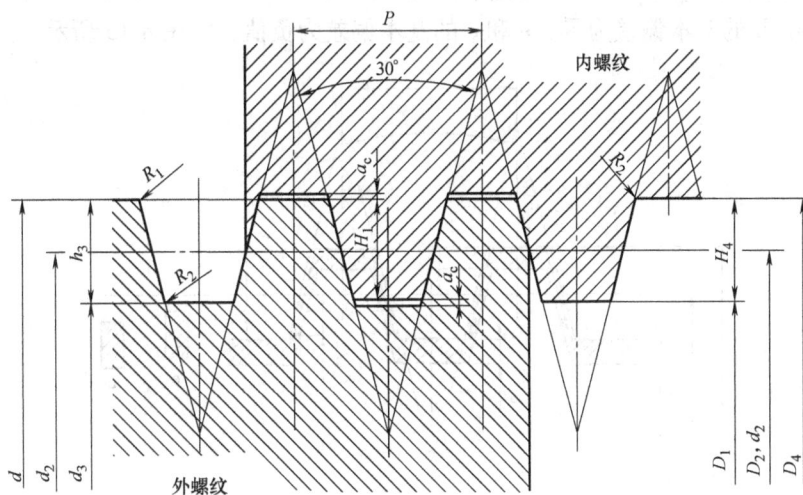

图 8-11　梯形螺纹设计牙型

梯形螺纹的主要参数名称及代号见表 8-10。

表 8-10　梯形螺纹的主要参数名称及代号

名　　称		牙型角	螺　距	牙顶间隙	大径	中径	小径	牙高	牙顶宽	牙槽底宽
代号	内螺纹	α	P	a_c	D_4	D_2	D_1	H_4	f'	W'
	外螺纹				d	d_2	d_3	h_3	f	W

2. 梯形螺纹的公差

（1）基本偏差　国家标准 GB/T 5796.4—2005《梯形螺纹公差》规定了梯形螺纹外螺纹的上极限偏差 es 及内螺纹的下极限偏差 EI 为基本偏差。公差带的位置由基本偏差确定。

对内螺纹的大径 D_4、中径 D_2 及小径 D_1 规定了一种公差带位置 H，其基本偏差为零，如图 8-12 所示。

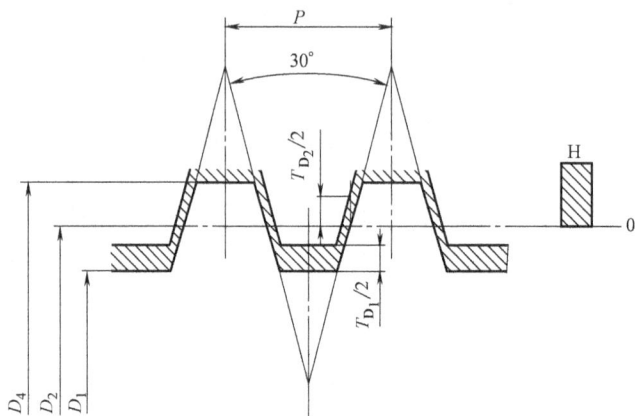

图 8-12　内梯形螺纹的公差带位置

对外螺纹的中径 d_2 规定了三种公差带位置 h、e 和 c；对大径 d 和小径 d_3，只规定了一种公差位置 h。h 的基本偏差为零，e 和 c 的基本偏差为负值，如图 8-13 所示。

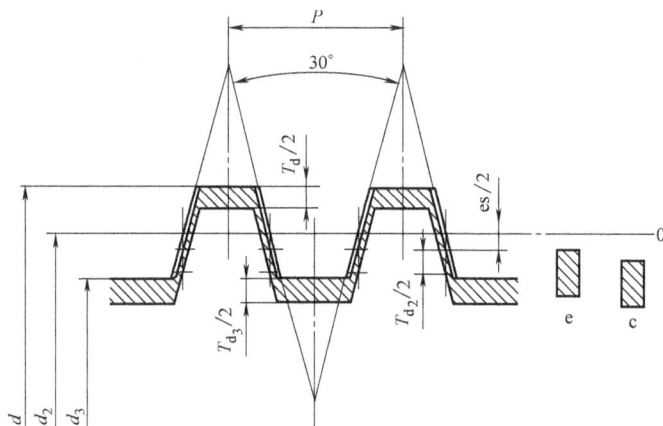

图 8-13　外梯形螺纹的公差带位置

梯形螺纹的中径基本偏差数值见表 8-11。

表 8-11　梯形螺纹的中径基本偏差　　　　　　　　　　（单位：μm）

螺距 P/mm	内螺纹 D_2	外螺纹 d_2	
	H EI	c es	e es
1.5	0	−140	−67
2	0	−150	−71
3	0	−170	−85
4	0	−190	−95
5	0	−212	−106
6	0	−236	−118

（续）

螺距 P/mm	内螺纹 D_2	外螺纹 d_2	
	H EI	c es	e es
7	0	−250	−125
8	0	−265	−132
9	0	−280	−140
10	0	−300	−150
12	0	−335	−160
14	0	−355	−180
16	0	−375	−190
18	0	−400	−200
20	0	−425	−212
22	0	−450	−224
24	0	−475	−236
28	0	−500	−250
32	0	−530	−265
36	0	−560	−280
40	0	−600	−300
44	0	−630	−315

（2）公差等级　梯形螺纹各直径公差带等级见表8-12。

表8-12　梯形螺纹各直径公差带等级

直　径	公差等级	直　径	公差等级
内螺纹小径 D_1	4	外螺纹中径 d_2	7，8，9
外螺纹大径 d	4	外螺纹小径 d_3	7，8，9
		内螺纹中径 D_2	7，8，9

梯形螺纹外螺纹中径的公差值见表8-13。

表8-13　梯形螺纹外螺纹中经的公差值　　　　　　　　（单位：μm）

基本大径 d/mm		螺距 P/mm	公差等级		
>	≤		7	8	9
5.6	11.2	1.5	170	212	265
		2	190	236	300
		3	212	265	335
11.2	22.4	2	200	250	315
		3	224	280	355
		4	265	335	425
		5	280	355	450
		8	355	450	560

（续）

基本大径 d/mm		螺距 P/mm	公差等级		
>	≤		7	8	9
22.4	45	3	250	315	400
		5	300	375	475
		6	335	425	530
		7	335	450	560
		8	375	475	600
		10	400	500	630
		12	425	530	670
45	90	3	265	335	425
		4	300	375	475
		8	400	500	630
		9	425	530	670
		10	425	530	670
		12	475	600	750
		14	500	630	800
		16	530	670	850
		18	560	710	900
90	180	4	315	400	500
		6	375	475	600
		8	425	530	670
		12	500	630	800
		14	530	670	850
		16	560	710	900
		18	600	750	950
		20	600	750	950
		22	630	800	1 000
		24	670	850	1 060
		28	710	900	1 120
180	355	8	450	560	710
		12	530	670	850
		18	630	800	1 000
		20	670	850	1 060
		22	670	850	1 060
		24	710	900	1 120
		32	800	1 000	1 250
		36	850	1 060	1 320
		40	850	1 060	1 320
		44	900	1 120	1 400

3. 旋合长度

梯形螺纹旋合长度按公称直径和螺距的大小分为 N、L 两组。N 为中等旋合长度，L 为长旋合长度。

4. 螺纹公差等级和公差带的选用

应优先按表 8-14、表 8-15 的规定选用梯形螺纹公差带。

表 8-14　内螺纹推荐公差带

公差精度	中径公差带	
	N	L
中等	7H	8H
粗糙	8H	9H

表 8-15　外螺纹推荐公差带

公差精度	中径公差带	
	N	L
中等	7e	8e
粗糙	8c	9c

国家标准对梯形螺纹规定了中等和粗糙两种精度：中等精度用于一般用途的螺纹，粗糙精度用于制造螺纹有困难的场合。选择原则是根据使用场合选用梯形螺纹的精度等级。

5. 螺纹标记

完整的梯形螺纹标记应包括梯形螺纹特征代号、尺寸代号、中径公差带代号及旋合长度代号。

当旋合长度为中等旋合长度时，不标注旋合长度代号；当旋合长度为长旋合长度时，应将组别代号 L 写在公差带代号的后面，并用"－"隔开。

如：　　Tr40×14(P7)LH-7H-L

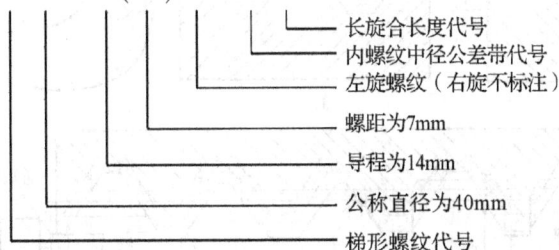

　　　　　　　　长旋合长度代号
　　　　　　　　内螺纹中径公差带代号
　　　　　　　　左旋螺纹（右旋不标注）
　　　　　　　　螺距为7mm
　　　　　　　　导程为14mm
　　　　　　　　公称直径为40mm
　　　　　　　　梯形螺纹代号

在装配图中，梯形螺纹的公差带要分别注出内、外螺纹的公差带代号。如 Tr40×7H/7e，前面是内螺纹公差带代号，后面是外螺纹公差带代号，中间用斜线分开。

第四节　检测螺纹

本节主要介绍普通米制螺纹的检测。国家标准对普通螺纹的中径和大径尺寸规定了公差，且螺纹中径是影响螺纹互换性的主要参数。由于影响螺纹配合性质的螺距误差，牙型半角误差可换算成螺纹中径的当量值来处理。所以,在螺纹测量中,螺纹中径误差的检测是最重要的。

一、螺纹的检测方法

检测方法分综合测量和单项测量两种。

1. 综合检测

在对螺纹进行综合检验时,通常使用螺纹综合极限量规进行检验,如图 8-14 所示。螺纹量规分为塞规和环规,分别用来检验内、外螺纹。按螺纹的最大实体牙型做成的通端螺纹量规,检验螺纹的旋合性。按螺纹中径的最小实体尺寸做成的止端螺纹量规,控制螺纹联接的可靠性。螺纹综合极限量规检验螺纹的规特点是:只能评定内、外螺纹的合格性,不能测出实际参数的具体数值;但其操作简便,检测效率高,适用于批量生产的中等精度的螺纹。

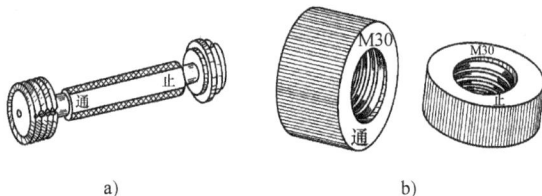

图 8-14　螺纹检验量规
a) 塞规　b) 环规

(1) 用螺纹工作环规检测外螺纹　检验外螺纹的螺纹量规称为螺纹工作环规,由通端螺纹工作环规 (T) 和止端螺纹工作环规 (Z) 组成,如图 8-15a 所示。

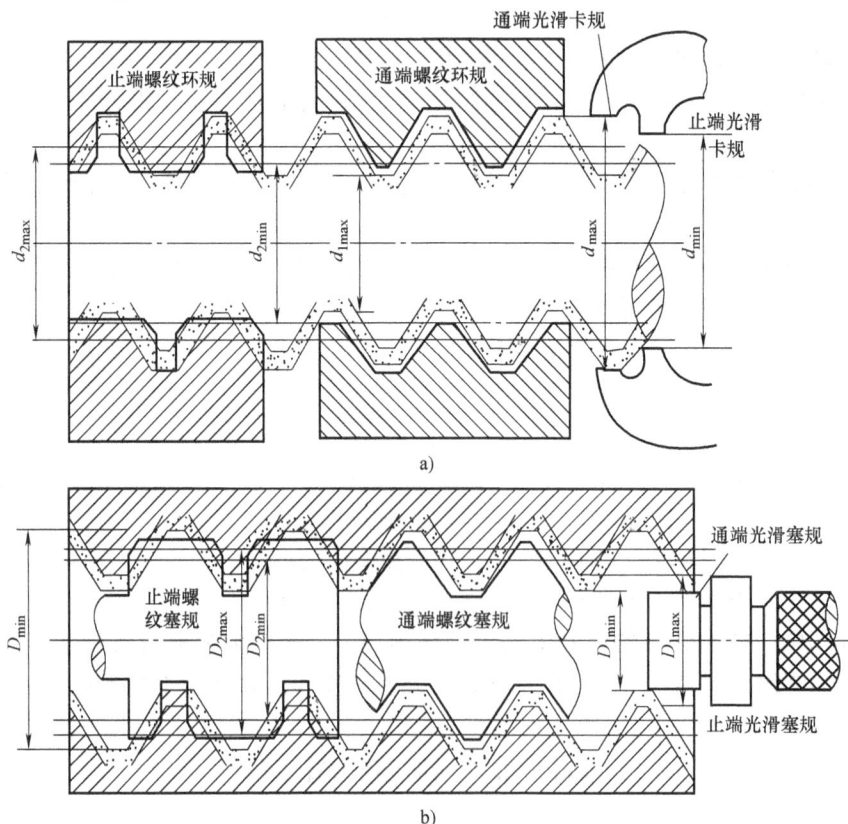

a)

b)

图 8-15　螺纹量规的综合检测
a) 外螺纹量规　b) 内螺纹量规

1）通端螺纹工作环规 T。通端螺纹工作环规用于检验外螺纹作用中径（$d_{2作用}$），其次可控制螺纹小径的最上极限尺寸（d_{1max}），T 规应有完整的牙型。合格的外螺纹都应被通端工作环规在全长上旋合，保证外螺纹的作用中径未超出最大实体牙型的中径，即 $d_{2作用} < d_{2max} \leqslant d_{1max}$。

2）止端螺纹工作环规 Z。止端螺纹工作环规 Z 用于检验外螺纹单一中径。止端螺纹环规的牙型为截短的不完整牙型（2 ~ 3.5 牙）。检验时，止端螺纹环规不应通过被检验外螺纹，但允许最多的旋合量不得多于 1 ~ 2 牙，保证外螺纹的单一中径没有超出最小实体牙型的中径，即 $d_{2单一} > d_{2min}$。

（2）用螺纹工作塞规检验内螺纹　检验内螺纹的螺纹量规称为螺纹工作塞规，其由通端螺纹工作塞规（T）和止端螺纹工作塞规（Z）组成，如图 8-15b 所示。

1）通端螺纹工作塞规 T。通端螺纹工作塞规 T 主要用于检验内螺纹的作用中径（$D_{2作用}$），还可控制内螺纹大径下极限尺寸（D_{min}），T 规应有完整的牙型。合格的内螺纹都应被通端螺纹工作塞规在全长上旋合，保证内螺纹的作用中径及内螺纹的大径不小于它们的下极限尺寸，即 $D_{2作用} > D_{2max}$ $D_a \geqslant D_{min}$。

2）止端工作塞规 Z。止端工作塞规 Z 用于检验内螺纹单一中径。止端螺纹塞规的牙型为截短的不完整牙型（2 ~ 3.5 牙）。检验时，止端螺纹环规不应通过被检验外螺纹，但允许最多的旋合量不得多于 1 ~ 2 牙，保证内螺纹的单一中径没有超出最小实体牙型的中径，即 $D_{2单一} < D_{2max}$。

特别指出，上面只介绍了综合测量螺纹中径的方法。螺纹的综合测量还包括顶径公差带的检测。内、外螺纹的顶径尺寸分别由光滑塞规、光滑卡规检测，只有两者全部合格，才能确定内、外螺纹的合格性。

2. 单项测量

螺纹的单项测量是指用量具或量仪测量螺纹单个参数的实际值。单项测量主要用于测量精密螺纹、螺纹量规和螺纹刀具等的测量。螺纹中径的单项测量常采用的测量方法有用螺纹千分尺测量外螺纹中径、三针法及影像法测量螺纹各几何参数。

（1）用螺纹千分尺测量外螺纹中径　如图 8-16 所示，在螺纹轴线两边的牙型上，分别卡入与螺纹牙型角规格相同的 V 形槽和圆锥形头，可以测出外螺纹中径的实际要素。此类螺纹千分尺附有一套不同尺寸和牙型的成对可换测量头，用来测量一定螺距范围的螺纹。其规格有 0 ~ 25mm 直至 325 ~ 350mm。

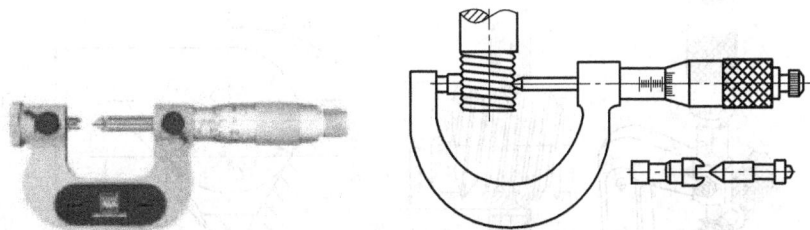

图 8-16　用千分尺测量外螺纹中径

由于螺距、半角误差的影响，测量误差较大，故此法只适用于测量精度较低的螺纹。

（2）三针法　三针法是指把测量用的刚性圆柱形量针放在被测工件牙型内，然后，用相应的量具测出量针外素线间的跨距 M，再通过计算求出中径实际要素的方法。三针法属于精密的间接测量，根据针的数量，有三针、两针及单针三种。三针法测量结果稳定，应用最广；牙数很少时，可用两针代替；当螺纹直径大于 100mm，宜用单针测量法。

1）用单针法测量螺纹中径。如图 8-17 所示，测量时，以加工好的外螺纹大径 d 作为测量基准，测出单针外素线与外螺纹大径间的跨距 M 值及 $d_{实际}$，通过计算求得螺纹中径 d_2，计算公式如下

$$d_2 = 2M - d_{实际} - 3d_0 + 0.866P$$

式中　$d_{实际}$——螺纹大径的实际要素（使用与测量 M 值同精度的量仪测量）；

　　　d_0——量针直径；

　　　P——螺纹螺距。

注意：上面公式仅适用于米制普通螺纹 $a = 60°$ 中。

为了提高测量精度，可在 180° 方向各测一次 M 值，取算术平均值

$$M = \frac{M_1 + M_2}{2}$$

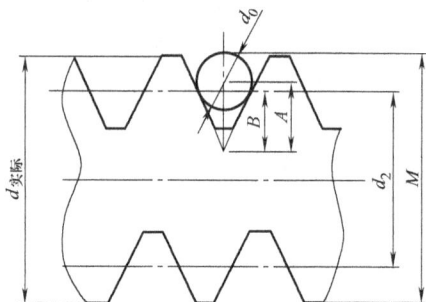

图 8-17　单针法测量螺纹中径

2）用三针法测量螺纹中径。如图 8-18 所示，三针法是将三根直径相同的量针，放入螺纹牙型沟槽中间，用精密量仪（机械测微仪、光学计、测长仪等）测出三根线之间的跨距 M_2。然后根据被测螺纹已知的螺距 p、牙型半角 $\alpha/2$ 和量针直径 d_0，计算螺纹中径的实际要素。

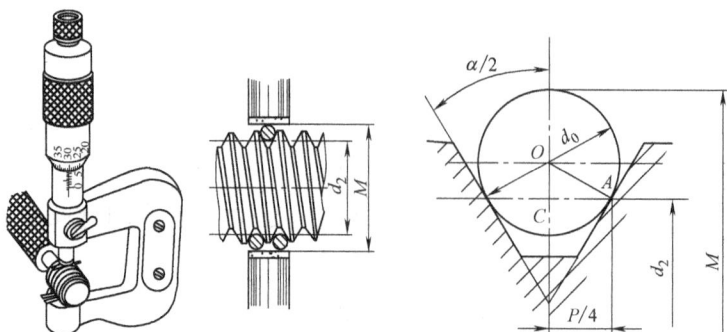

图 8-18　三针法测量螺纹中径

外螺纹中径 d_2

$$d_2 = M - d_0 \left(1 + \frac{1}{\sin \frac{\alpha}{2}} \right) + \frac{P}{2} + \cot \frac{\alpha}{2}$$

对于普通螺纹 $\alpha = 60°$

$$d_2 = M - 3d_0 + 0.866P$$

为避免牙型半角偏差对测量结果的影响，量针直径应按照螺纹螺距选取，使量针在中径线上与牙侧接触，这样的量针直径称为最佳量针直径 $d_{0最佳}$，如图8-18所示。计算公式如下

$$d_{0最佳} = \frac{P}{2\cos \frac{\alpha}{2}}$$

对于普通螺纹 $\alpha = 60°$

$$d_{0最佳} = \frac{P}{\sqrt{3}} = 0.577P \qquad d_2 = M - \frac{3}{2}d_{0最佳}$$

实际测量中直接查表选择最佳量针直径，并根据被测螺纹中径的公差大小选择量针精度。

（3）用工具显微镜测量螺纹各参数　用工具显微镜测量属于影像法测量，能测量螺纹的各种参数，如测量螺纹的大径、中径、小径、螺距和牙型半角等。各种精密螺纹，如螺纹量规、丝杠、螺杆、滚刀等，都可在工具显微镜上进行测量。测量时可参阅有关仪器使用说明资料。

例8-4　用三针法测量螺栓 M20 × 2 − 5g6g 的中径尺寸，选用 $d_0 = 1.2$mm 的量针，测得外跨距 $M = 20.43$mm。若不计螺距误差和牙侧角误差的影响，试判定该螺栓的中径是否合格？

解：
由公式 $d_2 = M - 3d_0 + 0.866P$，得
螺栓中径的实际尺寸　$d_{2a} = M - 3d_0 + 0.866P$
$$= 20.43\text{mm} - 3 \times 1.2\text{mm} + 0.866 \times 2\text{mm} = 18.562\text{mm}$$

由例8-4知
$$d_{2max} = 18.663\text{mm}, \quad d_{2min} = 18.562\text{mm}$$

不计螺距误差和牙侧角误差的影响时，$d_2 = d_{2a} = 18.562$mm
而 $18.538\text{mm} < 18.562\text{mm} < 18.663\text{mm}$
即　　　　　　　　　　　　$d_2 < d_{2max}$ 且 $d_2 > d_{2min}$
因此该螺栓的中径尺寸合格。

二、实训——检测螺纹

测量器具：螺纹千分尺、三针、杠杆千分尺。

1. 用螺纹千分尺测量螺纹中径
① 根据被测螺纹的公称螺距，选择一对合适的测头。
② 将圆锥形测头嵌入主量杆的孔内，V形测量头嵌入固定测量贴的孔内，然后进行零位调整。

③ 选取两个截面，在截面相互垂直的两个方向进行测量，记下读数。

④ 根据被测螺纹的公称直径、螺距和公差代号，从有关表格中查出中径的极限偏差，并计算被测中径的极限尺寸。

⑤ 评定被测量螺纹中径是否合格。

2. 用三针法测量螺纹中径

① 根据被测螺纹的公称螺距 P，选择一副最佳三针。

测量普通螺纹（牙型角 $=60°$）时，最佳量针直径 $d_0 = 0.577P$。

当无最佳直径量针时，可用最接近最佳量针直径的量针代替。量针精度分两个等级，0 级量针用于测量中径公差为 $4 \sim 8\mu m$ 的螺纹零件，1 级量针用于测量中径公差大于 $8\mu m$ 的螺纹零件。

② 校准杠杆千分尺零位。

③ 将杠杆千分尺夹在尺座上，三根量针分别放入相应的螺纹沟槽内，在两个截面的相互垂直的两个方向，分别测出辅助尺寸 M。

④ 计算出中径值 d_2。

当螺纹牙用角为 $60°$ 时，计算中径尺寸：$d_2 = M - 1.5d_0$

⑤ 评定螺纹是否合格。

3. 填写检测报告单

按要求将被测件的相关信息、测量结果及测量条件填入检测报告单中。

本 章 小 结

本章介绍了普通螺纹的主要几何参数、螺纹几何参数对螺纹互换性的影响、螺纹合格性的判断原则、普通螺纹的极限与配合、螺纹千分尺的结构、原理和方法、量针的使用方法以及螺纹的综合检测方法。通过完成实训内容应初步达到正确使用螺纹千分尺、外径千分尺和三针组合的目的，在实训中要注意多练习读数和如何确定正确的检测位置，逐步提高检测的准确性。

思考与练习

一、填空题（将正确的答案填在横线上）

1. 螺纹按其牙型可分_____、_____、_____和_____等四种；按用途可分为_____和_____两大类。

2. 普通螺纹的大径是指与外螺纹_____或内螺纹_____相切的_____的直径。对外螺纹而言，用："_____"表示。标准规定，对一般、普通螺纹，大径即为其_____。

3. 单一中径代表螺纹中径的_____。当没有螺距误差时，单一中径与中径的数值_____；有螺距误差的螺纹，其单一中径与中径数值_____。

4. 导程是指_____上相邻两牙在_____线上对应两点间的_____距离。对单线螺纹，导程等于_____；对多线螺纹，导程等于_____与_____的乘积。

5. 普通螺纹结合的基本要求有两个，一是内外螺纹装配时的_____性，二是保证外螺纹旋合后的_____性。

6. 螺纹的作用中径是指在规定的_____内，恰好包容_____的一个假想的_____的中径。

7. 螺纹_____与_____组成螺纹精度等级，螺纹精度分_____、_____和_____三级。

8. 标准对外螺纹的_____和内螺纹的_____不规定具体的公差值。

9. 标准规定将螺纹的旋合长度分为三组，即_____、_____和_____。

10. 通端螺纹量规检验螺纹的_____，止端螺纹量规控制螺纹的_____。

11. 检验外螺纹所用的工作量规有光滑极限卡规和螺纹环规，光滑极限卡规用来检验外螺纹的_____尺寸；通端螺纹工作环规主要用来检验外螺纹的_____，其次控制外螺纹_____不超出其上极限尺寸；止端螺纹工作环规只用来检验外螺纹_____。

12. 检验内螺纹的工作量规用的光滑极限塞规和螺纹塞规，光滑极限塞规用来检验内螺纹的_____尺寸；通端螺纹工作塞规主要用来检验内螺纹的_____，其次是控制内螺纹不超出其下极限尺寸，止端螺纹塞规只用来检验内螺纹_____。

二、判断题（判断正误，并在括号内填"√"或"×"）

1. 普通螺纹一般以螺纹的大径作为其公称直径。 （ ）

2. 对于内螺纹，其螺纹大径小于螺纹小径；对于外螺纹，其螺纹大径大于螺纹小径。 （ ）

3. 螺距误差包括两部分，即累积误差和单项误差。从互换性角度看，螺距的单项误差是主要的。 （ ）

4. 牙侧角误差使内、外螺纹结合时发生干涉，因而影响可旋合性，并降低了螺纹的联接可靠性。（ ）

5. 标准对普通螺纹的螺距和牙侧角均没有规定公差，而是采取减小外螺纹中径或增大内螺纹中径的方法，抵消螺距误差和牙侧角误差的影响，以达到可旋合性要求。 （ ）

6. 要保证内、外螺纹的旋合性，只要满足内螺纹的单一中径大于或等于外螺纹的单一中径即可。（ ）

7. 内、外螺纹的基本偏差数值除 H 和 h 外，其余基本偏差数值均与螺距有关，与公称直径无差。 （ ）

8. 螺纹联接的精度不仅与螺纹公差带的大小有关，而且还与螺纹的旋合长度有关。 （ ）

9. 螺纹公差带代号与孔、轴公差带代号相同，同样由公差等级数字和基本偏差字母组成，它们的标记方法也一样。 （ ）

10. 螺纹的综合检验就是同时测量多个参数的数值，综合起来判断螺纹是否合格。 （ ）

11. 螺纹塞规和螺纹环规分为通规和止规。通规具有完整的牙型，主要用来检验作用中径；止规具有截短的不完整的牙型，用来检验单一中径。 （ ）

12. 光滑极限塞规和光滑极限卡规用来检验螺纹内、外螺纹的公称直径。 （ ）

13. 用三针法可测量内、外螺纹的中径尺寸。 （ ）

14. 三针法测量中径属于间接测量法。 （ ）

三、单项选择题（在下列选项中选择一个正确答案，并将其序号填在括号内）

1. 普通螺纹的主要用途是（ ）。

   A. 联接和紧固零部件   B. 用于机床设备中传递运动

   C. 用于管件的联接和密封   D. 在超重装置中传递力的作用

2. 普通外螺纹的基本偏差是（ ）。

   A. ES   B. EI   C. es   D. ei

3. 关于螺距误差，下列说法错误的是（ ）。

   A. 螺距误差会影响螺纹的可旋合性并且也会影响螺纹的联接可靠性

   B. 螺纹误差包括累积误差和局部误差两部分

   C. 螺距的局部误差与旋合长度有关，而累积误差与旋合长度无关

   D. 将螺距误差换算成中径的补偿值，称为螺距误差的中径当量

4. 螺纹参数中，（ ）是影响螺纹结合互换性的主要参数。

   A. 大径、小径   B. 中径   C. 螺距   D. 牙侧角

5. 内螺纹作用中径与单一中径的关系是（　　　）。

　　A. 两者必定相等　　　B. 前者大于后者　　　C. 前者不大于后者　D. 无法确定

6. 通端螺纹工作环规是用来检验（　　　）。

　　A. 外螺纹大径的合格性

　　B. 外螺纹作用中径的合格性及控制外螺纹小径不超出其上极限尺寸

　　C. 内螺纹作用中径的合格性及控制内螺纹大径不超出其下极限尺寸

　　D. 外螺纹单一中径的合格性

7. 用三针测量法测量并计量得到的是（　　　）。

　　A. 作用中径的尺寸　　　　　　　　　　B. 中径的公称尺寸

　　C. 单一中径的尺寸　　　　　　　　　　D. 实际中径的尺寸误差

四、综合题

1. 解释下列螺纹标记的含义

（1）M24 – 6g　　　　　　（2）M30 – 6H/6g

2. 查表确定 M16 – 6H/6g 的内、外螺纹中径、内螺纹小径和外螺纹大径的极限偏差，并计算其极限尺寸。

3. 用三针法测量连杆螺钉 M14 × 1 – 6h 的中径，试确定其最佳量针直径。采用此最佳量针测得外跨距 $M = 14.16$mm，若不计螺距误差和牙侧角误差的影响，试确定该螺钉的中径是否符合要求。

参 考 文 献

[1] 张信群，等. 互换性与测量技术 [M]. 北京：北京航空航天大学出版社，2006.
[2] 乔元信. 公差配合与技术测量 [M]. 北京：中国劳动社会保障出版社，2006.

读者信息反馈表

感谢您购买《公差与测量技术》一书。为了更好地为您服务，有针对性地为您提供图书信息，方便您选购合适图书，我们希望了解您的需求和对我们教材的意见和建议，愿这小小的表格为我们架起一座沟通的桥梁。

姓　　名		所在单位名称	
性　　别		所从事工作（或专业）	
电子邮件		移动电话	
办公电话		邮政编码	
通信地址			

1. 您选择图书时主要考虑的因素：（在相应项前面打"√"）

（　）出版社　　　（　）内容　　　（　）价格　　　（　）封面设计　　　（　）其他

2. 您选择我们图书的途径：（在相应项前面打"√"）

（　）书目　　　（　）书店　　　（　）网站　　　（　）朋友推介　　　（　）其他

希望我们与您经常保持联系的方式：

□电子邮件信息　　　□定期邮寄书目
□通过编辑联络　　　□定期电话咨询

您关注（或需要）哪些类图书和教材：

您对我社图书出版有哪些意见和建议（可从内容、质量、设计、需求等方面谈）：

您今后是否准备出版相应的教材、图书或专著（请写出出版的专业方向、准备出版的时间、出版社的选择等）：

非常感谢您能抽出宝贵的时间完成这张调查表的填写并回寄给我们，我们愿以真诚的服务回报您对我社的关心和支持。

请联系我们——

地　　址　北京市西城区百万庄大街 22 号　机械工业出版社技能教育分社

邮政编码　100037

社长电话　（010）8837-9083　8837-9080　6832-9397（带传真）

电子邮件　cmpjjj@ vip. 163. com